Peter S. Pande, Robert P. Neuman, Roland Cavanagh

Six Sigma erfolgreich einsetzen

Peter S. Pande, Robert P. Neuman, Roland Cavanagh

Six Sigma
erfolgreich einsetzen

Marktanteile gewinnen, Produktivität steigern, Kosten reduzieren

Aus dem Amerikanischen übersetzt
von Dr. Jürgen Hansen

 verlag
moderne industrie

Die Deutsche Bibliothek – CIP-Einheitsaufnahme

Pande, Peter S.:
Six Sigma erfolgreich einsetzen : Marktanteile gewinnen, Produktivität steigern, Kosten reduzieren /
Peter S. Pande/Robert P. Neuman/Roland Cavanagh. Aus dem Amerikan. übers. von Jürgen Hansen. –
Landsberg/Lech : Verl. Moderne Industrie, 2001
  Einheitssacht.: The Six Sigma Way <dt.>
  ISBN 3-478-38960-7

© 2001 verlag moderne industrie, 86895 Landsberg/Lech
Internet: http://www.mi-verlag.de

Umschlaggestaltung: Atelier Seidel, Altötting
Satz: Fotosatz Reinhard Amann, Aichstetten
Druck: Himmer, Augsburg
Bindearbeiten: Thomas, Augsburg
Printed in Germany 38960/100103
ISBN 3-478-38960-7

Inhalt

Vorwort

Dieses Buch wurde als Hilfe für Führungskräfte – vom CEO bis zum Abteilungsleiter – bei den ersten Schritten in die Six Sigma-Welt verfasst, jenes System, das gerade einige der erfolgreichsten Unternehmen der Welt verändert. Six Sigma-Initiativen können Milliarden von Dollar an Einsparungen, dramatische Steigerungen der Schnelligkeit, starke neue Kundenbeziehungen – kurz: bemerkenswerte Ergebnisse und phantastische Beurteilungen vorweisen.

Können diese Ergebnisse ernst genommen werden? Und ist es wirklich möglich, dass Sie und Ihr Unternehmen auch solche Erfolge erzielen? Die Antwort ist „Ja". Das kann überall im Geschäftsleben passieren. Und im Gegensatz zur Befürchtung vieler Leute müssen Sie dafür keine tief gehenden Kenntnisse von statistischer Analyse besitzen. Six Sigma kann nicht nur zur Leistungsmessung und -analyse Ihres Unternehmens beitragen, sondern auch zu einem generellen Lösungsansatz für Ihr Geschäft.

Six Sigma: Veränderung der geschäftlichen Gewohnheiten

Die Geschichte unserer früheren Erfahrungen mit der Einführung von Six Sigma zeigt, wie diese neue Sicht einer Geschäftätigkeit genau jene Gewohnheiten beeinflusst, die eine Organisation voranbringen. Einmal arbeiteten wir mit den Führungskräften und Projektteams einer der größten Geschäftseinheiten von GE Capital (die erste völlig dienstleistungsorientierte Firma mit Six Sigma). Während eines sog. „Gallerierundgangs", bei dem die Teams der Unternehmensleitung ihre Fortschritte erläuterten, begann der Firmenchef einen der Teamleiter herauszufordern. „Wenn Sie meinen, dass das ein Problem ist", schlug der Chef vor, „warum machen Sie nicht…?" und schlug eine Lösung vor. Der Teamleiter versuchte zu erklären, dass die Analyse und Daten seiner Leute nur vorläufig wären und noch Zusatzarbeit notwendig sei, um deren Verdacht zu erhärten. Der Chef blieb aber einige Minuten lang dabei, seinen Lösungsvorschlag zu diskutieren. Bei diesem „Grillen" durch den Chef wurde der Teamleiter immer nervöser und unsicherer. In diesem Augenblick schritt couragiert einer der „Black Belts" ein, der als Finanzchef für das Coaching von Six Sigma-Teams ausgebildet war. Er erklärte etwa in diesen Worten: „Wir werden nicht einfach auf irgendeine Lösung setzen, denn wir nutzen den Six Sigma-Prozess!"

Sofort sah der Top-Manager seinen Fehler ein. Statt ärgerlich zu werden, lachte er und entschuldigte sich. Als er später zur ganzen Gruppe sprach, bezog er sich auf diesen Vorfall und lobte den Black Belt für die Verteidigung des Six Sigma-Weges. „Wir befinden uns nicht mehr im ‚Einfach-machen-Verfahren'", stellte er fest. „Sich für das

Verstehen eines Problems und Prozesses Zeit zu nehmen, ehe wir etwas tun, ist besser. Doch Sie müssen uns von Zeit zu Zeit daran *erinnern*, bis wir uns an diesen neuen Weg gewöhnt haben."

Dieses Unternehmen konnte Millionen von Dollar durch Six Sigma-Projekte sparen und seine Arbeitsweise bei der Strategie und Planung neuer Produkte völlig umgestalten. Auch wenn es immer noch nicht seinen alten „Einfach-machen-Stil" verloren hat, geht es an Prozesse und Probleme mit besseren Fragen und besseren Lösungen heran.

Also, was ist Six Sigma eigentlich?

Wenn Sie bis hierher gelesen haben, wissen Sie, dass „Six Sigma" nicht eine neue Art von Bruderschaft darstellt. Andererseits gibt es verschiedene Ansichten darüber, was Six Sigma eigentlich ist. Fachveröffentlichungen beschreiben Six Sigma oft als „stark technische Methode von Ingenieuren und Statistikern, um Produkte und Prozesse zu optimieren". Das stimmt teilweise. Messungen und Statistiken sind Hauptelemente der Verbesserungen mit Six Sigma, doch stellen sie ganz und gar nicht die gesamte Geschichte dar.

Eine andere Definition von Six Sigma lautet, dass damit die nahezu perfekte Befriedigung von Kundenbedürfnissen angestrebt würde. Das stimmt auch. Tatsächlich deutet der Ausdruck „Six Sigma" auf das statistisch ermittelte Leistungsziel hin, nur 3,4 Fehler pro 1 Million Aktivitäten oder „Möglichkeiten" zuzulassen. Nur wenige Unternehmen oder Prozesse können behaupten, dieses Ziel erreicht zu haben.

Ein weiterer Weg, Six Sigma zu definieren, besteht darin, dieses Methode als dauernden „Kulturwandel" mit dem Ziel zu bezeichnen, ein Unternehmen auf größere Kundenzufriedenheit, Profitabilität und Wettbewerbsfähigkeit einzustellen. Wenn man das unternehmensweite Engagement in Six Sigma bei General Electric oder Motorola betrachtet, dann ist „Kulturwandel" sicher eine sinnvolle Möglichkeit, Six Sigma zu beschreiben. Aber es ist genauso gut möglich, Six Sigma zu „machen", ohne einen Totalangriff auf Ihre Unternehmenskultur zu starten.

Wenn alle diese Definitionen – Messungen, Ziele, Kulturwandel – nur zum Teil, aber nicht völlig korrekt sind, welches ist dann die *beste* Art, Six Sigma zu definieren? Wir haben aufgrund unserer Erfahrungen und Beispielen aus der wachsenden Zahl von Unternehmen, die mit Six Sigma Verbesserungen anstreben, eine Definition entwickelt, die die gesamte Breite und Flexibilität von Six Sigma als Methode zur Leistungssteigerung umfasst:

> SIX SIGMA: Ein umfassendes und flexibles *System*, um Geschäftserfolg zu errei-
> chen, zu erhalten und zu maximieren. Six Sigma wird einzig vorangetrieben durch
> ein tiefes Verständnis der Kundenbedürfnisse, eine disziplinierte Verwendung von
> Fakten, Daten und statistischer Analyse sowie durch große Aufmerksamkeit in Be-
> zug auf Durchführung, Verbesserung und Neugestaltung von Geschäftsprozessen.

Mit dieser Definition stellen wir die Grundlage her, auf der alle Bemühungen um eine
Erschließung des Potenzials von Six Sigma für unsere Organisation aufbauen können.
Die Arten von „Geschäftserfolg", die Sie erreichen können, sind breit gestreut, weil der
bewiesene Nutzen des Six Sigma-„Systems" vielfältig ist. Er umfasst

* Kostenreduzierung,
* Produktivitätssteigerung,
* Erhöhung des Marktanteils,
* Kundentreue,
* Verringerung der Durchlaufzeit,
* Reduzierung von Fehlern,
* Kulturwandel,
* Produkt-/Serviceentwicklung

und vieles mehr.

Ist Six Sigma wirklich so anders?

Einige Leute, die gerade Six Sigma-Konzepte kennen gelernt haben, halten sie für
nichts anderes als die Total-Quality-Bestrebungen der letzten 15 bis 20 Jahre. Tatsächlich stammen die Ursprünge vieler Six Sigma-Prinzipien und -Werkzeuge aus den Lehren einflussreicher „Qualitätsdenker" wie W. Edwards Deming und Joseph Juran. In
einigen Unternehmen – darunter GE und Motorola – gehören die Begriffe „Qualität"
und „Six Sigma" zusammen. Deshalb stimmt es, dass in gewisser Weise die Verbreitung von Six Sigma die Wiedergeburt der Qualitätsbewegung bedeutet. Zyniker, die
TQM längst aufgegeben haben, könnten jetzt denken, Six Sigma sei wie im Horrorfilm
die Bestie, die nicht sterben kann.

Doch werden wir sehen, dass Six Sigma eine ganz neue und sehr viel *bessere* Bestie
sein wird. Wenn Sie mit TQM, CQI, BPR, ABC und LMNOP etc. fertig sind (nur zum
Scherz aufgeführt), dann werden Sie möglicherweise einiges Bekannte in diesem Buch
finden. Doch sind wir sicher, dass Sie auch eine Fülle neuer Dinge finden werden, ver-
traute Werkzeuge, die mit größerer Wirkung auf die Wettbewerbsfähigkeit und Ergebnisse Ihres Geschäfts eingesetzt werden. Als Grundlage kann TQM für Sie und Ihr
Unternehmen beim Aufbau einer erfolgreichen Six Sigma-Struktur von Vorteil sein.

Deshalb ist es zunächst einmal völlig in Ordnung, wenn Sie Six Sigma als „TQM in Kristallform" ansehen.

Um Ihnen bei der Erschließung von Six Sigma zu helfen, müssen wir einige Wahrheiten aufdecken, die bisher in der Six Sigma-Literatur fehlten. Wer sie versteht, dem eröffnet Six Sigma unerwarteten Nutzen.

Verborgene Wahrheiten von Six Sigma – und potenzieller Nutzen

Wahrheit Nr. 1

Six Sigma umfasst einen weiten Bereich von Best Practices und Techniken aus dem Geschäftsleben, einige neue Methoden und gesunden Menschenverstand, die wesentliche Bestandteile für Erfolg und Wachstum darstellen. Seine eindrucksvollste Wirkung zeigt Six Sigma dort, wo es viel mehr ist als eine auf Statistik beruhende Analysemethode. Wir werden die ganze Breite von Six Sigma dort ansprechen, wo es in den diversen wachsenden Organisationen angewendet wird.

Der Nutzen: Sie können Six Sigma auf viele verschiedene Geschäftsgebiete und Anforderungen anwenden, von der strategischen Planung bis zum Kundendienst, und das Ergebnis Ihrer Bemühungen maximieren.

Wahrheit Nr. 2

Es gibt viele „Six Sigma-Wege". Wer einer festgelegten Beschreibung folgt oder sich nach den Vorgaben eines anderen Unternehmens richtet, wird garantiert scheitern oder zumindest fast. Dieses Buch wird keine rigiden Vorschriften, sondern anpassbare Optionen und Leitlinien anbieten, die Ihre Position, Ihre geschäftlichen Bedürfnisse und Prioritäten und die Bereitschaft Ihrer Organisation für Wandel berücksichtigen.

Der Nutzen: Die Vorteile von Six Sigma werden Ihnen zur Verfügung stehen, ob Sie nun eine gesamte Organisation oder nur eine Abteilung leiten. Darüber hinaus werden Sie in die Lage versetzt, Ihre Kräfte angemessen einzusetzen, von der Lösung eines spezifischen Problems bis zur Umgestaltung eines ganzen Unternehmens.

Wahrheit Nr. 3

Die potenziellen Gewinne aus Six Sigma sind in Dienstleistungsunternehmen und solchen ohne Produktion zumindest gleich groß, wenn nicht größer als in „technischen" Umgebungen.

Diese riesigen Möglichkeiten jenseits der Produktionshallen (beim Bestellwesen, bei der Finanzierung, beim Kundendienst, Marketing, bei Logistik, IT usw.) bestehen hauptsächlich aus zwei Gründen. Zuerst stellen diese Aktivitäten den Schlüssel für die heutige Wettbewerbsfähigkeit dar, weil die greifbaren Produkte nach kurzer Zeit zu allgemein verfügbaren Waren werden. Zweitens besteht dort eine große Erfolgschance, weil die meisten dieser Aktivitäten nur zu ungefähr 70 Prozent – wenn überhaupt – effektiv bzw. effizient genutzt werden.

Wir wollen die Produktion nicht vergessen, aber wir legen in diesem Buch großes Gewicht darauf, wie Six Sigma in Handels-, Transaktions- und Verwaltungsbereichen umgesetzt werden kann, die besondere Verfahren und Instrumente erfordern.

Der Nutzen: Sie werden möglicherweise einen Durchbruch in diesen noch unberührten Goldminen der Möglichkeiten erzielen und Six Sigma über den Bereich der Technik hinaustragen.

Wahrheit Nr. 4

Six Sigma betrifft in gleichem Maß die menschliche wie die technische Leistungssteigerung. Kreativität, Zusammenarbeit, Kommunikation, Engagement, sie wirken alle ungleich mächtiger als eine Gruppe Super-Statistiker. Glücklicherweise können die grundlegenden Vorstellungen eines „großen Bildes" von Six Sigma bessere Ideen und Leistungen aus Menschen hervorlocken und eine Synergie aus individuellen Talenten und technischer Kühnheit bewirken.

Der Nutzen: Sie werden Einblicke gewinnen, wie ein Ausgleich zwischen Anstoß und Forderung zu bewirken ist – durch Anpasssung der Menschen und Abruf von Leistung. Der Ausgleich ist erreicht, wenn eine nachhaltige Verbesserung erzielt wurde. Einseitiges Verhalten – zu nett zu sein oder die Menschen über ihr Verständnis und ihre Bereitschaft hinaus zu zwingen – bringt nur kurzfristige Erfolge oder gar keine Ergebnisse.

Wahrheit Nr. 5

Richtig umgesetzt, wirkt Six Sigma aufregend und anstachelnd. Wir haben Menschen gesehen, die über den in ihrer Organisation dank der neuen, klügeren Methoden erreichten positiven Wandel geschwärmt haben. Wir haben Führungsmannschaften beobachtet, die herumrannten und einen „unterbrochenen" Prozess in einem Six Sigma-Workshop antreiben und perfektionieren wollten.

Das macht natürlich eine Menge Arbeit. Und es geschieht nicht ohne Risiko. Jede Stufe der Six Sigma-Bemühungen erfordert Investition in Zeit, Energie und Geld. Wir werden versuchen, in diesem Buch etwas von der Freude und der Begeisterung mitzuteilen, die wir gesehen und gefühlt haben, wenn wir beschreiben, wie Six Sigma umgesetzt und hervorragende Ergebnisse erzielt wurden. Wenn dieses Prickeln ab und zu nachlässt, bitten wir schon jetzt um Entschuldigung.

Wir werden Sie aber auch ganz entschieden vor den Gefahren und Fehlern warnen, die eine Six Sigma-Initiative aus der Bahn werfen können.

Der Nutzen: Die gute Nachricht lautet, dass Six Sigma mehr Spaß macht als eine Zahnwurzelbehandlung. Ernsthaft gesprochen, können die bedeutenden finanziellen Erträge aus Six Sigma noch von dem nicht bewertbaren Nutzen übertroffen werden. Tatsächlich sind der Wandel im Verhalten und die Begeisterung, die sich aus verbesserten Prozessen und besser informierten Mitarbeitern ergeben, oft leichter zu erreichen und emotional befriedigender als finanzieller Erfolg. Beispielsweise ist es sehr aufregend, mit Leuten an der vordersten Front zu sprechen, die voller Energie und Begeisterung stecken, weil sie Selbstvertrauen gewonnen, neue Fähigkeiten erworben und ihre Arbeitsprozesse verbessert haben. Jede einzelne Six Sigma-Verbesserung ist eine eigene Erfolgsgeschichte.

Hauptelemente des Six Sigma-Weges

Dieses Buch wurde vor dem Hintergrund einer maximalen Kundenzufriedenheit konzipiert. Wir hoffen, dass Sie bei der Lektüre ein vollständiges Bild davon erhalten, was hinter der Six Sigma-Bewegung steckt, was dabei herauskommt und wie Sie das System anwenden können, um das Beste unter Ihren Bedingungen herauszuholen. Unser Ziel war, eine flexible Ausgangs- und Bezugsmöglichkeit zu bieten, ob Sie jetzt bereits seit Jahren Six Sigma anwenden oder gerade dabei sind, diese Methode zu lernen und anzuwenden.

Hier sind einige Elemente, die Ihnen helfen werden, das Beste aus dem Buch herauszuholen:

1. Es ist ein Führer zu genau dem, was Sie brauchen. Nach diesem Vorwort werden Sie einen Überblick über jeden Abschnitt und jedes Kapitel finden mit Hinweisen darauf, welchen Teil Sie nutzen (oder auslassen) sollten, je nach Ihren Zielsetzungen und Umständen.
2. Praktische Anleitungen zum Umsetzen. Gleich, ob es darum geht, ein Prozessproblem zu identifizieren oder Six Sigma unternehmensweit einzusetzen, werden wir Ihnen beim Start und dem weiteren Procedere helfen.

3. Einsichten, Kommentare und Beispiele von wirklichen Personen – Top-Leuten, Experten, Managern – mit Six Sigma-Erfahrungen in ihren Unternehmen. Diese Gedanken helfen uns, unsere Ideen zu beleben und zu verfeinern. Wir sind sicher, dass auch Sie davon eine Menge lernen können.

4. Checklisten für eine Reihe von Schritten bei Six Sigma-Verbesserungen. Wir hoffen, dass wir Sie auf Six Sigma-Aktivitäten gut vorbereiten können. Wir haben die wesentlichen Schritte aufgezeichnet, damit Sie die richtige Wahl treffen.

5. Eine Einführung in fortgeschrittene Techniken. Das hier ist kein technisches Handbuch. Eine Fülle von Schriften behandelt die Feinheiten der Prozess-Statistik und fortschrittliche Methoden. Wir wollen trotzdem jedem ermöglichen, die „hoch entwickelten" Werkzeuge von Six Sigma zu verstehen, warum, wie und wann sie angewendet werden sollten.

6. Unsere eigenen Perspektiven und Ratschläge. Um Ihnen einen Führer auf dem Weg zu den Best Practices von Six Sigma zu geben, mussten wir verschiedene Gesichtspunkte zusammenfassen, geleitet von unserer Erfahrung und dem Verständnis, was wann und wie am besten funktioniert. Bei einigen Punkten lassen wir Six Sigma-„Experten" zu Wort kommen. Da wir mit einigen der bekanntesten Six Sigma-Unternehmen gearbeitet und diese Konzepte in vielen verschiedenen Geschäftsarten angewandt haben, sind wir der Überzeugung, dass unser Beitrag Six Sigma noch wirkungsvoller machen kann, als es sonst möglich ist.

Eine abschließende philosophische Anmerkung

Zum Schluss würden wir Ihnen gerne ein Thema anbieten, von dem wir glauben, dass es einen der wichtigsten Aspekte von Six Sigma berührt und deshalb wesentlich für Ihren Erfolg bei der Anwendung auf Ihr Unternehmen sein wird. In ihrem Buch *Built to the Last* geben James Collins und Jerry Porras Einblicke in viele der erfolgreichsten und am meisten bewunderten Unternehmen des 20. Jahrhunderts. Was sie am bemerkenswertesten bei diesen Firmen fanden, war deren Fähigkeit – und Bereitschaft –, gleichzeitig zwei anscheinend widersprüchliche Ziele zu verfolgen. Stabilität und Erneuerung, großes Bild und minutiöses Detail, Kreativität und rationale Analyse – diese Kräfte machen in ihrem Zusammenwirken Organisationen besonders erfolgreich. Diesen „Wir-können-alles-erreichen"-Ansatz nennen sie „Genius des Und".

Tab. 1: Beispiele für „Genius des Und"

Wir können…	UND wir können…
Fehler bis nahezu null reduzieren	Dinge schneller erledigen
Menschen zum Verständnis und zur Verbesserung ihrer Prozesse und Abläufe bewegen	die Kontrolle über den Arbeitsablauf behalten
messen und analysieren, was wir tun	kreative Lösungen anwenden, um den Prozess voranzutreiben
Kunden besonders glücklich machen	eine Menge Geld verdienen

Sie können diesen Genius täglich beobachten, wenn Sie genau hinsehen. Die besten Manager sind beispielsweise solche, die Ziele und Richtung für die Arbeit weit fassen (großes Bild) und doch effektive Vorgaben machen und harte Fragen stellen (die Details). In einem größeren Zusammenhang wäre ein Beispiel für „Genius des Und" die konstante Beachtung *sowohl* des langfristigen Wachstums *als auch* der vierteljährlichen Ergebnisse.

Der gegenteilige Effekt, dem weniger Unternehmen zum Opfer fallen, bezeichnen Collins und Porras als die „Tyrannis des Oder"[1]. Das ist die lähmende Sicht, die uns nur die eine oder die andere Möglichkeit lässt, aber nicht *beide*. Six Sigma ist nach unserer Meinung davon abhängig, ob Ihr Unternehmen in der Lage ist, seine Mitarbeiter für den „Genius des Und" zu begeistern und Prozesse diesem Genius zu öffnen. Tabelle 1 zeigt beispielhaft einige solcher Ideen aus diesem Buch, die *tatsächlich* entscheidend für den Erfolg sind.

Während Sie das Was, Warum und Wie von Six Sigma in diesem Buch lernen, denken Sie daran, dass der von Ihnen gesuchte Erfolg auf Ihrer Fähigkeit beruht, sich auf das „Und" zu konzentrieren und nicht auf das „Oder". Den Schlüssel zum „Genius des Und" in Ihnen selbst und in Ihrer Organisation finden Sie auf diesen Seiten.

---

1   James Collins und Jerry Porras, Built to Last, New York 1994, S. 44.

Ein Führer auf dem Six Sigma-Weg

Dieses Buch ist für verschiedene Leser gedacht, von Six Sigma-Neulingen bis zu Menschen, die gerade mitten in Verbesserungsaktivitäten stecken. Sie können das Buch natürlich von Anfang bis Ende lesen. Da aber der Inhalt in drei Teile gegliedert ist, können Sie Six Sigma genau in dem Umfang nutzen, den Sie benötigen. Den Rest können Sie dann lesen, wenn Sie ihn brauchen.

Die Hauptabschnitte

Teil I: Ein kurzer Überblick über Six Sigma

Teil I bietet der Führungskraft oder dem Neuling eine Übersicht über Schlüsselkonzepte und Hintergrund einschließlich Erfolgsberichte, Themen, Maßnahmen, Verbesserungsstrategien und den Six Sigma-Wegweiser, ein Fünf-Phasen-Modell zum Aufbau einer Six Sigma-Organisation. Wir betrachten außerdem solche Maßnahmen, die Störungen der „Total Quality"-Bemühungen vermeiden helfen und wie man Six Sigma sowohl in Dienstleistungs- als auch in Produktionsbetrieben einsetzen kann.

Teil II: Ausbau und Anpassung von Six Sigma auf Ihre Organisation

Dieser Abschnitt betrachtet die organisatorischen Herausforderungen bei der Einführung, Steuerung und Vorbereitung der Mitarbeiter im Rahmen der Six Sigma-Arbeit. Wir prüfen, ob Six Sigma eingeführt werden sollte oder nicht und wo Sie damit beginnen sollten. Darin können Sie auch die Verantwortlichkeiten des Managements, der Black Belts und anderer Rollen herausfinden. Schließlich erkunden wir, wie die richtigen Verbesserungsprojekte ausgewählt werden.

Teil III: Einführung von Six Sigma: Der Wegweiser und die Werkzeuge

Dieser Abschnitt konzentriert sich auf das „Wie" der Hauptkomponenten und Werkzeuge im Six Sigma-System. Er wird viele Fragen jener beantworten, die sofort Ergebnisse mit Six Sigma erzielen oder wissen wollen, was wirklich mit dieser Arbeit verbunden ist. Wenn Sie z. B. Näheres über Messungen wissen wollen, dann können Sie Kapitel 14 vornehmen. Wenn Sie einen Prozess verändern wollen, dann wird Kapitel

16 Ihr Interesse gewinnen. Wir weisen in diesem Kapitel auch auf einige der wichtigsten weiterentwickelten Werkzeuge von Six Sigma hin. Als Zusammenfassung bieten wir eine Liste mit 12 Erfolgsfaktoren für Ihre Reise mit Six Sigma.

Die Kapitel

Hier folgt eine kurzer Überblick über jedes Kapitel mit einer Kurzfassung der darin behandelten Fragen.

Kapitel 1: Eine machtvolle Strategie für anhaltenden Erfolg

Wie lässt sich Six Sigma für die geschäftlichen Herausforderungen des neuen Jahrhunderts nutzen? Welche Ergebnisse und Erfolge haben Six Sigma an die Spitze der heutigen Unternehmensführung gebracht, einschließlich GE, Motorola und Allied Signal? Welches sind die entscheidenden organisatorischen Vorteile und Themen, die Verbesserungen bewirken?

Kapitel 2: Schlüsselkonzepte des Six Sigma-Systems

Welche Arten von organisatorischem „System" kann Six Sigma schaffen und wie lässt sich das für kurz- und langfristigen Erfolg nutzen? Was bedeutet die *Maßeinheit* „Six Sigma"? Welche Rolle spielen Kunden und Mängel bei der Messung von Six Sigma-Ergebnissen? Welches sind die Kernverbesserungen und Managementmethoden von Six Sigma? Was ist das „DMAIC"-Modell? Was ist eine „Six Sigma-Organisation" oder was sollte sie sein?

Kapitel 3: Warum hat Six Sigma dort Erfolg, wo TQM versagte?

Welche Elemente der Total-Quality-Erbschaft sind im heutigen Geschäft noch lebendig? Wie können auf Six Sigma eingestellte Unternehmen einige der wesentlichen Fehler vermeiden, die TQM gemacht hat?

Kapitel 4: Anwendung von Six Sigma auf Dienstleistung und Produktion

Warum verspricht Six Sigma so viel für Dienstleistungsprozesse und -organisationen im Vergleich zu Produktionsbetrieben? Welches sind die wesentlichen Punkte, um Six Sigma in einer Dienstleistungsumgebung gut und erfolgreich einzusetzen? Welches sind die einzigartigen Herausforderungen, die bei der Anwendung von Six Sigma-Funktionen in der Produktion auftreten, und wie können Sie diese angehen?

Kapitel 5: Der Six Sigma-Wegweiser

Welches ist die beste Abfolge für die Einführung der „Kernkompetenzen" von Six Sigma? Welches sind die Vorteile eines „idealen" Six Sigma-Wegweisers? Wie hoch ist der Wertzuwachs jeder einzelnen Komponente für eine reagible, wettbewerbsfähige Organisation?

Kapitel 6: Ist Six Sigma jetzt für uns geeignet?

Welche wesentlichen Fragen sollten wir stellen, um zu entscheiden, ob unsere Organisation aufnahmebereit für Six Sigma ist und Nutzen davon hat? Wann wäre Six Sigma *keine* gute Idee für ein Unternehmen? Welche Kosten-Nutzen-Überlegungen lassen sich anstellen, wenn wir entscheiden, ob eine Six Sigma-Initiative gestartet werden soll?

Kapitel 7: Wie und wo sollten wir unsere Arbeit beginnen?

Welche Optionen stehen uns beim Start von Six Sigma zur Verfügung? Wo sind die „Startplätze" auf dem Six Sigma-Wegweiser? Wie passen wir die Arbeit unseren Anforderungen an? Wie können wir unsere Stärken und Schwächen bewerten, um unsere Ressourcen zu konzentrieren? Warum ist eine Pilotstrategie wesentlich und wie soll sie funktionieren?

Kapitel 8: Die Politik von Six Sigma: Vorbereitung der Führungskräfte zum Starten und Begleiten der Maßnahmen

Welches ist die wesentliche Verantwortung für die Manager während der Arbeit? Wie beeinflussen Kommunikation, Ergebnisabfrage und „Änderungsmarketing" unser Erfolgspotenzial?

Kapitel 9: Vorbereitung für „Black Belts" und andere Schlüssel-rollen

Welche Rollen sind typischerweise bei der Six Sigma-Einführung notwendig? Was ist ein „Black Belt" und welche Optionen definieren seine Funktion? Wie können die verschiedenen Rollen strukturiert und Konflikte vermieden werden? Welches sind die wesentlichen Überlegungen bei der Auswahl von Mitgliedern der Projektteams?

Kapitel 10: Training der Organisation für Six Sigma

Warum erfordert Six Sigma nicht notwendigerweise wochenlanges Training bis zum Start? Welches sind die Hauptelemente für ein effektives Six Sigma-Training? Welches sind die normalen Elemente eines Six Sigma-„Curriculums"?

Kapitel 11: Der Schlüssel zur erfolgreichen Verbesserung: Auswahl der richtigen Six Sigma-Projekte

Welches sind die entscheidenden Schritte bei der Wahl und Aufstellung von Six Sigma-Verbesserungsprojekten? Wie können wir entscheiden, welches „Verbesserungsmodell" – DMAIC oder ein anderer Ansatz – das beste für unser Geschäft ist?

Kapitel 12: Bestimmung der Kernprozesse und Schlüsselkunden (Wegweiser Stufe 1)

Was sind „Kernprozesse" und wie wurden sie zu wesentlichen Elementen für das Verständnis der Geschäftsabläufe? Welches sind normale Kernprozesse und wie können Sie diese in Ihrer Organisation identifizieren? Wie ermitteln Sie die Schlüsselkunden und Ergebnisse Ihrer Kernprozesse? Was ist ein SIPOC-Modell und -Diagramm und wie können sie zu einem besseren Verständnis Ihres Geschäfts beitragen?

Kapitel 13: Bestimmung der Kundenanforderungen (Wegweiser Stufe 2)

Warum ist der Besitz eines „Voice of the Customer"- Systems (VOC = Kundenreaktion) so entscheidend für das heutige Geschäftsleben? Welches sind die wesentlichen Aktionen und Herausforderungen bei der Verstärkung Ihres VOC-Systems? Wie können Sie die Liefer- und die Serviceanforderungen Ihrer Kunden ermitteln? Wie lässt sich ein besseres Verständnis der Kundenbedürfnisse mit Ihrer Strategie und Ihren Prioritäten verknüpfen?

Kapitel 14: Messung der gegenwärtigen Leistung (Wegweiser Stufe 3)

Welches ist das Basiskonzept für die Messung der Geschäftsprozesse? Welches sind die Grundschritte für die Einführung einer auf Kunden und Prozesse abgestellten Messung? Wie können wir Datensammlungen und Stichproben effektiv durchführen? Welche Arten von Fehler- und Leistungsmaßzahlen sind für Six Sigma grundlegend? Wie berechnen wir „Sigma" für unsere Prozesse?

Kapitel 15: Six Sigma-Prozessverbesserungen (Wegweiser Stufe 4 a)

Wie können wir einen Schlüsselprozess definieren, messen, analysieren und verbessern, während wir uns darauf konzentrieren, Ausfallursachen zu ermitteln und auszuschalten? Welches sind die Basisinstrumente der Prozessverbesserung und wann kann jedes wirkungsvoll eingesetzt werden? Welches sind die Haupthindernisse für die Durchführung eines Six Sigma-Verbesserungsprozesses?

Kapitel 16: Entwurf und Änderung des Six Sigma-Prozesses (Wegweiser Stufe 4 b)

Was unterscheidet Gestaltung und Neugestaltung von Six Sigma-Prozessen und warum stellt dies einen kritischen Faktor bei der Maximierung des Geschäftserfolgs dar? Welche Bedingungen müssen erfüllt werden, um eine Prozessgestaltung/-umgestaltung weiterzuführen? Was unterscheidet Neugestaltung von der Verbesserung? Welche speziellen Werkzeuge und Anforderungen kommen ins Spiel, wenn Sie einen Geschäftsprozess gestalten/neu gestalten? Wie überwinden Sie Annahmen, die den Wert eines neu gestalteten Prozesses begrenzen?

Kapitel 17: Ausweitung und Integration des Six Sigma-Systems (Wegweiser Stufe 5)

Wie kann man die Gewinne aus den Six Sigma-Verbesserungsprojekten messen und absichern? Welches sind die Methoden und Werkzeuge der Prozesskontrolle? Welches sind die spezifischen Verantwortlichkeiten von und die Überlegungen für einen Process Owner [„Eigner" eines Projekts = für den Prozess verantwortlich]? Inwieweit unterstützt die evolutionäre Disziplin des Prozessmanagements das Six Sigma-System und langfristige Verbesserungen?

Kapitel 18: Weiterentwickelte Six Sigma-Werkzeuge: Ein Überblick

Welches sind die am weitesten verbreiteten Power-Tools der Six Sigma-Verbesserung? Welche Rolle kann jedes einzelne dabei spielen, Ihnen beim Verständnis und bei der Verbesserung von Prozessen bzw. von Produkten und Dienstleistungen zu helfen? Welche grundlegenden Schritte führen zu diesen hoch entwickelten Techniken?

Zusammenfassung: 12 Schlüssel zum Erfolg

Welches sind die wesentlichen Aktionen und Überlegungen eines Unternehmens oder eines Top-Managers, die beachtet werden sollten, damit sich Six Sigma auszahlt?

Teil

I

Ein kurzer Überblick über Six Sigma

Kapitel 1
Eine machtvolle Strategie für anhaltenden Erfolg

Die herausforderndste Frage, der sich Unternehmer und Manager im neuen Jahrtausend gegenübersehen, lautet nicht: „Wie werden wir erfolgreich?" Sie lautet: „Wie bleiben wir erfolgreich?" Die Wirtschaft bietet heute das Schauspiel einer laufenden Abfolge von Unternehmen, Top-Managern, Produkten und sogar Branchen, die ihre „15 Minuten Ruhm" bekommen und dann verschwinden. Selbst mächtige Unternehmen – IBM, Ford, Apple, Kodak und viele andere – machen dramatische Zyklen vom Fast-Sterben bis zur Wiedergeburt durch. Es mutet wie ein Ritt auf dem Glücksrad an, da Verbrauchergewohnheiten, Technologien, finanzielle Bedingungen und die Wettbewerbsfelder immer schneller wechseln. In diesem hoch riskanten Umfeld wird der Ruf nach Ideen stetig lauter, die zeigen, wie man an die Spitze gelangt, das Rad anhält (natürlich oben) und den nächsten Wandel voraussehen kann. Schnell gestrickte neue Antworten sind fast genauso üblich wie schnell gestrickte neue Unternehmen.

Six Sigma könnte wie eine weitere „heiße neue Antwort" erscheinen. Aber wenn Sie näher hinsehen, werden Sie einen bedeutsamen Unterschied bemerken: Six Sigma ist keine Geschäftsmode, die an eine einzige Methode oder Strategie geknüpft ist, sondern eher ein *flexibles System* zur Verbesserung der Unternehmensführung und Leistung. Es baut auf vielen erfolgreichen Managementideen und Best Practices des vergangenen Jahrhunderts auf und schafft damit eine neue Erfolgsformel für das 21. Jahrhundert. Es geht nicht um Theorie, sondern um Aktion. Evident wird die Macht des Six Sigma-Weges bereits durch die riesigen Gewinne, die von einigen hoch profilierten Unternehmen und auch nicht so hoch angesiedelten verbucht werden, die wir gleich untersuchen werden. Genauso wichtig ist jedoch die Rolle von Six Sigma, die es beim Aufbau neuer Strukturen und Praktiken zur Absicherung eines anhaltenden Erfolgs spielt.

Ziel dieses Buches ist, Ihnen ein Verständnis zu vermitteln, *was* Six Sigma ist (sowohl eine einfache wie auch komplexe Frage), *warum* es möglicherweise der beste Weg zur Verbesserung des Geschäftserfolgs in den kommenden Jahren ist und *wie* es im einzigartigen Umfeld Ihres Unternehmens eingesetzt werden kann. Bei unserer Mission der Entmystifizierung von Six Sigma für Führungskräfte und professionelle Anwender hoffen wir zeigen zu können, dass es sich genauso um eine Leidenschaft für Kundendienstleistungen und einen Drang nach großen neuen Ideen handelt wie auch um Statistiken und Zahlenverarbeitung, und dass Six Sigma genauso wertvoll für Marketing, Service, Personal, Finanzen und Verkauf ist wie für Produktion und Technik. Zum Abschluss hoffen wir, Ihnen ein klares Bild davon gegeben zu haben, wie Six Sigma – das *System* – Ihre Chancen für anhaltenden Erfolg dramatisch steigern kann, auch wenn Sie andere Unternehmen sehen, die auf einer Erfolgswelle reiten, nur um von der nächsten vernichtet zu werden (unsere erste und letzte Analogie zum Surfen!)

Einige Six Sigma-Erfolgsgeschichten

Wenn Sie sich anschauen, welchen Einfluss Six Sigma auf führende Unternehmen hat, dann wird das Ihr Verständnis dafür öffnen, welchen Einfluss es auf Ihr Geschäft haben kann. Während wir einige dieser Ergebnisse betrachten, werden wir gleichzeitig erzählen, wie Six Sigma an die Spitze gelangte.

General Electric

> „Six Sigma hat GE auf immer verändert. Jeder dort ist ein wahrhaftiger Anhänger von Six Sigma – das ist der Weg, den dieses Unternehmen jetzt beschreitet, von Six Sigma-Eiferern mit ihren Black-Belt-Erfahrungen über Ingenieure, Prüfer und Wissenschaftler bis zum Kreis der Führungskräfte, die dieses Unternehmen ins kommende Jahrtausend bringen werden". GE Chairman Jack F. Welch

Wenn ein hochgradiger Top-Manager[1] damit anfängt, Worte wie „gestört" oder „verrückt" im Zusammenhang mit der Zukunft des Unternehmens zu verwenden, dann würden Sie einen starken Fall der Aktienkurse dieses Unternehmens erwarten. Bei General Electric haben diese Leidenschaft und Antriebskräfte hinter Six Sigma einige sehr positive Ergebnisse gebracht.

Die harten Zahlen hinter der Six Sigma-Initiative von GE geben nur einen Teil der Geschichte wieder. Seit dem Anfangsjahr der Break-even-Bemühungen hat sich das immer stärker amortisiert: 750 Mio. Dollar Ende 1998, voraussichtlich 1,5 Mrd. bis Ende 1999 und Erwartungen von noch mehr Milliarden in Zukunft. Einige Wall-Street-Analysten haben einen Gewinn aus diesen Aktivitäten von *5 Mrd. Dollar* zu Beginn dieses Jahrzehnts vorausgesagt. Die Betriebsgewinnspannen von GE – jahrzehntelang im Zehnprozentbereich – erreichen Quartal für Quartal neue Rekorde. Die Zahlen liegen jetzt kontinuierlich über 15 Prozent und in einigen Zeiträumen auch höher. GE-Manager zitieren diese Ausweitung der Gewinnspanne als sichtbarstes Zeichen des finanziellen Beitrags von Six Sigma.

---

1 Vom Beginn der Aktivitäten bei GE 1995 hat Jack Welch seine Top-Leute gedrängt, „passionierte Verrückte" im Falle von Six Sigma zu sein. Er hat das Engagement von GE für Six Sigma einmal als „gestört" bezeichnet.

Verbesserungen vom Service bis zur Produktion

Dieses finanzielle „Großbild" ist jedoch nur eine Widerspiegelung vieler kleiner Erfolge, die GE durch seine Six Sigma-Initiative erzielt hat. Zum Beispiel:

- Ein Six Sigma-Team des GE-Geschäftsbereichs Leuchten beseitigte Probleme in der Rechnungsabwicklung seines Spitzenkunden Wal-Mart durch Verringerung der Fehler und Auseinandersetzungen um 98 Prozent, d. h. Beschleunigung der Zahlungen und eine höhere Produktivität für beide Unternehmen.
- Eine von einem Fachmann der Rechtsabteilung, einem Six Sigma-Leiter, geführte Gruppe in einem der GE-Kapitaldienstleistungsbereiche vereinfachte das Vertragsabwicklungsverfahren und ermöglichte dadurch eine schnellere Erledigung der Anträge, mit anderen Worten einen besseren Kundendienst, mit einer Einsparung von jährlich 1 Mio. Dollar.
- Der Geschäftsbereich Kraftwerksbau von GE konnte ein Reizthema bei seinen Versorgungsunternehmen dadurch aus der Welt schaffen, dass einfach ein besseres Verständnis für ihre Anforderungen erreicht und eine Verbesserung der *Dokumentation* zusammen mit neuer Kraftwerksausrüstung bereitgestellt wurde. Das Ergebnis: Die Versorgungsunternehmen können schneller reagieren und sowohl Versorgungsunternehmen als auch GE konnten Hunderttausende von Dollar pro Jahr einsparen.
- Der GE-Medizinbereich GEMS verwendete Six Sigma-Designtechniken, um einen Durchbruch in der medizinischen Scanning-Technologie zu erzielen. Ein Ganzkörperscanning dauert jetzt eine halbe Minute, gegenüber drei Minuten oder mehr mit der früheren Technologie. Krankenhäuser können jetzt ihre Ausrüstung besser nutzen und die Kosten pro Scanning sinken.
- GE Capital Mortgage analysierte die Prozesse in einem ihrer leistungsfähigsten Bereiche. Indem sie dessen „Best Practice" auf alle 42 Bereiche anwendete, konnte die Erfolgsrate eines Anrufers, der einen GE-Mitarbeiter sprechen wollte, von 76 auf 99 Prozent erhöht werden. Neben der größeren Bequemlichkeit und Schnelligkeit für Kunden zahlt sich dieser verbesserte Prozess in Millionen von Dollar beim Neugeschäft aus.

Die Aktionen hinter den Ergebnissen

Die Erfolge von GE sind das Ergebnis „leidenschaftlicher" Verpflichtung und Anstrengung.

Dazu bemerkt Welch: „In meinen nahezu vier Jahrzehnten bei GE habe ich niemals eine Unternehmensinitiative erlebt, die so willig und schnell im Zuge einer großen Idee umgesetzt wurde." Zehntausende von GE-Managern und Partnern wurden in Six Sigma-Methoden trainiert, ganz erhebliche Investitionen in Zeit und Geld (die sich entsprechend von den oben zitierten Gewinnen abziehen lassen) getätigt. Das Training ging weit über die „Black Belts" und Gruppen hinaus, um jeden Manager und Fachmann sowie viele Mitarbeiter bei GE zu erreichen. Six Sigma hat eine neue Sprache rund um Kunden, Prozesse und Messungen eingeführt.

Während Geld und statistische Werkzeuge die meiste Publizität erhalten, ist die Hervorhebung des *Kunden* möglicherweise das bemerkenswerteste Element von Six Sigma bei GE. So erklärt Jack Welch:

> „Die besten Six Sigma-Projekte beginnen nicht innerhalb, sondern außerhalb des Geschäfts, indem wir uns auf die Frage konzentrieren: Wie können wir unsere Kunden wettbewerbsfähiger machen? Was behindert den Kundenerfolg? … Eine Sache, die wir zweifelsfrei ermittelt haben, ist, dass alles, was wir für den Erfolg unserer Kunden tun, unausweichlich zu einem finanziellen Ertrag für uns wird."

AlliedSignal/Honeywell

AlliedSignal – mit dem neuen Namen „Honeywell" nach der Fusion 1999 – ist eine Six Sigma-Erfolgsgeschichte, die Motorola und GE verknüpft. Es war CEO Larry Bossidy, ein langjähriger GE-Manager, der 1991 bei Allied an die Spitze kam und der Jack Welch davon überzeugte, dass Six Sigma ein beachtenswerter Lösungsansatz sei. (Welch war einer der wenigen Top-Manager, der sich nicht in die TQM-Bewegung während der 80er und frühen 90er Jahren verliebt hatte.)

Allied begann seine eigenen Qualitätsverbesserungsaktivitäten in den frühen 90ern und sparte 1999 mehr als 600 Mio. Dollar pro Jahr dank eines weit verzweigten Mitarbeitertrainings und der Anwendung von Six Sigma. Nicht nur, dass die Six Sigma-Teams bei Allied die Kosten bei der Nachbearbeitung von Fehlern reduzierten. Sie wandten dieselben Prinzipien auch beim Entwurf von neuen Produkten wie Flugzeugmotoren an und konnten die Zeit vom Entwurf bis zur Zertifizierung von 42 auf 33 Monate senken. Das Unternehmen schreibt Six Sigma seinen sechsprozentigen Produktivitätszuwachs 1998 zu und seine Rekordgewinnspanne von 13 Prozent. Seit dem Beginn der Six Sigma-Arbeiten stieg der Marktwert des Unternehmens bis zum Bilanzjahr 1998 auf 27 Prozent pro Jahr.

Die Führungskräfte von Allied sehen in Six Sigma „mehr als nur Zahlen – es ist eine Bestätigung für unser Ziel, einen außergewöhnlichen Standard zu erreichen. Wir nutzen jedes uns zur Verfügung stehende Werkzeug und zögern niemals, unsere Vorgehensweise neu zu erfinden." Einer der Six Sigma-Direktoren von Allied meint: „Es hat die Art unseres Denkens und unserer Kommunikation geändert. Wir haben uns früher nie über Prozesse oder Kunden unterhalten. Jetzt sind sie Teil unserer täglichen Konversation." Die Umsetzung von Six Sigma hat Allied die Anerkennung als eines der am besten diversifizierten Unternehmen der Welt eingebracht (in der Weltausgabe von *Forbes*) und als die weltweit am meisten bewunderte Raumfahrtunternehmung (in *Fortune*).

Die Six Sigma-Welle

Wie wir festgestellt haben, fiele es leicht, Six Sigma als Modeerscheinung zu betrachten – wären da nicht die großartigen Erfolge der Unternehmen, die es anwenden. Mit geradezu anti-modischer Einstellung steigen jetzt *ganz leise* eine Reihe von bekannten Unternehmen aller Branchen, von Finanzdienstleistungen über Transport bis zu Hightech, in die Six Sigma-Aktivitäten ein. Sie folgen anderen, die laut über ihre Erfolge mit Six Sigma berichtet haben, wie Asea Brown Boveri, Black & Decker, Bombardier, Dupont, Dow Chemical, Federal Express, Johnson & Johnson, Kodak (mit 85 Millionen Dollar Ersparnis bis Anfang 2000), Navistar, Polaroid, Seagate Technologies, Siebe Appliance Controls, Sony, Toshiba und viele andere. Von diesen und anderen Six Sigma-Unternehmen kommt eine Vielfalt beeindruckender Verbesserungen, die sowohl Kunden wie auch Aktionären nutzen. Im Folgenden wird eine Auswahl aus Hunderten von Six Sigma-Projekten, die gegenwärtig weltweit laufen, dargestellt:

Entwicklung neuer Produkte

Ein Hersteller von Telekommunikationsgeräten verwendete Six Sigma-Designtechniken, um größere Flexibilität und schnelleren Umschlag in einer wichtigen Produktionsstätte zu erreichen. In dieser Fabrik werden mehrere Spezialprodukte auf einer einzigen Produktionsstraße gefertigt. Da jede Kundenbestellung den Einbau verschiedener Schaltkreise erfordern kann, sollte eine laufende Einrichtung mit verschiedenen Werkzeugen verhindert werden. Durch eine neue Abstimmung der Kundenanforderungen, des Produktdesigns und der Spezifikationen wurde die Zahl der Werkzeugeinrichtungen dramatisch verringert. Die Fabrik war sogar in der Lage, einen parallelen Produktionsprozess zu installieren, so dass beim Ausfall eines Produktionsbereichs die laufenden Arbeitsvorgänge leicht ohne zusätzliche Wartezeiten umgeleitet werden konnten.

Jetzt werden neue Kundenaufträge elektronisch übermittelt, wobei „virtuelles Design" eine schnelle Abwicklung ermöglicht. Insgesamt verkürzten diese Innovationen die Durchlaufzeiten von Tagen auf Stunden, ebenso verbesserten sie die Produktivität und das Ressourcenmanagement.

Schnellere und billigere Nachrichtenübermittlung

Kunden einer Telekommunikationsfirma waren über die Abwicklung ihrer Aufträge entrüstet. Jeder Vorgang – von einigen Minuten Satellitenzeit bis zu einer langfristigen, spezifizierten Zuschaltung – musste durch mehrere Ebenen der rechtlichen und technischen Prüfung gehen, bevor er genehmigt wurde. Dieser Vorgang verärgerte nicht nur

Kunden, er verschwendete auch Ressourcen und Geld. Ein Six Sigma-Team führte Messungen und eine Analyse des Problems durch. Während die bislang vorgeschlagenen Lösungen dem üblichen Weg der Behandlung von Problemen folgten, konnte das Team mittels solider Daten und Kenntnisse der Kundenbedürfnisse die Meinungen umdrehen. Nach sechs Monaten Arbeit war der Prozess verschlankt und 1 Mio. Dollar gespart worden.

Eine sofortige Antwort geben

Ein Finanzierungsinstitut nutzte den Ansatz eines Six Sigma-Teams, um Abläufe in seinem Callcenter zu analysieren und zu verbessern. Die Arbeit konzentrierte sich auf die Reduzierung der durchschnittlichen Entgegennahme von Anrufen und die Steigerung des Prozentsatzes von gelösten Problemen beim ersten Anruf. Das Team „zentralisierte und vereinfachte" das Weiterleiten von Anrufen, verkürzte damit die Durchschnittszeit von 54 auf 14 Sekunden. „Erst-Anruf-Lösungen" stiegen von 63 auf 83 Prozent.

Gedanken neben der Verpackung

Der Ersatzteilservice eines Raumfahrtproduzenten war auf der Suche nach Kosten- und Zeiteinsparungen im Kundendienst. Ein wesentliches Kostenelement war die Verpackung von Teilen. Größere Teile aus der Herstellung wurden ausgepackt, in Regalen gelagert, dann hervorgeholt, wieder verpackt und an Kunden versandt. Im Zuge einer Umgestaltung des Ablaufs mit Blick auf Kundenbedürfnisse und Wertschöpfung zog der Versand der Ersatzteile vom Lager zur Fabrik. Allein die Einsparungen beim Verpackungsmaterial beliefen sich auf 0,5 Mio. Dollar pro Jahr. Diese Veränderung brachte auch wesentliche Verbesserungen bei der Auslieferung, die Pünktlichkeit nahm von weniger als 80 auf über 95 Prozent innerhalb von drei Jahren zu.

Die Vorteile von Six Sigma

Diese Geschichten mögen für sich selbst sprechen. Aber wenn Ihr Unternehmen gut läuft, wie GE 1995, als Jack Welch die Six Sigma-Arbeit begann, warum sollten Sie dann eine Six Sigma-Initiative in Erwägung ziehen? Was veranlasst so viele Unternehmen, bekannte und weniger bekannte, in diese merkwürdig klingende Verfahrensweise einzusteigen? Abgeleitet von diesen Erfolgsgeschichten, von jenen anderer Unternehmen und mit Blick auf das gesparte Geld können wir mehrere Vorteile anführen, die für Unternehmen attraktiv sind:

1. *Six Sigma generiert nachhaltigen Erfolg.* John Chambers, CEO von Cisco Systems, dem großen Netzwerklieferanten und einem der am schnellsten wachsenden Unternehmen des letzten Jahrzehnts, kommentierte kürzlich den unternehmerischen Erfolg: „Da ist die Erkenntnis, dass man in drei Jahren aus dem Geschäft sein kann." Der einzige Weg, weiterhin ein zweistelliges Wachstum und Bestand in sich wandelnden Märkten zu erreichen, besteht in laufender Innovation und Veränderung der Organisation. Six Sigma schafft die Fähigkeiten und die Kultur für eine fortwährende Erneuerung, welche im nächsten Kapitel als „geschlossener Regelkreis" bezeichnet wird.

2. *Six Sigma setzt für jeden Leistungsziele.* Es ist reichlich mühsam, in einem Unternehmen jeglicher Größenordnung, geschweige denn in einem globalen Milliarden-Dollar-Unternehmen, jedermann auf dieselbe Richtung und ein gemeinsames Ziel einzuschwören. Jede Abteilung, jeder Geschäftsbereich und Mitarbeiter hat verschiedene Vorstellungen und Zielsetzungen. Was aber alle anstreben, ist die Lieferung von Produkten, Dienstleistungen und Informationen an Kunden (innerhalb und außerhalb des Unternehmens). Six Sigma nutzt diese Basis, Prozesse und Kunden, um ein in sich geschlossenes Zielbündel zu schaffen: Six Sigma-Leistungen oder ein Leistungsniveau, das so nahe an der Perfektion ist, wie man es sich nur vorstellen kann. Jeder, der die Kundenanforderungen begreift (und wer sollte das nicht?), kann seine Leistungserfüllung im Vergleich zur „perfekten" Six Sigma-Zielsetzung von 99,9997 Prozent bewerten, das ist ein so hoher Standard, dass dagegen die frühere Sicht von „exzellenter" Leistungserfüllung ziemlich schwach wirkt. Abbildung 1 stellt 99-prozentige Qualität der Six Sigma-Zielsetzung von 99,9997 Prozent gegenüber. Der Unterschied ist wirklich bemerkenswert.

Leistungsziele – was Sie erreichen würden...

bei jeweils 300 000 ausgelieferten Briefen:
mit 99 Prozent – 3 000 Fehllieferungen   mit Six Sigma – 1 Fehllieferung

bei jeweils 500 000 Computer-Startläufen:
mit 99 Prozent – 4 100 Abstürze   mit Six Sigma – 2 Abstürze

bei Monatsabschlüssen über 500 Jahre:
mit 99 Prozent – 60 Monate nicht ausgeglichen   mit Six Sigma – 0,018 Monate nicht ausgeglichen

für jede Woche Fernsehen (pro Kanal):
mit 99 Prozent – 1,68 Stunden kein Empfang   mit Six Sigma – 1,8 Sekunden kein Empfang

Abb. 1: 99-Prozent-Qualität versus Six Sigma-Qualität

3. *Six Sigma steigert den Wert für Kunden.* Als GE seine Six Sigma-Arbeit begann, gaben Führungskräfte zu, dass die Qualität der Produkte des Unternehmens nicht so

hoch war, wie sie sein sollte. Obgleich deren Qualität vielleicht besser war als die der Konkurrenten, verkündete Jack Welch: „Wir wollen unsere Qualität so einzigartig, so wertvoll für den Kunden machen, so wichtig für deren Erfolg, dass unsere Produkte die einzig wirkliche Wahlmöglichkeit darstellen." Bei dem immer heftigeren Wettbewerb in jeder Branche kann die Lieferung von nur „guten" oder „fehlerfreien" Produkten keinen Erfolg garantieren. Die Konzentration auf Kunden als Herz von Six Sigma bedeutet herauszufinden, *welche* Wertvorstellungen Kunden (und zukünftige Kunden) haben, und dann zu planen, *wie* sie effizient zu erfüllen sind.

4. *Six Sigma steigert die Verbesserungsrate.* Durch die hohen Vorgaben der Informationstechnologie mit ihrer Verdopplung der Leistung im Vergleich zu den Kosten alle 18 Monate wächst die Erwartungshaltung der Kunden. Der Wettbewerber mit der schnellsten Steigerung gewinnt wahrscheinlich das Rennen. Mit der Anleihe von Werkzeugen und Ideen aus vielen Disziplinen hilft Six Sigma einem Unternehmen, nicht nur seine Leistung zu steigern, sondern auch die Verbesserung *zu verbessern*.

5. *Six Sigma fördert Lernprozesse und gegenseitige „Befruchtung".* Die 90er Jahre erlebten die Geburt der „lernenden Organisation", ein Konzept, das vielen gefällt, aber schwer umsetzbar ist. Führungskräfte von AlliedSignal bemerkten dazu: „Jeder spricht über Lernen, aber es gelingt nur wenigen, dieses in das tägliche Leben der vielen Mitarbeiter einzubringen." Six Sigma stellt einen Ansatz dar, der die Entwicklung und Verbreitung von neuen Ideen innerhalb einer Organisation verstärken kann. Selbst in einem so diversifizierten Unternehmen wie GE wird der Wert von Six Sigma als Lerninstrument hoch eingestuft. Ausgebildete Mitarbeiter mit Erfahrung in *Prozessen*, wie diese gemanagt und verbessert werden können, lassen sich von GE Plastics nach GE Capital versetzen und zeigen dabei nicht nur eine kürzere Lernkurve, sondern bringen auch *bessere* Ideen und die Fähigkeit mit, jene schneller umzusetzen. Ideen können mitgeteilt und Leistungen besser verglichen werden. GEs Vice President für Six Sigma, Piet van Abeelen, hat für die Vergangenheit festgestellt, dass ein Manager aus einem Teil der Organisation seinem Partner aus einem anderen Bereich entgegenhalten konnte: „Ihre Ideen werden hier nicht funktionieren, weil ich anders bin." Eine solche Abwehr wird laut van Abeelen mit Six Sigma hinfällig: „Die Gemeinsamkeiten zählen. Wenn Sie die Maßzahlen vereinheitlichen, können wir reden."

6. *Six Sigma bewirkt strategischen Wandel.* Die Einführung neuer Produkte, der Start neuer Projekte, das Eindringen in neue Märkte, der Kauf neuer Unternehmen – was einmal seltene Geschäftsvorfälle waren, sind in vielen Unternehmen heute tägliche Ereignisse. Ein besseres Verstehen der Prozesse und Verfahrensweisen in Ihrem Unternehmen wird Ihre Fähigkeit verbessern, mit den kleineren Anpassungen und größeren Verlagerungen fertig zu werden, die ein erfolgreiches Geschäft im 21. Jahrhundert erfordert.

Die Werkzeuge und Themen von Six Sigma

Wie die meisten großen Entdeckungen ist Six Sigma nicht „ganz neu". Während einige Themen von Six Sigma aus gerade kürzlich erzielten Durchbrüchen im Managementdenken stammen, haben andere ihre Grundlage im gesunden Menschenverstand. Bevor Sie jedoch diese Quelle als nichts Besonderes von sich weisen, möchten wir Sie an einen Spruch, den wir bei unserer Arbeit in Europa aufgepickt haben, erinnern: „Common sense is the least common of the senses [Der gesunde Menschenverstand ist am wenigsten verbreitet]". Aus der „Werkzeug"-Perspektive stellt Six Sigma ein ziemlich umfangreiches Universum dar. Abbildung 2 vereint viele – wenn auch bei weitem nicht alle – der wichtigsten Six Sigma-Methoden.

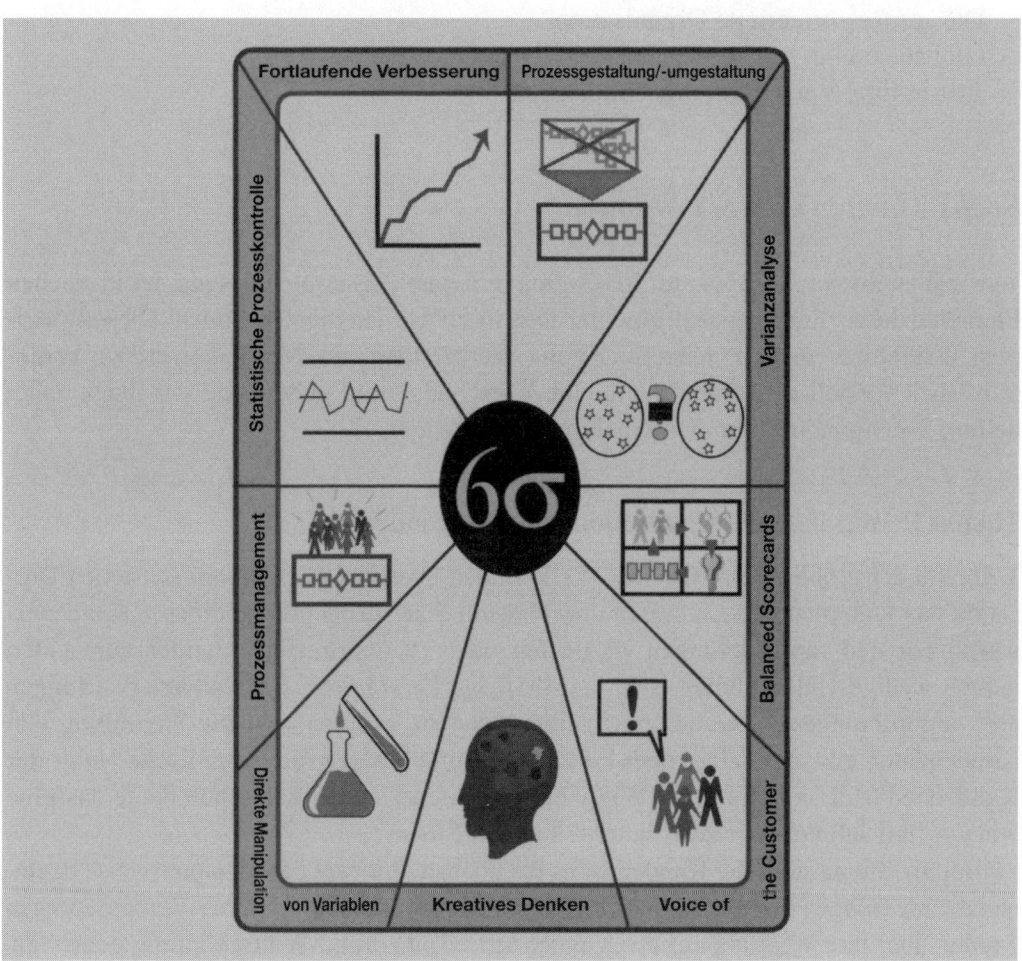

Abb. 2: Wesentliche Six Sigma-Methoden und -Tools

Je mehr wir im Laufe der Jahre über das Six Sigma-System gelernt haben, umso mehr wurde uns klar, dass wir dieses System als Verbindung von sonst lose vorhandenen Ideen, Trends und Werkzeugen in der heutigen Wirtschaft begreifen müssen. Einige der „heißen Themen", die direkten Bezug zu Six Sigma haben oder dieses vervollständigen können, sind:

* E-Commerce und Dienstleistungen
* Ressourcenplanung
* Schlanke Produktion
* Customer-Relations-Managementsysteme
* Strategische Geschäftspartnerschaften
* Knowledge Management (Wissensmanagement)
* Aktivitätsorientiertes Management
* Die „prozessorientierte Organisation"
* Globalisierung
* Just-in-time Vorratshaltung/-Produktion

Sechs Themen von Six Sigma

Wir wollen diesen Ausblick auf Six Sigma mit einer Zusammenfassung der kritischen Elemente dieses Führungsinstrumentariums in sechs „Themen" beenden. Diese Prinzipien, unterstützt von den vielen Six Sigma-Werkzeugen und -Methoden, die wir in diesem Buch vorstellen, werden Ihnen eine Vorschau darauf geben, wie wir Ihnen dabei helfen, Six Sigma in Ihrem Unternehmen umzusetzen.

Thema 1: Wirkliche Konzentration auf den Kunden

Während der großen Total-Quality-Welle in den 80er und 90er Jahren schrieben Dutzende von Unternehmen Leitlinien und Mission Statements und gelobten, „Kundenerwartungen und -anforderungen zu treffen oder zu übertreffen". Leider versuchten jedoch wenige Unternehmen, sehr ernsthaft ihr *Verständnis* für Kundenerwartungen und -anforderungen zu verbessern. Selbst wenn sie es taten, war die Sammlung von Kundendaten eine einmalige oder kurzlebige Initiative, die die dynamische Natur der Kundenbedürfnisse ignorierte. (Wie viele von Ihren Kunden wünschen heute dasselbe wie vor fünf Jahren? Vor zwei Jahren? Letzten Monat?)

Bei Six Sigma stellt der Kundenfokus die höchste Priorität dar. Beispielsweise beginnen die Messungen der Six Sigma-Leistungen beim Kunden. Six Sigma-Verbesserungen werden über ihre Wirkung auf die Kundenzufriedenheit und Wertschöpfung gemessen. Wir werden sehen, warum und wie Ihr Unternehmen Kundenanforderungen definieren und die entsprechenden Leistungen messen muss, um neue Entwicklungen voranzutreiben und noch unbekannte Kundenbedürfnisse zu entdecken – und zu erfüllen.

Thema 2: Von Daten und Fakten angetriebenes Management

Six Sigma trägt das Konzept des „Management durch Fakten" auf eine neue, wirksamere Ebene. Trotz der Aufmerksamkeit, die in den letzten Jahren Messungen, verbesserten Informationssystemen, Knowledge Management usw. geschenkt wurde, sollte es Sie nicht wundern, dass viele Unternehmensentscheidungen immer noch auf Meinungen und Annahmen beruhen. Die Six Sigma-Disziplin beginnt mit der Abklärung, *welche* Messungen zur Abschätzung des Geschäftserfolgs wichtig sind. Dann werden Daten und Analysen eingesetzt, um die Bedeutung der Hauptvariablen und der Ergebnisoptimierung zu verdeutlichen. Auf einem niedrigeren Niveau hilft Six Sigma den Managern, zwei wesentliche Fragen bei den mit Fakten begründeten Entscheidungen und Lösungen zu beantworten:

1. Welche Daten/Informationen brauche ich wirklich?
2. Wie kann ich diese Daten/Informationen maximal nutzen?

Thema 3: Prozess-Fokus, Management und Verbesserung

Bei Six Sigma verlaufen die Prozesse dort, wo die Handlung stattfindet. Ob Produkte oder Dienstleistungen entwickelt, Leistungen gemessen, die Effizienz und Kundenzufriedenheit verbessert werden oder sogar beim laufenden Geschäft – Six Sigma positioniert den *Prozess* als entscheidenden Motor des Erfolgs. Einer der bemerkenswertesten Durchbrüche in der Six Sigma-Arbeit bis heute war die Überzeugung von Unternehmern und Managern – vor allem in Servicebereichen und der Dienstleistungsindustrie –, dass die Beherrschung eines Prozesses kein notwendiges Übel darstellt, sondern eigentlich ein Weg ist, Wettbewerbsvorteile bei der Wertschöpfung für Kunden zu erzielen. Noch viel mehr Menschen müssten von den großen finanziellen Möglichkeiten dieser Aktivitäten überzeugt werden.

Thema 4: Proaktives Management

„Proaktiv" bedeutet ganz einfach, vor Ereignissen zu agieren, das Gegenteil von „reaktiv". In der wirklichen Welt bedeutet proaktives Management jedoch, *Gewohnheiten* aus diesen oft vernachlässigten Geschäftspraktiken zu machen: ehrgeizige Ziele festlegen und sie häufig überdenken; klare Prioritäten setzen; Konzentration auf Problemverhinderung anstatt Brandbekämpfung; Frage nach dem *Warum* unserer Handlungen statt blinder Verteidigung: „So machen wir das hier eben."

Wirklich proaktiv, ohne langweilig oder übermäßig analytisch zu sein, bedeutet, einen Ausgangspunkt für Kreativität und wirklichen Wandel zu schaffen. Reaktiv von Krise zu Krise zu eilen hält einen sehr auf Trab – und vermittelt den falschen Eindruck, immer vorne dabei zu sein. In Wirklichkeit zeigt das nur, dass ein Manager oder eine Organisation die Kontrolle verloren hat.

Six Sigma umfasst, wie wir sehen werden, Werkzeuge und Praktiken, die reaktive Angewohnheiten durch einen dynamischen, flexiblen, proaktiven Stil des Managements ersetzen. Berücksichtigt man den engen Fehlerspielraum innerhalb der wettbewerbsintensiven Umgebung, so ist proaktiv zu sein „die einzige Art zu fliegen", wie eine Airline-Werbung sagt.

Thema 5: Grenzenlose Zusammenarbeit

„Grenzenlosigkeit" ist eines von Jack Welchs Mantras für geschäftlichen Erfolg. Jahre vor dem Start von Six Sigma arbeitete der Chairman von GE daran, Mauern niederzureißen und die Teamarbeit auf allen Ebenen sowie über organisatorische Grenzen hinweg zu verbessern. Die zur Verfügung stehenden Möglichkeiten einer verbesserten Zusammenarbeit innerhalb von Firmen und mit ihren Lieferanten und Kunden sind riesig. Milliarden von Dollar werden jeden Tag verschenkt aufgrund von Trennungen und offenem Wettbewerb zwischen Gruppen, die eigentlich für ein gemeinsames Ziel arbeiten sollten: Werte für Kunden zu schaffen.

Wie oben schon bemerkt, eröffnet Six Sigma Möglichkeiten der Zusammenarbeit, da die Menschen lernen, wie ihre Rollen in das „große Bild" passen, und in der Lage sind, die gegenseitige Abhängigkeit der Aktivitäten in allen Teilen eines Prozesses zu erkennen und zu messen. Grenzenlose Zusammenarbeit bei Six Sigma bedeutet kein selbstloses Opfer, aber sie erfordert ein Verständnis sowohl für die wirklichen Bedürfnisse der Endverbraucher als auch für den Arbeitsfluss innerhalb eines Prozesses oder einer Versorgungskette. Darüber hinaus sind Kenntnisse von Kunden und Prozessen nötig, um allen Parteien nützlich zu sein. So kann das Six Sigma-System eine Umgebung und Managementstrukturen schaffen, die wirkliche Teamarbeit unterstützen.

Thema 6: Perfektionsstreben – Fehlertoleranz

Diese Begriffe scheinen widersprüchlich zu sein. Wie kann man gleichzeitig Perfektion anstreben und doch Fehler tolerieren? In Wirklichkeit aber sind beide Ideen komplementär. Kein Unternehmen wird jemals in die Nähe von Six Sigma kommen, ohne neue Ideen und Ansätze auszuprobieren, die immer ein gewisses Risiko bergen. Wenn Menschen, die einen möglichen Weg zu verbessertem Service, niedrigeren Kosten, neuen Fähigkeiten suchen (um der Perfektion näher zu kommen), zu viel Angst vor den Konsequenzen ihrer Fehler haben, werden sie es nie ausprobieren. Das Ergebnis: Stagnation, Fäulnis, Tod. (Ziemlich düster, oder?)

Zum Glück beinhalten die Techniken, die wir uns für eine Verbesserung der Leistung ansehen werden, eine erhebliche Dosis Risiskomanagement (wenn Sie einen Fehler machen, machen Sie einen überschaubaren Fehler). Die Grundvoraussetzung ist aber, dass jede Firma, die sich Six Sigma zum Ziel setzt, sich kontinuierlich anstrengt, immer perfekter zu werden (da der Begriff der Kunden von „Perfektion" sich laufend verändert), und gleichzeitig gelegentliche Rückschläge akzeptiert und meistert.

Wo Sie stehen

Wir wären überrascht, wenn Sie nicht jetzt zu sich selbst sagen würden: „Wir *machen* bereits einiges davon." Aber erinnern Sie sich, wir haben schon festgestellt, dass viel von Six Sigma nicht brandneu ist. Was neu ist, ist seine Fähigkeit, all diese Bereiche in einem zusammenhängenden Managementprozess zu vereinen.

Während Sie diese Einleitung zum Six Sigma-Weg betrachten, ermutigen wir Sie zu überlegen, was Sie bereits tun, um die Bereiche oder Werkzeuge von Six Sigma zu unterstützen – und sie weiterzuverfolgen. Seien Sie immer ehrlich hinsichtlich der Stärken und Schwächen Ihres Unternehmens. Wir haben mit Six Sigma gemerkt, dass Ergebnisse sich sehr viel schneller zeigen, wenn eine Organisation bereit ist, ihre Unzulänglichkeit zuzugeben und zu lernen, und wenn sie beginnt, der Verbesserung den Vorrang zu geben.

Unternehmen oder Manager, die behaupten, alle Anworten zu kennen, sind stets am meisten gefährdet; sie lernen nicht mehr, fallen zurück und müssen sich am Ende abstrampeln, um aufzuholen – falls es dazu nicht schon zu spät ist.

Kapitel 2
Schlüsselkonzepte des Six Sigma-Systems

Wie alle Systeme besteht Six Sigma aus wesentlichen Komponenten, die in der Kombination einen Anschub für Leistungsverbesserung geben. Nachdem wir in Kapitel 1 einige Ergebnisse und Leitthemen von Six Sigma betrachtet haben, wollen wir jetzt tiefer auf die Fragen „Was ist Six Sigma?" und „Warum Six Sigma?" eingehen, indem wir einige Schlüsselelemente des Systems näher beschreiben.

Eine Six Sigma-Vision von Unternehmensführung

Aufbau eines Systems mit geschlossenem Regelkreis

Stellen Sie sich vor, ein kleines Kind lernt Fahrrad fahren. Sie als Eltern, Verwandter oder Nachbar sind da, um zu helfen und Mut zu machen. Sie möchten sehen, wie das Kind Erfolg hat, genauso wie ein Investor seinem Unternehmen Erfolg wünscht. Sie geben dem Kind einen Schubs und eine Weile fährt es wunderbar: die Balance haltend, Kopf hoch, stolz. „Schau mal, ich kann es!", hören Sie noch, gerade bevor das Kind vom Weg abkommt und in einen Busch fährt. Natürlich sind Sie sich bewusst, dass Kinder beim Lernen ziemlich oft zuerst vom Kurs abkommen und herunterfallen. Also heben Sie das Kind auf und setzen es wieder auf das Fahrrad.

Auch Unternehmen kommen vom Kurs ab, fallen und fahren in Büsche. Und wenn sie Glück haben oder sich schnell genug fangen, können sie sich wieder aufraffen und auf den Weg zurückkommen. Wenn der Fehler allerdings zu groß war, sind die Fahrradtage vorüber. Das Unternehmen ist für immer aus dem Geschäft.

Fahrrad fahren und die Kunst des Six Sigma-Managements

Richtiges Fahrradfahren und erfolgreiches Management beruhen (auf lange Sicht) auf derselben Sache: einem „geschlossenen Regelkreis", in dem sowohl interne wie externe Informationen („Feedback" oder „Stimuli") dem Fahrer/Manager sagen, wie er seinen Kurs korrigiert, aufrecht bleibt und richtig lenkt. Ein guter Regelkreis sollte selbst bei windigem Wetter in einem tückischen Geschäftsumfeld funktionieren. Doch wie wir auf jedem Schulhof sehen können, fällt Fahrradfahren sehr viel leichter als die Führung eines Unternehmens. Lange nachdem die meisten Kinder bereits freihändig fahren können oder sogar extreme „Stunts" zeigen, schwanken Unternehmen immer noch den Weg entlang und hoffen, dass nicht irgendjemand noch eine Kurve eingebaut hat.

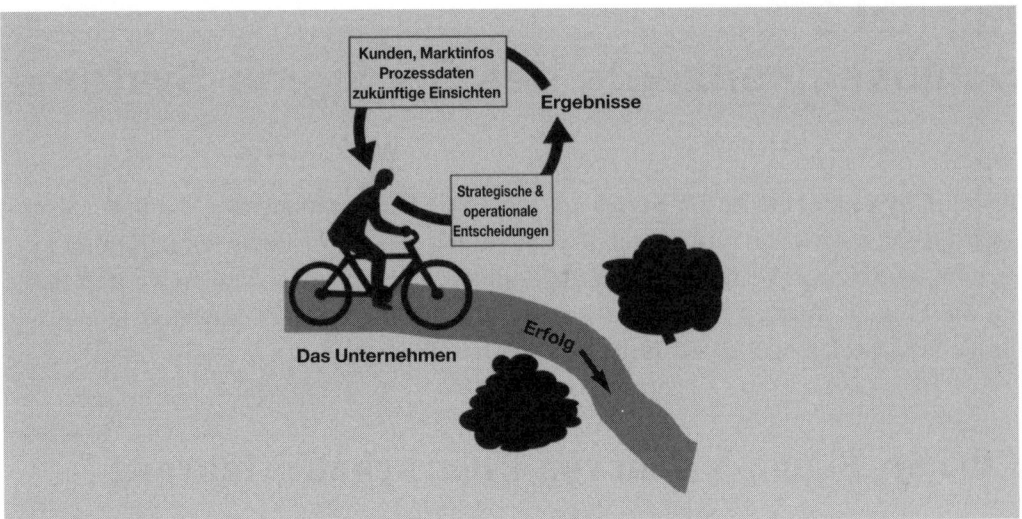

Abb. 3: Ein geschlossener Regelkreis: Auf dem Erfolgspfad bleiben

Six Sigma baut auf einem geschlossenen Regelkreis auf, der sensibel genug ist, die Schlingerbewegungen des Unternehmens zu vermindern und es sicher auf dem schwierigen Pfad der Leistung und des Erfolgs zu halten (siehe Abbildung 3).

In diesem Fall jedoch nimmt der *Prozess* (oder eigentlich viele Prozesse) die Stelle des Fahrrads ein. Die internen „Stimuli" (wie das innere Ohr) sind die Messungen der Aktivitäten innerhalb des Prozesses. Die externen Feedbackelemente, jene, die dem Unternehmen sagen, ob es seine Ziele erreicht hat und noch auf dem richtigen Pfad ist, umfassen Gewinne, Kundenzufriedenheit und eine Anzahl weiterer Datenquellen.

Im Vokabular von Six Sigma wird das Schlingern oder die Widersprüchlichkeit eines Unternehmenssystems „Variation" genannt. Schlechte Variationen, die eine negative Wirkung auf Kunden haben, werden wir „Fehler" bzw. „Defekte" nennen. Und die Ansätze, um das Regelkreissystem zu formen, zu überwachen und zu *verbessern*, werden wir „Prozessmanagement", „Prozessverbesserung" und „Prozessgestaltung/-umgestaltung" nennen.

Systemangleichung: Aufspüren der Xs und Ys

Einige Methoden der Algebra werden normalerweise benötigt, um dieses Regelkreissystem bei Six Sigma-Unternehmen zu beschreiben. (Es wird nicht zu fachlich, also bleiben Sie dabei.) In Abbildung 4 sehen ein Modell eines Unternehmens aus der Perspektive eines Fertigungsablaufs. Auf der linken Seite befinden sich die Eingaben in den Prozess (oder das System); in der Mitte die Organisation oder der Prozess selbst (als Ablaufkarte oder Fluss-Diagramm gezeichnet). Schließlich sind ganz rechts die so

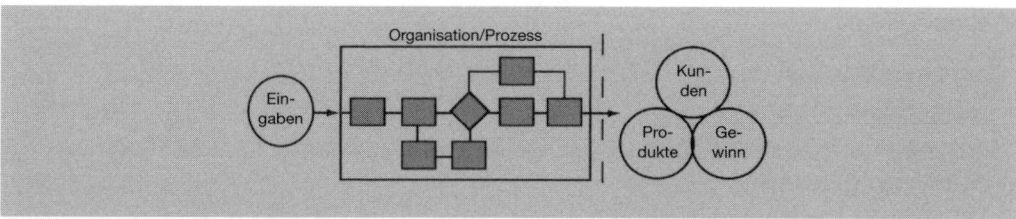

Abb. 4: Das Geschäftsprozessmodell

wichtigen Kunden, Endprodukte und (hoffentlich) Gewinne. In Abbildung 5 haben wir einige Buchstaben hinzugefügt, die Messungen oder „Variablen" an verschiedenen Punkten des Systems repräsentieren. Die „Xs", die bei der Eingabe und im Fertigungsprozess auftreten, sollen Indikatoren für den Wandel oder die Leistung in den „vorgelagerten" Teilen des Systems sein. Die „Ys" rechts repräsentieren Messungen der Unternehmensleistung – wie die Schlusspunktzahl in einem Spiel. Die Formel $Y = f(X)$ („Y ist eine Funktion von X") ist nichts anderes als eine mathematische Form, um auszudrücken, dass Änderungen oder Variablen in der Eingabe und im Prozess des Systems weitgehend festlegen, wie das Endergebnis – oder die Ys – aussehen wird.

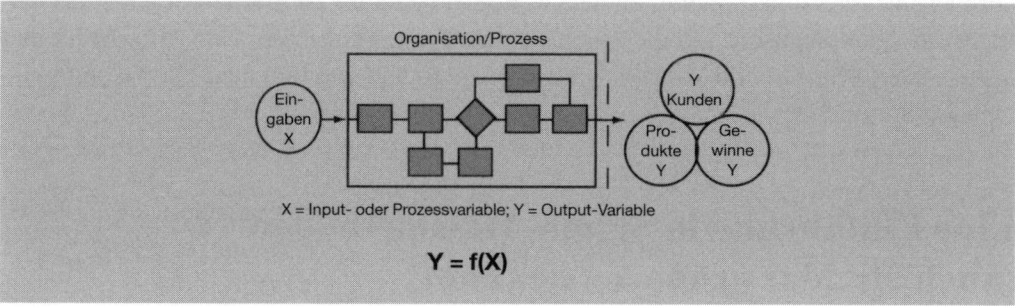

Abb. 5: Vorgelagerte (X) und nachgelagerte (Y) Variablen

Der Trick mit dem geschlossenen Unternehmensregelkreis besteht darin,

1. herauszubekommen, welche von den Xs oder Variablen im Geschäftsprozess und bei den Eingaben den größten Einfluss auf die Ys oder Ergebnisse haben,
2. die Veränderung der Gesamtergebnisse des Prozesses (der Ys wie auch anderer externer Faktoren) zu nutzen, um das Unternehmen anzupassen und auf dem Gewinnpfad weiterzuführen.

In Six Sigma-Unternehmen wird die Sprache der Xs und Ys zur Routine. Doch können diese Variablen eine ganze Reihe unterschiedlicher Bedeutungen haben.

Y kann bedeuten:

- strategisches Ziel
- Kundenanforderung
- Gewinne
- Kundenzufriedenheit
- allgemeine Unternehmensoptimierung

X kann bedeuten:

- wesentliche Aktionen, um ein strategisches Ziel zu erreichen
- Arbeitsqualität im Unternehmen
- Haupteinflussfaktoren auf die Kundenzufriedenheit
- Prozessvariable wie Personal, Zykluszeiten, Umfang der Technologie etc.
- Qualität der Eingaben in den Prozess (von Kunden oder Lieferanten)

Die meisten Unternehmen oder Manager haben ein geringes Verständnis in Bezug auf den Zusammenhang zwischen ihren eigenen Xs und Ys. Sie halten ihre Unternehmen nur mit Glück auf dem Weg oder auch mit einer Anzahl *wesentlicher* Korrekturen. Mit Six Sigma-Methoden dagegen kann ein Unternehmen das System und die Variablen verstehen und lernen, auf Feedback zu reagieren, um auf diese Weise den Weg nach vorn angenehmer und schneller zu gehen. Wie ein geübter Fahrradfahrer kann das Unternehmen „automatisch" auf die Signale seiner Prozesse, Lieferanten, Mitarbeiter und insbesondere Kunden und Wettbewerber antworten und dadurch neue Stärke und Leistungskraft erreichen.

Eine Einführung in Sigma-Messmethoden (auch als „das große Y" bekannt)

Nun ist es Zeit, sowohl die ursprüngliche Bedeutung des Ausdrucks „Six Sigma" als auch die damit beschriebene Maßzahl näher zu erläutern. Hierbei werden wir nur einige Konzepte der Six Sigma-Messungen betrachten. Wenn Sie wissen wollen, wie die Messungen berechnet werden, dann werfen Sie einen Blick in Kapitel 14.

Sigma, Standardabweichung und Variationsausschluss

Der klein geschriebene Buchstabe „sigma" im griechischen Alphabet – σ – wird in der Statistik benutzt, um die „Standardabweichung" einer Bevölkerung darzustellen. Standardabweichung ist, wenn Sie sich an Statistikkurse erinnern, ein Indikator für die Summe an „Variationen" oder Inkonsistenzen in jeder Gruppe von Einzeldingen oder in einem Prozess. Wenn Sie beispielsweise Essen vom Schnellimbiss holen, das an einem Tag heiß, am anderen Tag lauwarm ist, dann ist das eine Variation. Oder wenn Sie drei Hemden derselben Größe kaufen und eins davon zu klein ist, dann ist das auch eine Variation. Es gibt Unmengen von Beispielen für Variationen, weil eigentlich *alles* bis zu einem gewissen Grad variiert. Variation ist Teil des Lebens.

Das Übel der Variation

Wenn Six Sigma-Fachleute über Variation diskutieren, dann benutzen sie manchmal Worte wie *Übel* oder Ausdrücke wie „der Feind", als würde der diabolische Professor Variation (ein Vetter von Dr. Übel?) planen, die Welt zu beherrschen. Allerdings ist Variation wirklich kein Spaß, wenn sie Kunden trifft. Wenn ich beispielsweise einen Hauskredit brauche und das Kreditinstitut sagt, es dauere „etwa zwei bis drei Wochen" bis zur Antwort (was auf viel Variation in dessen Abwicklung hinweist), dann kann das einen großen Einfluss auf meine Entscheidung haben, ob ich das Geschäft mit diesem Institut abwickle. Denn wenn ich das mache, wer weiß, wann ich mein Geld bekomme? Ein anderes Beispiel: Wenn Sie an einem Flughafen ankommen, dann wissen Sie nie, ob Ihr Gepäck in 5 oder 20 Minuten an der Gepäckausgabe ankommt. Also warten Sie noch 15 Minuten, die Sie gut für Telefonate, Lesen, Käufe oder andere sinnvolle Aktivitäten verwenden könnten.

Die Variation von Produkten ist ebenfalls ein kritischer Punkt. Bei komplexen elektronischen oder mechanischen Teilen kann sich die Variation bei der Stromstärke, der Größe oder dem Gewicht für jedes Einzelteil so aufaddieren (manchmal „Toleranzfehlerhäufung" genannt), bis das ganze Ding auseinanderfällt. Oder wenn Ihr Unternehmen ein Teil herstellt, das ein anderes Unternehmen in seine Produkte einbaut, dann kann Ihre Variation oder Inkonsistenz dazu führen, dass dieses Unternehmen besondere Anstrengungen unternehmen muss, um Ihr Teil zum Laufen zu bringen – keine gute Empfehlung für Ihren Kunden. Wenn schließlich ein Endverbraucher einen Toaster kauft, der eine Toastscheibe bräunt, die andere verkohlt, obwohl an der Einstellung nichts verändert wurde, dann kann das eine Menge Brot kosten.

Die Vorteile einer Übersicht über Variationen

Der Blick auf Variationen hilft dem Management, in viel stärkerem Maße die *wirkliche* Leistungsfähigkeit eines Unternehmens und seiner Abläufe zu erfassen. Früher maßen und beschrieben Unternehmen ihre Tätigkeit mit „Durchschnitten": Durchschnittskosten, durchschnittliche Durchlaufzeiten, durchschnittliche Versandgröße etc. Doch Durchschnitte können Probleme eher *verbergen*, indem sie Variationen bemänteln.

Beispielsweise könnten Sie es als gute Nachricht empfinden, wenn Sie erfahren, dass Ihre *durchschnittliche Lieferzeit* 4,2 Tage beträgt, falls Sie einem Kunden versprechen, dass Aufträge für kundenspezifische Teile innerhalb von sechs Arbeitstagen ab dem Tag der Auftragserteilung ausgeführt würden. Aber diese Durchschnittsgröße könnte die Tatsache verbergen, dass infolge großer Variation in Ihren Arbeitsabläufen

mehr als 15 Prozent der Aufträge *länger* als sechs Tage brauchen (d.h. zu *spät* ausgeführt werden). Ohne die Gesamtvariation zu verändern, müssten Sie eine durchschnittliche Lieferzeit von *zwei* Tagen erreichen, um alle Aufträge innerhalb der versprochen-
nen sechs Tage auszuliefern. Durch eine wesentliche Reduzierung der Variation könnten Sie jedoch eine Durchschnittslieferzeit von fünf Tagen erreichen und *keine* Verspä-
tungen haben. Auf diese Weise kann das Verständnis und die Ansprache der Variation
sowohl Ihnen als auch Ihrem Kunden nutzen, weil Sie jetzt nicht länger unvorhergesehene Anstrengungen zum *Ausgleich* machen müssen, damit Ihr Kunde zufrieden ist. (In
vielen Fällen ist eine fünftägige Durchschnittslieferzeit kostengünstiger zu erreichen
als eine zweitägige.)

Das Ziel der Six Sigma-Leistung ist die Verringerung der Variation bis zu einem
Grad, in dem die sechs Sigmas oder Standardabweichungen der Variation auf jene
Grenzen eingeengt werden können, die von den Kundenvorgaben gesetzt sind. Bei den
meisten Produkten, Dienstleistungen und Prozessen bedeutet das eine riesige und unglaublich wertvolle Verbesserung.

Six Sigma-Fahrten

Wir können die Variation an einem anderen Beispiel noch ein wenig besser verdeutlichen. Nehmen wir an, dass Sie sich entschlossen haben, den „Prozess" Ihrer täglichen
Fahrt zur Arbeit zu bewerten – mit dem Ziel, dass Sie pünktlich sind. „Pünktlich" bedeutet, Ankunft um 8.30 Uhr morgens plus/minus ein paar Minuten. Lassen Sie uns zunächst annehmen (nur zur Vereinfachung), dass Sie *immer* genau um 8.12 Uhr das Haus
verlassen. Also wissen Sie, dass Ihr „Fahrzeit-Ziel" 18 Minuten ist. Für Sie ist diese 18-
Minuten-Fahrt ideal, weil sie Ihnen die Möglichkeit verschafft, Ihre Gedanken zu klären und sich auf die Tagesarbeit vorzubereiten.

Da es akzeptabel erscheint, zwei Minuten vor oder nach 8.30 Uhr anzukommen, rei-
chen die „Vorgabegrenzen" oder Kundenanforderungen von einer 16- bis zu einer 20-
Minuten-Fahrt. Jede Zeit innerhalb dieser Grenzen ist für Sie, den Kunden des Fahrpro-
zesses, zumutbar. Wir bezeichnen diese Grenzen als LSL für „lower specification limit" (untere Vorgabegrenze) und USL für „upper specification limit" (obere Vorgabegrenze).

Die nächste Frage lautet: Wie lange dauert es denn *wirklich*, um zum Arbeitsplatz
zu kommen? Um das herauszufinden, sammeln Sie über mehrere Monate hinweg die
Daten über die Dauer Ihrer Fahrten. Einige Leute werden sich wundern, was Sie mit
Ihrer Stoppuhr machen, aber Sie sind Ihr ganzes Leben lang exzentrisch gewesen, also
passt das zu Ihnen.Wenn Sie zum ersten Mal Ihre Daten zusammenfassen, sehen sie
ganz gut aus: Ihre durchschnittliche Fahrzeit ist *genau* 18 Minuten, also „perfekt"!

Aber beim nächsten Blick sieht es gar nicht so rosig aus. Nachdem Sie alle Daten in
ein „Histogramm" (glockenförmige Kurve) eingebracht haben, sehen Sie, dass in Wirklichkeit eine *Fülle* von Abweichungen von dieser Zeit vorliegen. Wie Sie in Abbildung
6 sehen können, liegen viele Tage außerhalb Ihrer Vorgabegrenzen, an denen Sie mehr

als zwei Minuten früher oder später ankamen. „Kein Wunder", rufen Sie, „dass an einigen Tagen der Kaffee noch nicht fertig ist und an anderen keine Parkplätze mehr da sind!"

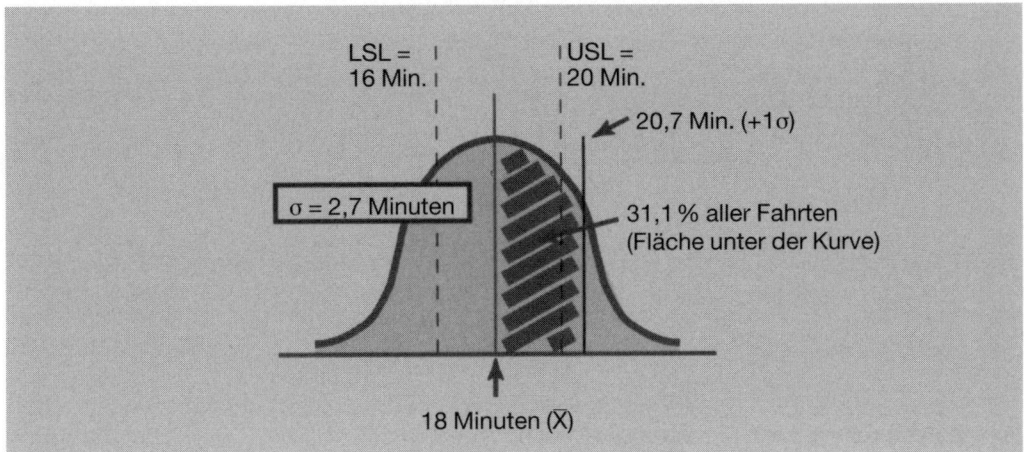

Abb. 6: Variation der Fahrzeiten vor Verbesserungsmaßnahmen

Um die Summe der Variation in Ihrem Fahrprozess zu bestätigen, berechnen Sie die Standardabweichung der von Ihnen gesammelten Daten (bei Verwendung von Spreadsheats oder Statistiksoftware eine einfache Aufgabe). Es stellt sich heraus, dass Ihre Standardabweichung (σ) 2,7 Minuten beträgt (wie in Abbildung 6 gezeigt). Das bedeutet, weniger als ein „Sigma" liegt in Ihren Vorgabegrenzen von plus/minus zwei Minuten vom Durchschnitt.

Natürlich ist das *nicht* gut! Wenn Sie *immer* früher ankommen wollten, müssten Sie schon geraume Zeit vor 8.12 Uhr aufbrechen. Doch dann wären Sie natürlich an vielen Tag alleine im Büro und wären *immer* derjenige, der Kaffee machen müsste. Außerdem wissen Sie vom Abhören Ihrer Six Sigma-Kassetten auf der Fahrt zum Büro, dass eine Variation dieser Art der *Feind* ist und ausgemerzt werden muss.

Deshalb unternehmen Sie etwas, um Ihren Fahrprozess zu verbessern: z. B. keine Abkürzungen mehr. Sie lassen Ihren Geschwindigkeitsregler justieren, damit Sie eine genaue Geschwindigkeit vorgeben können. Sie erlauben sich nicht mehr, auf dem Parkplatz zu sitzen und noch ein Oldie zu hören, bevor Sie das Gebäude betreten. *Und so weiter.* Nachdem Sie diese Verbesserungsmaßnahmen ergriffen haben, sammeln Sie eifrig weitere Daten über Ihre Fahrten.

Wie Sie in Abbildung 7 sehen können, haben sich Ihre Anstrengungen gelohnt! Die durchschnittliche Fahrzeit beträgt immer noch 18 Minuten, aber die Variation wurde *stark* reduziert. Wenn Sie diese Spanne dauernd halten können (d. h. Ihren Fahrprozess gut kontrollieren), liegen die Chancen, in weniger als 16 und mehr als 20 Minuten zur Arbeit zu kommen, bei *fast null.*

Statistisch gesprochen, haben Sie Ihre Standardabweichung von 2,7 auf 0,33 Minu-

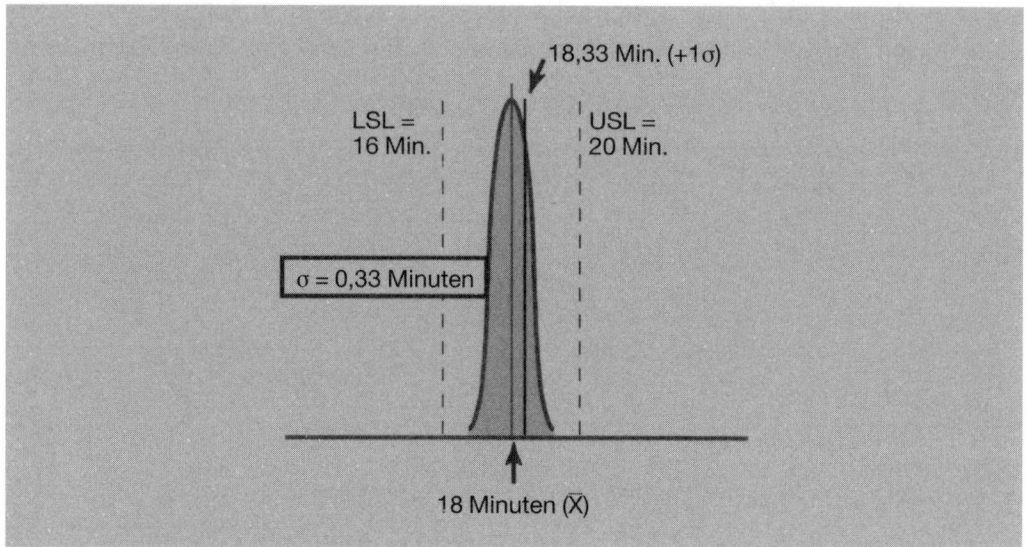

Abb. 7: Fahrprozess-Variation: verbessert auf 6σ

ten verringert. Das bedeutet, Sie können sechs Standardabweichungen der Leistung vom Durchschnitt zulassen und immer noch *innerhalb* Ihrer Vorgabegrenzen bleiben. Genau das ist Six Sigma-Niveau!

Jedes Unternehmen, das seine Variation auf dieses Niveau bringen kann, gewinnt einen riesigen Vorsprung an Produktivität, ganz abgesehen von der Kundenzufriedenheit. So gesehen ist es kein Wunder, dass Six Sigma ein attraktives Ziel für viele Top-Manager darstellt.

Kunden, Fehler/Defekte und Sigma-Grade

In dem vorgeführten Beispiel haben wir die Six Sigma-Leistung als Ausdruck der Verringerung von sigma (d. h. als Standardabweichung) oder der Eingrenzung der Variationsbreite ausgedrückt, um alle Ergebnisse innerhalb der Kundenvorgabe zu halten. Natürlich lässt sich nicht jedes Problem oder jede Datensammlung in einer „glockenförmigen Kurve" darstellen. Glücklicherweise können wir eine einfachere Möglichkeit nutzen, um Six Sigma zu erklären und zu berechnen, die auf die meisten Situationen passt.

Der frühere Qualitätsmanager von Motorola, Alan Larson, meinte, dass die Einfachheit dieses Ansatzes, den wir erkunden wollen, einer seiner großen Vorteile sei. Larson erläutert: „Es ist in Wirklichkeit ein *mathematisches* System, kein statistisches. Das Schöne daran ist, dass Sie nur rechnen, addieren und dividieren können müssen. Sie müssen kein Statistiker sein."

Der erste Schritt, für Six Sigma grundlegend, besteht in der klaren Festlegung, welche Anforderungen der Kunde ausdrücklich stellt. In der Sprache von Six Sigma werden solche Anforderungen oft „CTQs" genannt. Das steht für „critical to quality"-Eigenschaften (wesentlich für Qualität). Wir könnten sie auch „Schlüsselergebnisse" oder „Ys" des Prozesses oder „Vorgabegrenzen" nennen. Der nächste Schritt ist die Zählung der *Fehler/Defekte*, die auftreten. Wir haben diesen Ausdruck schon häufig benutzt, doch jetzt brauchen wir eine klare Definition:

Ein Fehler/Defekt *ist jeder Augenblick oder jedes Ereignis, in dem das Produkt oder der Prozess die Kundenanforderungen nicht erfüllt.*

Vereinfachte Sigma Umrechungstabelle

Wenn Ihr Ertrag... ist	dann ist Ihr DPMO...	und Ihr sigma...
30,9%	690 000	1,0
69,2	308 000	2,0
93,3	66 800	3,0
99,4	6 210	4,0
99,98	320	5,0
99,9997	3,4	6,0

Abb. 8: Vereinfachte Sigma-Umrechnungstabelle

Wenn wir die Defekte gezählt haben, können wir den „Ertrag" des Prozesses berechnen (Prozentsatz von Einzelheiten *ohne* Defekte) und eine handliche Tabelle für die Festlegung des Sigma-Grades benutzen. Sigma-Leistungsgrade werden auch oft in „Defects per Million Opportunities" (Defekte je 1 Mio. Möglichkeiten) oder „DPMO" ausgedrückt, wie in Abbildung 8 zu sehen ist. DPMO zeigt einfach an, wie viele Fehler auftreten, wenn eine Aktivität 1 Mio. Mal wiederholt wird. Durch das Aufrechnen der Möglichkeiten für Fehler machte Motorola es möglich, die Leistungen verschiedener Prozesse zu vergleichen. Wir behandeln die DPMO-Berechnung in Kapitel 14, so dass Sie diese jetzt lediglich als weitere Möglichkeit für die Beschreibung einer Qualität oder Fähigkeit eines Prozesses betrachten sollten.

Zusammenfassung der Vorteile einer Sigma-Messung

Unternehmen, die das Six Sigma-System übernommen haben, fanden heraus, dass der „Sigma-Skalierungsansatz" für die Bewertung von Prozessleistungen einige wesentliche Vorteile bringt. Hier zur Wiederholung:

1. *Beginnen Sie mit dem Kunden.* Sigma-Messungen erfordern eine klare Definiton der Kundenanforderungen. Diese Klarheit wird sowohl Ihnen als auch dem Kunden nutzen, wenn Sie einmal darüber nachdenken, was wirklich wichtig ist.
2. *Geben Sie ein stimmiges Maß vor.* Mit ihrer Fokussierung auf Defekte und Fehlermöglichkeiten können Six Sigma-Messungen benutzt werden, um ganz verschie-

dene Prozesse in einer Organisation zu messen und zu vergleichen – oder zwischen Organisationen. Wenn Sie die Anforderungen einmal klar definiert haben, dann können Sie auch einen „Defekt" definieren und fast jede Geschäftstätigkeit oder jeden Prozess messen.

3. *Beziehen Sie sich auf ein ehrgeiziges Ziel.* Wenn eine ganze Organisation auf einen Zielerreichungsgrad von 99,9997 Prozent konzentriert ist, kann das eine wesentliche Beschleunigung der Verbesserungen bedeuten. Vorausgesetzt, Sie investieren einiges an Gedanken und Anstrengungen beim Aufbau, dann kann das Six Sigma-Messverfahren eine gemeinsame „Messverfahrenssprache" kreieren, die in allen Bereichen des Unternehmens verwendbar ist.

Six Sigma-Verbesserungs- und Managementstrategien

Kenntnisse über den Kunden und effektive Messungen sind der Treibstoff des Six Sigma-Systems. Die Maschine, die davon angetrieben wird, besteht aus drei Basiselementen (siehe Abbildung 9), die alle auf die *Prozesse* Ihrer Organisation ausgerichtet sind. Die Verbindung dieser einzelnen Ansätze ist eine der wichtigsten und am wenigsten erkannten Innovationen, die Six Sigma mit sich bringt.

Prozessverbesserung: Das Aufspüren von gezielten Lösungen

Der Ausdruck „Prozessverbesserung" bedeutet, eine Lösungsstrategie zu entwickeln, um die Wurzel von Leistungsproblemen zu beseitigen. Andere dafür synonym benutzte Begriffe sind „kontinuierliche Verbesserung", „schrittweise Verbesserung" oder „Kaizen" (japanisch für „kontinuierliche Verbesserung"). Im Kern bedeutet Prozessverbesserung die *Reparatur* eines Defekts, während die Grundstruktur des Arbeitsprozesses erhalten bleibt. Bei Six Sigma bedeutet es, das Schwergewicht auf das Auffinden und Anvisieren der „wenigen lebenswichtigen" Faktoren (der Xs) zu legen, die das Problem oder die Schwierigkeiten verursachen (die Ys). Deshalb sind ein Großteil der Six Sigma-Projekte auch Prozessverbesserungsaktionen.

Prozessgestaltung/-umgestaltung: Ein besseres Unternehmen aufbauen

Einer der Gründe, warum Top-Manager die Geduld bei den „Qualitätsinitiativen" in den 80er Jahren verloren, war der langsame Fortschritt der Verbesserungen, die sie zu bringen schienen. Diese Frustration öffnete einer neuen Modeerscheinung die Tür: dem „Reengineering-Boom" der früher 90er Jahre. Obwohl Reengineering insgesamt eine

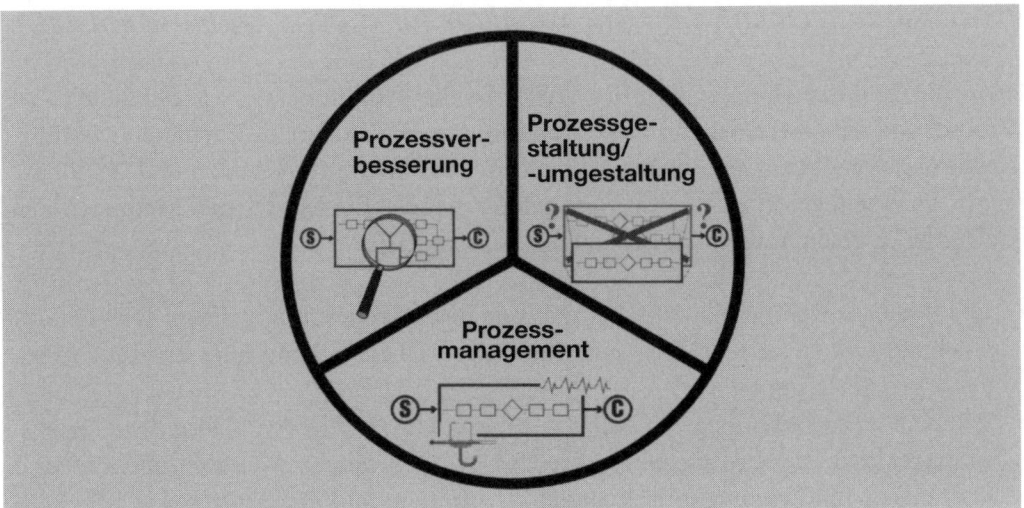

Abb. 9: Drei Six Sigma-Strategien

Enttäuschung war, eröffnete es doch eine wichtige Perspektive für bessere Unternehmensleistungen: Schrittweise Verbesserungen genügen nicht, um mit dem Tempo des Wandels in der Technologie, bei den Kundenwünschen und im Wettbewerb Schritt zu halten.

Deshalb bringt Six Sigma sowohl Prozessverbesserungen als auch Prozessgestaltung/-umgestaltung zusammen, um sie als wesentliche komplementäre Strategien für anhaltenden Erfolg zu vereinen. Im Gestaltungs-/Umgestaltungsmodus besteht die Aufgabe darin, einen Prozess nicht zu *verbessern*, sondern ihn (oder einen Teil davon) durch einen neuen zu *ersetzen*. Er reicht auch in die Produkt- und Servicegestaltung – oft „Six Sigma-Design" genannt – hinein, bei der Six Sigma-Prinzipien angewendet werden, um neue Güter und Dienstleistungen zu schaffen, die eng an Kundenbedürfnissen orientiert und durch Daten sowie Tests abgesichert sind.

In der heutigen Geschäftswelt wird wahrscheinlich kein Unternehmen lange an der Spitze bleiben, das nicht wenigstens einige seiner Schlüsselprozesse regelmäßig überdenkt. Chuck Cox, Vortragsredner, Berater und Ko-Autor eines Buches über Prozess- und Produktdesign, meint, es sollte die Daumenregel gelten: „Umgestaltung der wesentlichen Prozesse alle fünf Jahre. So schnell ändern sich die Dinge." Selbst der Reengineering-Papst Michael Hammer hat festgestellt, dass kontinuierliche Verbesserung „und Reengineering während der Lebensgeschichte eines Prozesses zusammenwachsen. Zuerst wird der Prozess verbessert, bis seine nutzbare Lebenszeit vorbei ist. Dann kommt das Reengineering. Schließlich ist die Verbesserung an ihrem Endpunkt angekommen, und der ganze Zyklus beginnt von neuem."

Prozessmanagement: Die Infrastruktur für die Six Sigma-Führung

Die dritte Schlüsselstrategie von Six Sigma ist die evolutionärste. Sie beinhaltet den Wechsel von der Überwachung und Steuerung der *Funktionen* zu Verständnis und Erleichterung von *Prozessen*, jenem Arbeitsfluss, der Werte für Kunden und Aktionäre schafft. In einem gereiften Prozessmanagement werden die Motive und Methoden von Six Sigma zu einem integralen Bestandteil des Geschäfts:

* Die Prozesse werden von Anfang bis Ende dokumentiert und geleitet. Die Verantwortung wird so verteilt, dass eine lückenlose Überwachung aller kritischen Prozesse gewährleistet ist.
* Die Kundenanforderungen sind klar definiert und werden regelmäßig aktualisiert.
* Manager und Partner (inklusive „process owner") nutzen Messung und Prozesskenntnisse, um Leistungen in Echtzeit zu ermitteln und Probleme sowie Möglichkeiten aufzugreifen.
* Prozessverbesserung und Prozessgestaltung/-umgestaltung – um die Werkzeuge von Six Sigma herum – werden genutzt, um laufend den Leistungsgrad, die Wettbewerbsfähigkeit und Profitabilität des Unternehmens zu erhöhen.

Wir haben Prozessmanagement als „evolutionär" bezeichnet, weil es ein Lösungsansatz ist, den Organisationen gewöhnlich lernen und langsam entwickeln. Das zunehmende Prozessmanagement in der Praxis entspricht der Ausweitung von Six Sigma zu einem vollständigen Managementsystem.

Das DMAIC Six Sigma-Verbesserungsmodell

Seit es die Qualitätsbewegung gab, wurden viele „Verbesserungsmodelle" auf Prozesse angewendet. Viele beruhen auf den Schritten, die von W. Edwards Deming eingeführt wurden: Plan-Do-Check-Act (Plane-Mache-Prüfe-Handle) oder P-D-C-A, welche die grundsätzliche Logik eines auf Daten beruhenden Verbesserungsprozesses beschreiben.

* *Plane:* Überprüfe die laufenden Leistungen auf Probleme und Lücken. Sammle Daten für die wesentlichen Probleme. Identifiziere die Probleme und ihre Wurzeln. Entwickle mögliche Lösungen und plane einen Test mit der besten Lösung.
* *Mache:* Führe einen Probelauf durch.
* *Prüfe:* Miss die Ergebnisse des Tests, um zu sehen, ob die Lösung die richtige ist. Wenn Probleme auftauchen, betrachte die Hindernisse, die Verbesserungsaktivitäten beeinträchtigen.
* *Handle:* Verfeinere und erweitere die Lösung, gestützt auf den Testlauf und dessen

Bewertung, um sie permanent einzusetzen. Verwende den neuen Lösungsansatz wo immer möglich. *Dann starte…*

Define-Measure-Analyze-Improve-Control oder DMAIC

In diesem Buch werden wir einen Verbesserungszyklus mit fünf Phasen nutzen, der in Six Sigma-Organisationen immer häufiger eingesetzt wird: Define, Measure, Analyze, Improve, and Control (definiere, miss, analysiere, verbessere und kontrolliere) oder DMAIC (siehe Abbildung 10). Wie andere Verbesserungsmodelle basiert DMAIC auf dem ursprünglichen PDCA-Zyklus. Wir werden jedoch mit DMAIC sowohl Prozess-verbesserungen wie auch Prozessgestaltung/-umgestaltung anwenden. Wenn wir uns deshalb auf „DMAIC Projekte" beziehen, dann sprechen wir immer von Aktivitäten, die beide Six Sigma-Verbesserungsstrategien nutzen. Abbildung 11 zeigt ein Diagramm der wesentlichen DMAIC-Aktivitäten, indem die Wege der „Prozessverbesserung" mit jenen der „Prozessgestaltung/-umgestaltung" verglichen werden.

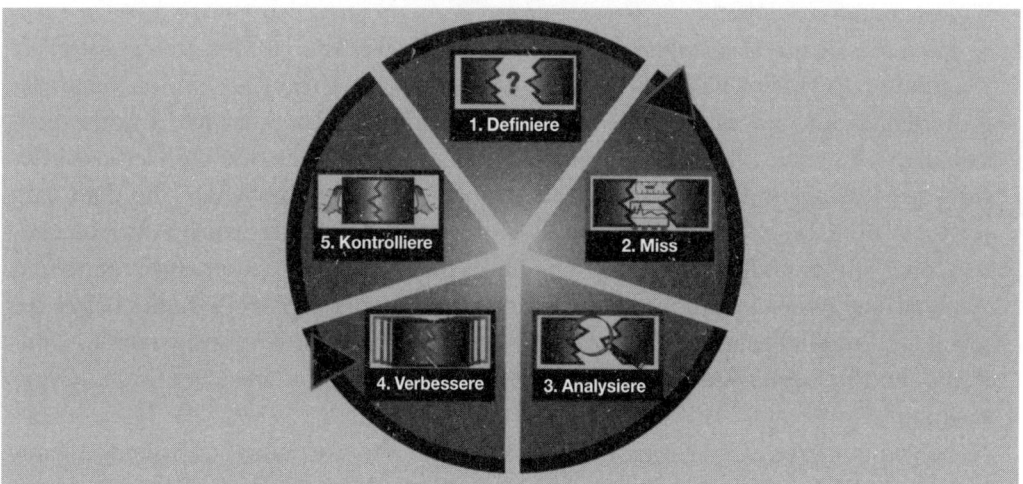

Abb. 10: Das DMAIC Six Sigma-Verbesserungsmodell

Definition einer „Six Sigma-Organisation"

Zum Abschluss der Diskussion über Schlüsselkonzepte von Six Sigma wollen wir einen kurzen Blick auf die Konzeption einer „Six Sigma-Organisation" tun. Im folgenden Kapitel, in dem wir die TQM-Bemühungen mit Six Sigma vergleichen, werden Sie erkennen, wie eine Six Sigma-Organisation aussieht. Unser Vorschlag für eine Definition einer *Six Sigma Organisation*, an der wir in diesem Buch festhalten werden, lautet:

> Eine Organisation, die aktiv daran arbeitet, die Themen und Praktiken von Six Sigma in die täglichen Managementaktivitäten einzubauen, und die erkennbare Verbesserungen bei der Prozessleistung und Kundenzufriedenheit zeigt.

Hier noch einige Bemerkungen zu dieser Definition:

1. Um sich dafür zu qualifizieren, *müssen Sie noch nicht den Erfüllungsgrad von Six Sigma* (99,9997 Prozent perfekt) *in irgendeinem Prozess erreicht haben.* Manche Leute ziehen den falschen Schluss, dass „Six Sigma-Organisationen" wie GE oder Motorola bereits diese Qualitätsstufe in allen Belangen erreicht hätten, was bei weitem nicht so ist. Sie mögen es in einigen Prozessen erreicht haben. Bei Americom, einer Satelliten-Kommunikationsfirma von GE, hörten wir von einigen Six Sigma-Stufen. Aber noch hat kein Unternehmen mehr als einige wenige Prozesse auf diesem Niveau. Lassen Sie sich also nicht entmutigen: Schon allein die Steigerung aller Prozesse auf *vier* Sigma – 99,37 Prozent – würde einen enormen Fortschritt für jedes Unternehmen darstellen.

2. *Einfach die Sigma-Messungen oder einige wenige Werkzeuge zu nutzen qualifiziert noch kein Unternehmen als „ Six Sigma-Organisation".* Unsere Definition macht die Kriterien härter, indem wir eine *großes Ausmaß* an Aktivitäten und Engagement verlangen. Eine wirkliche „Six Sigma-Organisation" ist jene, die die Herausforderung an Messung und Verbesserung *aller* Prozesse angenommen hat – mit dem Ziel, jenes reagible, geschlossene Regelkreissystem aufzubauen, das wir beschrieben haben, oder, um mit AlliedSignal zu sprechen, eine „Kultur der laufenden Erneuerung zu schaffen". Wenn beispielsweise Ihr Unternehmen Six Sigma-Techniken einsetzt, um neue Produktdesigns zu entwickeln, dann ist das eine hervorragende Anwendung von Six Sigma-Methoden. Aber damit wird es noch keine „Six Sigma-Organisation".

   Nebenbei bemerkt ist es gar nicht so verkehrt, *nicht* sofort eine Six Sigma-Organisation werden zu wollen. Da wir jedermann, der dieses Buch liest, dazu auffordern, seinen eigenen Weg zu Six Sigma zu wählen, sollten Sie ganz beruhigt warten, ehe Sie sich dazu entschließen, ob Sie Ihr Unternehmen zu einer Six Sigma-Organisation machen wollen.

3. *Sie müssen es nicht Six Sigma nennen, um eine Six Sigma-Organisation zu sein.* Das System, die Methoden und die Verpflichtung dazu sind sehr viel wichtiger als der Name, den Sie Ihren Bemühungen geben. Einige Unternehmen mögen den Namen „Six Sigma" zu geheimnisvoll finden oder nicht aussagekräftig genug für ihre laufenden Erneuerungsmaßnahmen. Tatsächlich hat einer unserer Kunden (nennen wir ihn „XYZ") viele der hier beschriebenen Six Sigma-Praktiken erfolgreich eingesetzt. Dort wurde die Wahl getroffen, dies „XYZ Management System" zu nennen. Der Nutzen, den das Unternehmen daraus gezogen hat, war nicht geringer, als wenn man das System „Six Sigma" genannt hätte.

Six Sigma-Verbesserungsprozess	Prozessverbesserung	Prozessgestaltung/-umgestaltung
1. Definiere	• Identifiziere das Problem • Definiere die Anforderungen • Setze Ziele	• Identifiziere spezifische oder breit angelegte Probleme • Definiere ein/e Ziel/Änderungsvision • Kläre Umfang und Kundenanforderungen
2. Miss	• Prüfe Probleme/Prozesse • Verfeinere Probleme/Ziele • Miss die Hauptschritte/Eingaben	• Miss die Leistung in Bezug auf die Anforderungen • Sammle Daten über die Prozessqualität • Prüfe Probleme/Prozesse

3. Analysiere	• Entwickle Hypothesen über Ursachen
	• Identifiziere die „wenigen vitalen" Problemwurzeln
	• Validiere die Thesen
		• Identifiziere „Best Practices"
		• Bewerte das Prozessdesign
		  – wertschöpfend/nicht wertschöpfend
		  – Engpässe/Unterbrechungen
		  – alternative Pfade
		• Verfeinere die Anforderungen

4. Verbessere	• Entwickle Ideen, um die Problemursachen zu beseitigen
	• Teste Lösungen
	• Standardisiere Lösungen/Messergebnisse
		• Entwirf neue Prozesse
		  – prüfe die Annahmen
		  – wende Kreativität an
		  – Arbeitsflussprinzipien
		• Implementiere neue Prozesse, Strukturen, Systeme

5. Kontrolliere	• Richte Standardmessungen zur Aufrechterhaltung der Leistung ein • Korrigiere Probleme soweit notwendig	• Richte Messungen und Berichte zur Aufrechterhaltung der Leistung ein • Korrigiere Probleme soweit notwendig

Abb. 11: Überblick über „Pfade" der Prozessverbesserung und der Prozessgestaltung/-umgestaltung im DMAIC-Modell

Je mehr Unternehmen Six Sigma übernehmen, in ernster Absicht oder nur zur Show, umso stärker ist die Gefahr, dass der Begriff „Six Sigma" seine Bedeutung verliert. Unsere Hoffnung ist, dass der Erfolg von Six Sigma-Bemühungen nicht durch zu viel Eigenwerbung („Wir machen Six Sigma, ist das nicht cool?") oder unverantwortlichen Hype unterhöhlt wird. Unternehmen mit Erfolg durch Six Sigma sollten die Ergebnisse in ihrem Kerngeschäft und bei ihren Kunden im Auge behalten und ihre Aktivitäten nicht über Gebühr darstellen.

Kapitel 3
Warum hat Six Sigma dort Erfolg, wo TQM versagte?

Wir beklagen uns eine Minute über den Hype, dann gönnen wir uns in der nächsten Minute unseren eigenen. Denn die Überschrift dieses Kapitels, das geben wir zu, enthält ein wenig Übertreibung.

Zunächst: Wenn Six Sigma auch dabei ist, beeindruckende Ergebnisse und Kulturänderungen in einigen einflussreichen Organisationen zu schaffen, so ist das bestimmt noch kein überragender Erfolg – nicht in einer Zeit, in der viele Unternehmen gerade dabei sind, Six Sigma-Initiativen zu beginnen. So können wir auch nicht abschließend sagen: „TQM ist tot", obwohl Total Quality Management oder kontinuierliche Verbesserungsprozesse weniger offensichtlich sind als in den frühen 90er Jahren. Viele Unternehmen sind immer noch um Verbesserungen bemüht, die auf den Prinzipien und Werkzeugen von TQM beruhen. Und Six Sigma stellt – wie wir in Kapitel 1 gesehen haben – in vielerlei Hinsicht eine Wiedergeburt der Qualitätsideale und -methoden dar, da diese mit noch größerem Engagement verwirklicht werden, als es oft in der Vergangenheit der Fall war.

Doch die Grundannahme unserer Kapitelüberschrift ist zutreffend: Six Sigma enthüllt ein Erfolgspotenzial, das über das Niveau der Verbesserungen hinausgeht, welches mit TQM-Aktivitäten erreicht wurde. Vergangene Qualitätsprogramme wurden oft Opfer von Fehlern, die sowohl die Ergebnisse als auch den Ruf von TQM beeinträchtigten – Fehler, die leicht von den Firmen wiederholt werden könnten, die es jetzt mit Six Sigma versuchen.

So hoffen wir, dass die Beispiele und breit angelegten Ansätze, die wir Ihnen hier in *Six Sigma erfolgreich einsetzen* anbieten, jenen helfen werden, die sich bereits für „TQM" oder „Prozessverbesserung" engagiert haben, ihre bestehenden Aktivitäten durch Six Sigma zu verbessern.

Six Sigma und die TQM-Falle

Wenn TQM eine positives Erbe hinterließ, noch in vielen Organisationen lebendig ist und einen Anstoß für den Aufbau des Six Sigma-Systems gegeben hat, warum wirkt es dann immer noch angeschlagen? Teilweise liegt diese negative Sicht an der Erwartung. Es ist der Preis, den TQM dafür zahlen musste, dass es in seinen frühen Jahren ständig angepriesen wurde. Genauso hinterließ auch die Art und Weise, mit der viele Aktivitäten ein- und durchgeführt wurden, einen schlechten Geschmack bei vielen TQM-Veteranen. Deshalb sind Menschen, die „Qualität" gesehen und verwirklicht haben, am schwierigsten davon zu überzeugen, dass Six Sigma wirklich etwas Neues und Überlegenes zu bieten hat.

Einige Fehler vergangener TQM-Bemühungen könnten sich sicher in einer Six Sigma-Initiative wiederholen, wenn Sie nicht vorsichtig sind. Tabelle 2 gewährt Ihnen einen Überblick über einige der wesentlichen TQM-Schnitzer wie auch Hinweise, wie das Six Sigma-System dafür sorgen kann, dass Ihre Aktivitäten nicht aus dem Gleis geraten.

Tabelle 2: Six Sigma versus TQM

TQM-Falle: Mangel an Integration	Six Sigma-Lösung: Integration auf allen Ebenen
Qualitätsverbesserung war häufig nur eine Nebenbeschäftigung, getrennt von den Schlüsselthemen der Unternehmensstrategie und -leistung. Es gab einen „Qualitätsrat" von Delegierten statt eines Kernteams im Management oder eine Stabsabteilung für Qualität. Wirkliche Integration wurde trotz des Begriffs „Total" Quality nicht erreicht, weil die Bemühungen sich auf Produkte und den Produktionsbereich beschränkten.	Six Sigma-Organisationen setzen auf Prozessmanagement, Verbesserungen und Messungen als Teil der täglichen Verantwortung speziell ihrer operativ tätigen Manager. Incentives wie der 40-Prozent-Bonus bei GE verstärken die Botschaft, dass Six Sigma „Teil des Jobs" ist.
TQM-Falle: Apathische Führung	**Six Sigma-Lösung: Stets wachsames Top-Management**
Bei jeder TQM-Aktion, die gelungen ist, war das Top-Management aktiv bei der Leitung des Prozesses beteiligt. Sehr viel häufiger war jedoch die Skepsis des Top-Managements offensichtlich oder die Bereitschaft, die Qualitätsidee voranzutreiben, zu schwach. In solchen Organisationen wurde Qualität als etwas „zeitlich Begrenztes" empfunden. Und wenn die aktiven Manager das Unternehmen verließen, dann war die begrenzte Gültigkeit der Qualität bewiesen.	Die Leidenschaft für und der Glaube an Six Sigma auf der höchsten Geschäftsebene ist fraglos bei Unternehmen wie Bombardier, AlliedSignal und GE gegeben. Zu dieser Passion und der Bereitschaft, nahezu laufend die Trommel für das Six Sigma-System zu rühren, kommt die Erkenntnis des Top-Managements, dass Six Sigma ein Synonym für die konstante Erneuerung des Unternehmens ist.
TQM-Falle: Ein unscharfes Konzept	**Six Sigma-Lösung: Eine laufend wiederholte, einfache Botschaft**
Die Unschärfe von TQM begann mit dem Wort „Qualität". Es ist ein vertrautes Wort mit vielen Bedeutungen. In vielen Unternehmen war Qualität Aufgabe einer bestehenden Abteilung mit spezifischen Verantwortlichkeiten für die „Qualitätskontrolle" oder die „Qualitätssicherung", was darin bestand, Prozesse zu stabilisieren, statt sie zu verbessern. Die	In dieser Hinsicht hat Six Sigma ähnliche Schwierigkeiten wie TQM. Denn insgesamt beschreiben die Worte „Six Sigma" nicht genau das System, das wir präsentieren. Die kurze Definition, die wir vorgeschlagen haben, kann vielleicht ganz gut wirken: „Six Sigma ist ein Unternehmenssystem, das anhaltenden Erfolg über den Kundenfokus,

„Philosophie" der Qualität war für viele Menschen mysteriös. Die Zweifel an TQM wurden noch verstärkt, als neue Ansätze aufkamen, z. B. ISO 9000 oder Reengineering, die nicht in die bestehende Qualitätsarbeit integriert wurden.

Prozessmanagement und -verbesserung sowie den klugen Gebrauch von Fakten und Daten erreichen will." Klar, genau und ziemlich spezifisch. Wenn Sie diese Definition kommunizieren und Diskussionen darüber vermeiden, welche Werkzeuge zwingend sind oder welcher Six Sigma-Philosophie Sie folgen, dann behalten Sie Ihr Ziel im Auge, ohne abgelenkt oder verwirrt zu werden.

TQM-Falle: Ein ungeklärtes Ziel	**Six Sigma-Lösung: Aufstellen eines sinnvollen, ehrgeizigen Ziels**
Viele Unternehmen machten den Begriff Qualität noch dadurch unschärfer, dass sie positiv klingende Ziele setzten wie „Kundenanforderungen erfüllen oder übertreffen" – ohne Möglichkeiten, den Fortschritt bis zum Ziel zu verfolgen. Die in den 80er und 90er Jahren gelehrten Qualitätsmethoden leisteten auch einen schlechten Dienst angesichts der unterschiedlichen und wechselnden Kundenanforderungen. Ohne die Instrumente zum wirklichen Verständnis der Kundenbedürfnisse musste das praktizierte TQM mit der Zeit scheitern.	Ein klares Ziel ist das Herzstück von Six Sigma. Es ist ein außergewöhnlich herausforderndes Ziel, aber doch glaubhaft im Gegensatz zu vergangenen „Null-Fehler"-Kampagnen. Ob das Ziel in Ertragsgrößen (99,9997 Prozent perfekt), Defekten pro Millionen Möglichkeiten (3,4 DPMO) oder Sigma (6σ) ausgedrückt wird – immer können die in Six Sigma-Initiativen eingebundenen Mitarbeiter ihre Ergebnisse sehen und sie in Geldgrößen bewerten. Genauso wichtig ist die Konzentration auf die Bedürfnisse und Anforderungen der Kunden sowie der Aufbau eines dynamischen Systems zur Leistungsmessung
TQM-Falle: Puristische Haltungen und technischer Übereifer	**Six Sigma-Lösung: Anpassung der Werkzeuge und Härtegrade an die Umstände**
Eine der frustrierendsten Auswirkungen von TQM war die Schaffung einer so genannten „Qualitätspolitik": Einzelne Mitarbeiter bestanden darauf, Dinge (nur) auf eine bestimmte Weise zu machen. Die Folgen des Qualitätspurismus: Die Ressourcen wurden genutzt, um Probleme mit ungeeigneten oder unnötigen Werkzeuge zu analysieren, und die „regulären" Mitarbeiter (Nicht-Experten) wurden beim Versuch, Qualität zu erreichen, dem Prozess entfremdet.	Solange Sie und Ihre Führungskräfte erkennen, dass Six Sigma einen Weg darstellt, eine erfolgreiche Organisation zu schaffen und zu betreiben, was eine Fülle von Fähigkeiten und nicht nur technische Kompetenz erfordert, können Sie dieses Problem vermeiden. Es gibt viele „Six Sigma-Wege". Die gesündeste Einstellung dazu ist: „Wir werden solche Werkzeuge und Ansätze nutzen, die auf die einfachste und leichteste Art Ergebnisse bringen." Six Sigma kann das „Purismus-Problem" lösen, weil es so viele Ideen und Methoden umfasst. Trotzdem warnen wir jede Organisation vor Übereifer. Hüten Sie sich vor der Six Sigma-Polizei!
TQM-Falle: Versagen beim Einreißen interner Hindernisse	**Six Sigma-Lösung: Priorität für das übergreifende Prozessmanagement**
Als TQM auf seinem Höhepunkt stand, war es in den meisten Unternehmen doch eine	Die aufgeklärten Six Sigma-Praktiker stellen das Aufbrechen von Verkrustungen weit

„Abteilungsangelegenheit". Das ist nicht so schlecht, weil es Abteilungskunden gibt und Abteilungen mit Prozessen, die gemessen und verbessert werden können. Aber das meiste Reden über „totale" Qualität als organisationsüberspannender Prozess war nur Gerede. Verbesserungsprojekte liefen in isolierten Blöcken ab: Die Technik hatte ihre Projekte, ebenso die Finanzabteilung oder die Produktion.

oben auf ihre Prioritätenliste. Es ist sowohl als Ziel – um ein flexibleres, effektiveres und effizienteres Unternehmen zu schaffen – wie auch als Werkzeug wichtig, um Doppelarbeit infolge von Unterbrechungen und Fehlkommunikation zu vermeiden. Trotzdem ist das Einreißen von organisatorischen Hindernissen eine langfristige Sache; einige Erfolge bedeuten noch keinen Sieg.

TQM-Falle: Schrittweiser gegen exponentiellen Wandel

Six Sigma-Lösung: Schrittweiser exponentieller Wandel

TQM-Lehren betonten oft, dass der Wandel durch eine Fülle von kleinen Verbesserungen vorangetrieben würde. Es gab zwar keinen direkten Ausschluss eines radikaleren Wandels im TQM-Werkzeugkasten, aber viele Unternehmenschefs hatten die Geduld verloren, als das „Reengineering"-Konzept hereinbrach. Es kam in vielen Unternehmen zu einer Schlacht, die beiden Parteien schadete.

Eine der großen Chancen von Six Sigma besteht darin, frisch beginnen zu können – mit der Erkenntnis, dass sowohl kleine Verbesserungen als auch größere Veränderungen einen wesentlichen Beitrag zum Überleben und Erfolg in der Wirtschaft des 21. Jahrhunderts leisten.

TQM-Falle: Wirkungsloses Training

Six Sigma-Lösung: Black Belts, Green Belts, Black-Belt-Meister

Wir verwenden den Ausdruck „wirkungslos" als Zusammenfassung verschiedener Probleme, die während des TQM-Trainings entstehen können. In Wahrheit gibt es keinen perfekten Weg, um eine Organisation für TQM zu trainieren – oder für Six Sigma. Immer gibt es Schwierigkeiten mit der Zeit (Wann müssen Mitarbeiter neue Fähigkeiten erlernen?), mit der Intensität (Welche Details werden benötigt?) und den Ressourcen (Wie viel Zeit und Geld können wir für das Training aufwenden?). TQM-Training war ganz und gar nicht immer wirkungslos, doch es konzentrierte sich viel mehr auf die Darstellung der Werkzeuge als darauf, einen klaren Kontext der Verbesserungsaktivitäten zu liefern. Im Ergebnis kannten die Mitarbeiter zwar die Werkzeuge, wussten aber nicht, wann und wie sie am besten angewendet werden sollten.

Six Sigma-Unternehmen stellen sehr hohe Anforderungen an das Lernen und unterstützen diese Standards mit den notwendigen Investitionen in Zeit und Geld, um den Mitarbeitern bei der Erfüllung dieser Standards zu helfen. Während die meisten Organisationen Hilfeschreie loslassen, wenn ein Training mehr als zwei Stunden dauert, nehmen sich die Black Belts von GE drei Wochen Trainingszeit, dann folgen Prüfungen und kontinuierliches Lernen auf Konferenzen und anderen Foren. Noch beeindruckender ist das „Green Belt"-Programm: Jeder Mitarbeiter im Management erhält ein Training in Six Sigma-Methoden von wenigstens zwei Wochen.

TQM-Falle: Konzentration auf Produktqualität

Six Sigma-Lösung: Beachtung aller Geschäftsprozesse

Im Gegensatz zur Beschreibung „Total" kon-

Wie wir in Kapitel 4 sehen werden, funktio-

zentrierten sich viele Aktivitäten auf Produktions- oder Herstellungsprozesse, nicht auf Dienstleistung, Logistik, Marketing oder andere kritische Gebiete. Wir kennen z.B. ein Druckunternehmen, das seine Teams darauf konzentrierte, Millimeter-Abweichungen bei der Ausrichtung des Papiers (ein wichtiger Qualitätsfaktor, zugegeben) auszumerzen, während die Auftragseingangsabwicklung ein Desaster war. Selbst wenn die Qualität der Produkte exzellent war, erhielten die Kunden diese nicht pünktlich.

niert Six Sigma nicht nur in der Dienstleistung und bei Transaktionsprozessen, sondern bietet dort sogar u.U. noch mehr Möglichkeiten als in der Herstellung. Damit hat Six Sigma das Potenzial, viel eher „total" zu sein als Total Quality.

Die letzte „Falle", in die jede auf Verbesserungen sinnende Organisation gehen kann – TQM, Six Sigma, was auch immer – ist Selbstzufriedenheit. Natürlich wäre ein Unternehmen, das erfolgreich Qualitätsverbesserungen in seine Geschäftspraktiken eingeführt hat, schlecht beraten, diese zu verlassen und durch Six Sigma zu „ersetzen". Aber es wäre kurzsichtig, die Fortschritte bei den Werkzeugen und Managementprinzipien, die vom Six Sigma-System gemacht wurden, zu ignorieren, nur weil „wir schon Qualität praktizieren".

Deshalb raten wir Ihnen, Offenheit zu zeigen und nach Wegen Ausschau zu halten, Ihre Verbesserungsaktivitäten zu optimieren. In den verbleibenden Abschnitten dieses Buches werden wir Ihnen, zunächst im Überblick, dann in größerer Tiefe, zeigen, wie Sie Ihre eigene Route auf dem Six Sigma-Weg finden können.

Kapitel 4
Anwendung von Six Sigma auf Dienstleistung und Produktion

Eine gemeinsamer Gedanke von Managern und Chefs ist: „Wie kann ich Six Sigma auf *meine* Organisation übertragen?" Diese Frage scheint am häufigsten von Leuten in dienstleistungs- oder transaktionsorientierten Gebieten zu kommen, die anzweifeln, ob diese angeblich produktionsorientierte Lehre ihnen helfen kann. Aber Produktionsmanager haben genauso ihre Zweifel, vor allem deshalb, weil viele Herstellungsprozesse bereits intensiven *Qualitäts*prüfungen unterzogen wurden. Deshalb werden wir in diesem Kapitel einige zwingende Gründe dafür angeben, warum sowohl Dienstleistungs- als auch Produktionsabläufe vom Six Sigma-Fachwissen profitieren können, und Ihnen zeigen, wie Sie Ihren Ansatz anpassen können, um ungewöhnlichen Anforderungen auf beiden Schauplätzen zu genügen.

Klärung von „Dienstleistung" und „Herstellung"

Lassen Sie uns zunächst die Begriffe klären, die wir benutzen werden.

- „Dienstleistungs"prozesse: Wenn wir in diesem Kapitel durchgängig von „Dienstleistungen" oder „Dienstleistung und Kundenbetreuung" sprechen, dann meinen wir damit jeden Unternehmensbereich, der nicht direkt in die Entwicklung oder Herstellung von greifbaren Produkten eingebunden ist. Damit kann Verkauf, Finanzen, Marketing, Beschaffung, Kundenbetreuung, Logistik und Personalwirtschaft in *jeder* Organisation gemeint sein – von einem Stahlhersteller über eine Bank bis zu einem Einzelhandelsgeschäft. Einige andere Begriffe zur Beschreibung dieser Aktivitäten lauten: *transaktionsorientiert, kaufmännisch, nicht technisch, unterstützend* und *administrativ*.
- „Fertigungs"prozesse: Mit „Fertigung" meinen wir nur solche Aktivitäten, die mit der Entwicklung und Produktion von greifbaren Produkten zu tun haben. Weitere Begriffe, um das zu beschreiben, sind „Betriebsstätte", „Produktion", „Fabrik", manchmal auch „Technik" und „Produktentwicklung".

Die sich wandelnde Rolle der Herstellung

In diesen Tagen gibt es fast keine reinen „Herstellungs"unternehmen mehr. Der Entwurf, die Produktion und/oder der Verkauf von hergestellten Gütern stellt natürlich immer noch den Kernbereich vieler Unternehmen dar. Und die Notwendigkeit, fehlerfreie

Produkte (solche, die wie erwartet funktionieren und die Anforderungen der Kunden erfüllen) anzubieten, besteht mehr denn je. Aber der Erfolg eines Produktionsunternehmens wird kaum allein durch die Herstellung fehlerfreier Güter garantiert. Ein erfolgreich produzierendes Unternehmen muss viele Schwierigkeiten meistern, nämlich

- neuen Technologien folgen und fähig sein, sie schnellstmöglich in lebensfähige Produkte umzuwandeln;
- bestehende und neu entstehende Kundenwünsche begreifen, die durch verbesserte Prozesse und/oder neue/verbesserte Produkte erfüllbar sind;
- Service-Netzwerke aufbauen und betreiben, um eine zeitgerechte Versorgung mit Ersatzteilen und Rohmaterial zu gewährleisten;
- Kundenaufträge entgegennehmen, exakt abwickeln und ausführen – einschließlich der besonderen Spezifikationen, soweit gefordert;
- sich an veränderte Marktbedingungen anpassen.

Eine wachsende Zahl von Unternehmen haben die Verantwortung für die Herstellung an einen Lieferanten/Partner abgegeben, damit sie sich auf Produktdesign, Entwicklung und Marketing konzentrieren können. Eines der interessantesten Beispiele für eine solche Verschiebung ist der Strategiewechsel bei Qualcomm. 1999 kündigte dieses bedeutende Unternehmen für Mobiltelefone seine Entscheidung an, seine *gesamten* Fertigungs- und Produktionsstätten zu verkaufen, so dass es sich auf Forschung, technische Entwicklung und Lizenzierung konzentrieren konnte, die bereits viel zum Gewinn beitrugen. Die Reaktion der Wall Street: eine Aktienkurssteigerung um mehr als 1000 Prozent.

Dieses Beispiel signalisiert einen Wandel hin zu einer Welt, in der die Fähigkeit zur Produktion ein spezialisierter Service (sogar ein Normalverfahren) ist, während das Talent zum Design von Produkten für neue oder entstehende Bedürfnisse, zur Errichtung flexibler Lieferketten – und deren Ausstattung mit den richtigen Produkten – der wirkliche Schlüssel zur Wettbewerbsfähigkeit wird. (Schließlich: Wenn Ihre Wettbewerber dieselben oder ähnliche Dienste von einem anderen Lieferanten bekommen können, welcher Vorteil bleibt Ihnen dann noch?)

Möglichkeiten der Serviceprozesse – und die Wirklichkeit

Wenn die Bedeutung der Dienstleistungen bei wachsendem unternehmerischem Wettbewerb steigt, dann auch die Möglichkeit, dass in diesen Aktivitäten eine Fülle von ungenutztem Potenzial steckt. Betrachten wir die folgenden Faktoren:

- Untersuchungen haben ergeben, dass die Kosten schlechter Qualität (Nacharbeit, Fehler, aufgegebene Projekte etc.) in dienstleistungsorientierten Geschäften und Prozessen normalerweise bei 50 Prozent des Gesamtbudgets liegen (bei Produktionsabläufen werden sie auf ungefähr 10 bis 20 Prozent geschätzt).

- Diese Angaben stimmen mit unseren eigenen Erfahrungen und Erfahrungen vieler anderer überein, die herausgefunden haben, dass Verwaltungs- oder Dienstleistungsprozesse vor Verbesserungsmaßnahmen im Bereich von 1,5 bis 3 sigma (Erträge von 50 bis 90 Prozent) liegen.

- Analysen von Dienstleistungsprozessen enthüllen oft, dass weniger als 10 Prozent der gesamten „Durchlaufzeit" des Prozesses der echten Arbeit an Aufgaben gewidmet wird, die für zahlende Kunden wichtig sind.

Was macht „Six Sigma-Dienstleistungen" anspruchsvoller?

Sind Menschen außerhalb der Herstellung einfach weltfremd oder weniger kompetent als die Leute in der Fabrik? Wir glauben nicht (und werden ohnedies nicht über diesen Punkt diskutieren). Jedoch gibt es einige wichtige, verständliche Gründe, warum dienstleistungsorientierte Prozesse oft mehr versteckte Möglichkeiten für Verbesserungen aufweisen als Herstellungsabläufe. Etwa folgende:

1. *Unsichtbare Arbeitsabläufe.* In den meisten Fertigungen und Fabriken können Sie sehen, fühlen und verfolgen, wie das Produkt durch den Prozess läuft. Nehmen Sie einen einfachen „Produktionsprozess" wie die Herstellung eines Hamburgers. Wenn Sie eine Portion in einem Schnellimbiss bestellen, dann warten Sie auf Ihren Hamburger kaum länger, als das Braten und Belegen des Hamburgers dauert. Brötchen, Fleisch und Zutaten wandern fast im Sekundentakt vom Kühlschrank auf den Grill, zur Theke und schließlich auf Ihr Tablett.
   Ähnlich springen Engpässe, Verlangsamung, Ausschuss oder Nacharbeit im Fertigungsbereich ziemlich schnell ins Auge. Hier ein Beispiel. Wir arbeiteten in einer Flaschenabfüllanlage, die alle nicht gefüllten Flaschen in einen großen Recyclingbehälter laufen ließ: Jede defekte Flasche zerschmetterte laut, wenn sie auf den Abfallhaufen fiel. Wenn Sie jemals eine Flamme (oder „Fackel") über einer Ölraffinerie sehen, dann dient das auch nicht der Dekoration: Sie stellt ein Zeichen dafür dar, dass irgendetwas im Werk nicht richtig funktioniert.
   Im Gegensatz dazu ist der „Produktdurchlauf" der meisten Dienstleistungsprozesse viel schwieriger mit den Augen zu verfolgen: Informationen, Anfragen, Aufträge, Vorschläge, Präsentationen, Sitzungen, Unterschriften, Rechnungen, Entwürfe, Ideen. Und jetzt, nachdem immer mehr Dienstleistungsprozesse sich um Informationen herum abspielen, die in Computern und Netzwerken verarbeitet werden, wird der Produktdurchlauf „virtuell", indem er in Form von Elektronen von Bildschirm zu Bildschirm oder Server zu Server fließt. Tatsächlich kann ein Dienstleistungsvorgang sofort mit E-Mail, dem Web und anderen Netzwerken von Ort zu Ort um die

ganze Welt rasen. Das kann in der globalisierten Wirtschaft natürlich ein Vorteil sein, aber der Arbeitsablauf ist schwieriger zu durchschauen.

2. *Entwicklung von Arbeitsflüssen und Procedere.* Wenn Sie eine Änderung im Produktionsprozess vornehmen, dann bringt das gewöhnlich einige Arbeit mit sich: Sachen werden umgestellt, Rohmaterial wird an andere Orte geschickt, Werkzeug und Procedere werden verändert. Das bedeutet weit reichende Überlegungen.

Außerhalb der Herstellung kann jedoch ein Prozess schnell geändert werden, vor allem wenn es ein einfacher Wechsel ist, der sich nicht zu tief in den Gewohnheiten der Menschen verwurzelt hat. Verantwortungen können verlagert, Formulare überarbeitet, neue Schritte hinzugefügt, Anweisungen geändert werden usw., ohne Kapitalinvestitionen oder gründliche Überlegungen. Viele kleine Änderungen entstehen aus individuellen Augenblicksentscheidungen. Wenn aber alle individuellen Entscheidungen und Veränderungen addiert werden, kann die Gesamtwirkung riesig sein. Im Ergebnis entstehen, wandeln sich und wachsen Dienstleistungsprozesse in vielen Unternehmen fast stetig (nicht exakt wie ein Virus, aber der Vergleich liegt nahe).

3. *Mangel an Fakten und Daten.* Nach dem oben Gesagten ist es nicht erstaunlich, dass die harten Fakten über die Ergebnisse von Dienstleistungsprozessen meist ziemlich oberflächlich erscheinen. Die bestehenden Daten sind zu eng begrenzt, anekdotisch und/oder subjektiv. Die Eigenart dieser Prozesse macht es schwer, etwas zu messen, obwohl es möglich wäre, und sogar gut, wenn man beginnen würde, den Prozess selbst besser zu verstehen.

Das Erkennen und Verfolgen von Problemen in einem Dienstleistungsprozess stellt normalerweise größere Herausforderungen als in einer Fabrik oder Produktionsstätte dar. Große Stapel ungelesener Post (und wer hat die nicht?) können schnell gesichtet werden, aber Rückstände, Überarbeitung, Verzögerungen und deren Bearbeitungskosten sind schwer herauszufinden. Man kann die Ausgaben für eine Abteilung oder Arbeitsgruppe ermitteln, aber es ist knifflig, jene bestimmten Prozessen zuzuordnen.

4. *Fehlender „Kopfsprung".* Inspektoren, Qualitätsfachleute und -ingenieure sowie „Verbesserungsgurus" sind seit Jahrzehnten durch die Fertigungshallen gezogen. Als die ersten „Qualitätszirkel" in den 70er Jahren auftauchten, waren sie hauptsächlich ein Phänomen der Produktion. Selbst als TQM in den 80er und 90er Jahren blühte, blieb die wirkliche Aktion auf die Produktqualitätsbereiche beschränkt.

Natürlich ist die Verbesserung der Dienstleistungsprozesse nicht unbekannt. Motorola beispielsweise kann darüber Dutzende von Erfolgsgeschichten bei seinen Six Sigma-Bemühungen bieten, von denen einige nennenswerte Verringerungen von Kosten, Fehlern und Wartezeiten bei Büroarbeitsprozessen brachten. Doch die weitaus größte Zahl von Dienstleistungsaktivitäten wurde bisher noch nicht den wirksamen Methoden der Prozessmessung und -verbesserung unterworfen. Das bedeutet, dass es noch viel aufzuholen gibt. Und wenn Sie das tun möchten, dann müssen Sie bereit sein, den Ansatz von Six Sigma auf die besonderen Bedingungen von Dienstleistungen anzupassen.

Six Sigma bei Dienstleistungen umsetzen

Die folgenden „Tipps" für eine bessere Umsetzung von Six Sigma bei Dienstleistungen sind nur allgemeine Vorschläge. Es liegt an Ihnen, sie auf Ihre spezielle Organisation, Produkte, Kunden etc. anzupassen. Insgesamt sollten diese Ideen Ihnen jedoch helfen, Ergebnisse im Bereich der Dienstleistungen schneller, mit besserer Wirkung und Resonanz bei Skeptikern zu erreichen, auf die Sie wahrscheinlich stoßen werden.

Tipp Nr. 1: Beginn des Prozesses

Waren Sie schon einmal auf einer Tanzveranstaltung oder Party, bei der am Schluss jemand helles Licht angeschaltet hat? Gewöhnlich ist das ein kleiner Schock, vielleicht auch etwas traurig, aber es gibt die Möglichkeit, Dinge klarer zu sehen. Solche Entdeckungen könnten sein:

- Wie die Leute (auch Sie) wirklich aussehen.
- Jemand, den Sie vorher nicht gesehen haben.
- Wie der Raum eingerichtet ist.
- Wo es Spiele oder Aktivitäten gab, die Sie verpasst haben.
- Wie unordentlich alles aussieht!

Was wir damit sagen wollen, ist, dass in den meisten Dienstleistungsbetrieben der Beginn der Untersuchung dem Anschalten der Beleuchtung gleicht. Oft mag es ein unsanftes Erwachen sein, aber genauso ein klärendes Ereignis, das den Six Sigma-Bemühungen zu einem schnellen Start verhilft. Wenn die Menschen entdecken, was wirklich abläuft, dann werden sie erkennen, dass die eine Party vorbei ist, aber eine andere – die Aufräumarbeit – gerade anfängt.

Tipp Nr. 2: Zuspitzung des Problems

Wenn es hell wird, brauchen Ihre Augen einige Sekunden zur Gewöhnung. Genauso benötigt eine Gruppe einige Zeit, ehe sie die kritischen Themen in ihrem Umfeld klar sieht und versteht. Das ist zu erwarten und der einzige Weg, ein klare Perspektive zu gewinnen, besteht darin, Ihre Prozesse und Kundenanforderungen sowie die damit zusammenhängenden kritischen Themen detailliert zu betrachten. Dabei kann jedoch eine verschwommene Vision und ein Übereifer, jetzt endlich „aufzuräumen", zu Projekten oder Verbesserungsinitiativen führen, die nicht richtig definiert wurden. Es ist verführerisch, große, unhandliche Themen anzugehen oder Dutzende von kleineren Projekten gleichzeitig zu beginnen, was Frustration hervorruft und Ihre Glaubwürdigkeit zerstört.

Disziplin bei der Auswahl wirksamer Projekte und bei der Definition von Problemen ist schon in der Produktion wesentlich. Aber es ist noch schwieriger, Projekte im Dienstleistungsbereich beim Beginn der Six Sigma-Arbeit auszuwählen und zu staffeln. (Mehr über die Vorgehensweise bei der Projektauswahl finden Sie in Kapitel 11.)

Tipp Nr. 3: Weniger Ungewissheit durch richtige Nutzung von Fakten und Daten

Eines der größten Hindernisse zwischen Ihnen und der Themenabklärung, Ergebnismessung und Erzielung von Verbesserungen im Dienstleistungsbereich ist die Tatsache, dass Zusammenhänge oft nicht richtig beschrieben oder definiert werden. Während in der Herstellung Produktspezifikationen oft sehr präzise festgehalten werden, buchstäblich in Millisekunden und Mikrometern, geschieht das bei Dienstleistungen gewöhnlich nur skizzenhaft oder gar nicht. Wenn Sie also Klarheit in die Prozesse und Kunden in einer Dienstleistungsumgebung bringen wollen, dann sollte der Umwandlung der Ungewissheit in eindeutige Faktoren und Maßeinheiten für Leistung während des ganzen Ablaufs ein hoher Stellenwert zukommen. Die Fähigkeit, nicht Greifbares, die mehr subjekten Faktoren, zu erfassen und zu messen, stellt eine einzigartige, im Dienstleistungsprozess unbedingt notwendige Fertigkeit dar, während sie in der Produktion kein Thema ist. Wir haben mit einer ganzen Reihe von Experten für Six Sigma und Qualität, die große Erfahrung in der Produktion hatten, zusammengearbeitet. Sie konnten sich nur mit Mühe auf die größere Ungewissheit in der Dienstleistung einstellen.

Tipp Nr. 4: Keine Überbetonung der Statistik

Dies wird der strittigste unter unseren Vorschlägen sein. Deshalb werden wir ihn etwas ausführlicher behandeln, indem wir mit einem Fall beginnen. Die auf Six Sigma beruhende Verbesserungsinitiative bei einem Finanzdienstleister, einem unserer Kunden, begann Ende 1998. Diese Firma konnte auf enormes Wachstum zurückblicken. Als wir unsere Arbeit dort begannen, musste sie Aufträge *ablehnen,* deshalb stellte man mehr als 200 Mitarbeiter pro Monat ein. Trotzdem war es ein halb gutes, halb schlechtes Szenario: Das Top-Management des Unternehmens erkannte, dass zu viele dieser neuen Mitarbeiter nur eingesetzt wurden, um Probleme anzugehen, die von einem chaotischen Umfeld verursacht wurden.

In weniger als einem Jahr – nach dem Start mehrerer Verbesserungsprojekte und der Einführung von Six Sigma und Gruppentraining – war dieses Unternehmen in der Lage, sein Management entscheidend zu verändern, indem es proaktiver, mehr auf Fakten bezogen und kooperativer arbeitete. Erreicht wurden wesentliche Einsparungen und die Optimierung ineffizienter Prozesse. Jetzt ist das Unternehmen eher in der Lage, seine aggressiven Wachstumsziele anzugehen.

Als wir mit dem für Qualität zuständigen Vice President über Schlüsselfaktoren für Erfolg sprachen, konzentrierte er sich rasch auf einen: „Ich denke, dass es eine unserer besten Entscheidungen war, die Mitarbeiter nicht gleich mit großen Statistiken zu belasten." Seine Begründung war einfach, wenn auch doppeldeutig: dass die Menschen, die keine technischen Prozesse und Messungen gewöhnt sind, sich nicht für hoch entwickelte Werkzeuge begeistern können und dass die verfügbaren Daten keine weiterführende Analyse erlauben.

Für einige Puristen ist eine Antipathie gegen Statistik gleichbedeutend mit einer „Verflachung" von Six Sigma. Aber was man über die Komödie sagt, gilt auch für Six Sigma: Der richtige Zeitpunkt ist alles. Wie bei unserem Kunden sind viele Dienstleistungsgruppen anfänglich noch nicht für detaillierte Statistik bereit. Glücklicherweise können viele Probleme im Umfeld der Dienstleistungen – besonders auf einer frühen Stufe der Six Sigma-Arbeiten – auch mit nur zweitweisem Statistikeinsatz gelöst werden – mit hervorragenden Ergebnissen.

Schwierigkeiten in der Produktion

Die Anwendung von Six Sigma wird auch im Herstellungsbereich eine besondere Herausforderung sein. Im Folgenden werden die am häufigsten auftretenden Schwierigkeiten und Lösungsvorschläge aufgeführt.

Herausforderung Nr. 1: Die Perspektive erweitern

Mitarbeiter im Herstellungs- oder Fabrikbereich tendierten immer dazu, sich vom Rest des Betriebs abzusondern. Wenn die Herstellung einen immer geringeren Teil der Gesamtaktivitäten eines Geschäfts darstellt, wächst das Risiko der Abgrenzung zu anderen Gruppen im Unternehmen und externen Kunden. Das Six Sigma-System verlangt jedoch Kommunikation und Koordination bei allen kritischen Prozessen, also das Einreißen von Hindernissen zwischen der Produktion und dem Rest der Welt. Zwei Kernbotschaften müssen vermittelt werden, damit die Leute in der Produktion ihre Rolle als integraler Bestandteil im Gesamtgeschäft begreifen lernen:

1. *Die Mehrzahl der Probleme entstehen nicht in der Produktion.* Die Leute in der Produktion werden die Erkenntnis begrüßen, dass die Daten belegen, was sie schon vermutet hatten: dass unklare Aufträge, Änderungen in letzter Minute, Knappheit bei Teilen und Personal, Ingenieur- und Entwicklungsfehler usw. einen viel größeren Einfluss auf die richtige und pünktliche Lieferung an Kunden haben als Defekte im Herstellungsbereich. (Siehe das Beispiel bei GE Kraftwerksbau in Kapitel 1.)

2. *Die Herstellung muss ein aktiver Bestandteil im Gesamtprozess werden.* Nur weil Hindernisse für Six Sigma oft nicht „Fehler" der Produktion sind, heißt das nicht, dass dort keine Verbesserungen angestrebt werden sollten. Die Produktionsmitarbeiter vieler Unternehmen müssen dazu ausgebildet werden, sich an der Lösung von „vorgelagerten" Problemen zu beteiligen und sich um „nachgelagerte" Aktivitäten im Lager oder beim Kundendienst zu kümmern.

Ein Weg, um den internen Blickwinkel der Produktion auf Six Sigma-Verbesserungsprojekte zu lenken, besteht darin, übergreifende Kooperationen einschließlich der Produktion zu bilden. Die Einbeziehung der Mitarbeiter aus der Produktion beispielsweise bei der Erfüllung von Auftragsvorgaben kann die Ansicht revidieren, dass die *Herstellung* eines Produkts völlig isoliert von Verkauf oder Auslieferung geschieht.

Die andere außergewöhnliche Möglichkeit für eine breitere Perspektive entsteht aus der Integration von Produktgestaltung und Herstellung. Einige der eindrucksvollsten Erfolgsgeschichten in den Six Sigma-Annalen beinhalten die Reaktion von Schlüsselkunden auf verbesserte oder völlig neue Produkte und die anschließend verwendeten Six Sigma-Methoden, die sicherstellen, dass die neuen Produkte auf einem Qualitätsniveau von 6 σ hergestellt werden.

Herausforderung Nr. 2: Von der alten „Zertifizierung" zur Verbesserung

Vor einigen Jahren hörten wir, wie sich ein Manager in einem Computerunternehmen über die Schwierigkeiten beklagte, richtig kalibrierte Produktions- und Testgeräte zu bekommen. Als wir in das Thema einstiegen, beschrieb er den Beschaffungsvorgang für ein Gerät, der überraschenderweise aus zwei Abläufen bestand: einmal die Auslieferung durch den Hersteller, dann die Auslieferung von einem Lieferanten, der das Gerät kalibriert hatte.

Wir stellten einige ganz triviale Fragen. (Z. B. „Warum kalibriert der Hersteller nicht selbst die Geräte?") Darauf antwortete ein Manager aus der Qualitätsgruppe des Unternehmens: „ISO 9000 verpflichtet uns, so vorzugehen."

Die steigende Bedeutung verschiedener Zertifizierungen und Prüfungen der Produktion in den letzten Jahren – darunter vor allem ISO 9000 – hat nach unserer Erfahrung die *Verbesserungs*bemühungen vieler Unternehmen behindert. Und im Augenblick ist die Argumentation, dass Zertifizierung einen zirkulären (und problembehafteten) Prozess *erfordere*, nicht richtig. Es stimmt allerdings: Wenn ein Prozess „zertifiziert" wurde, wird dieser gerne als „Gesetz" angesehen. In einem zertifizierten Umfeld bedeutet es normalerweise die Hölle, wenn ein Prozess nach seiner Dokumentation und Genehmigung verbessert werden soll.

Herausforderung Nr. 3: Anpassung der Werkzeuge auf Ihre Produktion

Bisher haben wir so über „Herstellung" gesprochen, als sei jeder Produktionsablauf gleich, was natürlich überhaupt nicht der Fall ist. Die Herstellung von Fahrzeugmotorteilen ist ein ganz anderer Prozess als die Fertigung von Sportwagen. Das Abfüllen von Bleichmitteln ist etwas völlig anderes als der Bau von Computer-Bildschirmen. Wir können Ihnen natürlich nicht sagen, wie Sie Six Sigma-Methoden anwenden müssen, damit sie bei allen Produktionsabläufen optimal greifen. Natürlich müssen Sie die Six Sigma-Techniken verändern und anpassen, um den größtmöglichen Wirkungsgrad zu erreichen.

Wir können als großartiges Beispiel die Erfahrungen eines Unternehmens verwenden. Applied Materials, Weltmarktführer für Ausrüstung von Halbleiterfabriken (oder „fabs", wie sie üblicherweise genannt werden), wurde erstmals in den späten 80er Jahren mit Six Sigma konfrontiert. Die Schwierigkeit für die Produktion bei Applied Materials in der Umsetzung von Six Sigma bestand nun in der Anwendung von Konzepten wie DPMO. „Wir stellen Geräte in der Größe ganzer Räume her", erklärte Dave Boenitz, Chef des Qualitätsinstituts von Applied Materials. „Wir bewegen hunderte von Einheiten, nicht Millionen. Jede Einheit besteht aus acht-, zehn-, zwölf-, fünfzehn*tausend* Teilen. Wenn Sie also die Sigma-Ebene pro Einheit herausfinden sollen, dann wird es sehr schwer sein, Äpfel mit Äpfeln zu vergleichen. Sie können definitiv eine Million Möglichkeiten in einem unserer Systeme finden, aber dann erhebt sich die Frage, *welche* der eine Million Möglichkeiten wir messen sollen."

Der Ansatz, auf den sich Applied Materials konzentriert hat, war „Fehlerprüfung" – eine stetige Bemühung, alle Fehler und Irrtümer in einem Prozess zu finden und zu verhindern. „Wir steckten keine Energie in Sigma oder DPMO-Messungen, weil wir den Mehrwert nicht erkannten, den wir dadurch hätten." Aber die Verbesserungen, die Applied macht, sind genauso wertvoll.

Wie Six Sigma für Sie am meisten bewirkt

Wenn wir in diesem Buch ein Thema gerne betonen, dann die Notwendigkeit, Six Sigma-Methoden und -Ideen so auszuwählen, anzupassen und anzuwenden, dass sie optimal auf Ihre Bedürfnisse und Möglichkeiten zugeschnitten sind. Sobald ein Berater, Guru oder Autor Ihnen sagt „So müssen Sie es machen", dann empfehlen wir, sich höflich zu entschuldigen und den Raum zu verlassen. Die *ehrliche* Antwort auf die Frage, wie Sie Six Sigma am besten in Ihrem Unternehmen anwenden können, haben wir schon gegeben: „Es kommt darauf an."

Zum Glück ist Six Sigma ein sehr robustes System. Auch bei den Schwierigkeiten, die wahrscheinlich in Ihrer Organisation entstehen, ob im Dienstleistungs- oder Herstellungsbereich, können Sie erfolgreich sein, wenn Sie sich und andere daran erinnern, dass es nicht wirklich ein Programm oder eine Technik ist, sondern ein flexibler, aber unumgänglicher Weg, Ihr Unternehmen reagibler, effizienter, wettbewerbsfähiger und profitabler zu machen.

Kapitel 5
Der Six Sigma-Wegweiser

In diesem Kapitel stellen wir Ihnen den idealen Wegweiser zum Aufbau eines Six Sigma-Systems und zum Start der Verbesserungen vor. Die fünf Schritte, dargestellt in Abbildung 12, zeigen, was wir als „Kernkompetenzen" für eine erfolgreiche Organisation im 21. Jahrhundert vorschlagen würden:

1. Identifizieren Sie die Kernprozesse und Schlüsselkunden.
2. Definieren Sie die Kundenanforderungen.
3. Messen Sie die gegenwärtige Leistung.
4. Analysieren Sie und implementieren Sie Verbesserungen nach Dringlichkeit.
5. Erweitern und integrieren Sie das Six Sigma-System.

Vorteile des Six Sigma-Wegweisers

Der Wegweiser ist nicht nur ein Führer zu Six Sigma-Verbesserungen. Sie werden wahrscheinlich die Reihenfolge dieser Schritte verändern und sogar mit mehreren gleichzeitig beginnen müssen. Im zweiten Teil werden wir uns ansehen, wie der Wegweiser auf die spezifischen Bedürfnisse und Ziele angepasst werden kann. Was diesen Pfad jedoch als „ideal" erscheinen lässt, ist, dass die Aktivitäten in dieser Reihenfolge die wesentliche Grundlage für optimale Six Sigma-Verbesserungen schaffen. Die Vorteile des Wegweisers umfassen vor allem:

* Das Unternehmen als Verbundsystem aus Prozessen und Kunden verstehen lernen
* Bessere Entscheidungen und Nutzung der Ressourcen, um den größtmöglichen Nutzen aus Ihren Six Sigma-Verbesserungen zu erzielen
* Kürzere Verbesserungszyklen aufgrund aktuellerer Daten und besserer Projektauswahl
* Genauere Bewertung der Six Sigma-Ergebnisse, ob in Geld, Defekten, Kundenzufriedenheit oder anderen Messgrößen
* Eine stärkere Infrastruktur, um den Wandel zu stützen und Ergebnisse zu halten

Dieser Wegweiser würde auch bei einer Umfrage unter Six Sigma-Veteranen als „idealer" Ansatz zur Implementierung gewinnen. Jeder, den wir während unserer Tätigkeit gesprochen haben oder der mit einer Six Sigma-Einführung beschäftigt war, Führungskräfte, Teamleiter, Mitarbeiter, stimmten zu, dass dies der Weg sei, dem sie in der Vergangenheit hätten folgen *sollen* und dem sie folgen *würden*, wenn sie in Zukunft die Chance dazu hätten.

Abb. 12: Der Six Sigma-Wegweiser

Als Beispiel: Einer unserer Kunden (eine GE-Geschäftseinheit) beschäftigte sich nahezu zwei Jahre mit der Einführung Dutzender von Six Sigma-Verbesserungsprojekten, begann also bei „Stufe 4" des Wegweisers. Doch trotz bester Absichten und Anstrengungen entsprach die Erfolgsquote nicht den Erwartungen. Die Projekte dauerten länger als erwartet und die Ergebnisse rutschten ab, nachdem die Teams auseinandergegangen waren. Nach einiger Zeit erkannte das Top-Management, dass ein Grund für diese Schwierigkeiten darin bestand, was der zweite Mann an der Spitze so beschrieb: „Wir wussten nicht so recht, woran wir arbeiten sollten. Wie bei anderen Unternehmen waren die meisten unserer Projekte *intern* ausgerichtet." Nachdem diese Einsicht auf mühsame Weise gewonnen war, musste das Unternehmen nochmals zurückschalten, um die vorgelagerten Aufgaben auf dem Weg zu lösen. Beispielsweise hat es jetzt Systeme und Prozesse eingerichtet, um die Kundenbedürfnisse über Echtzeitdaten zu erfassen (Stufe 2), und Messungen, um die Leistung in Bezug auf die „Critical to Quality"-Kriterien oder „CTQs" (Stufe 3) zu ermitteln.

Der Wegweiser, Schritt für Schritt

Stufe 1: Identifizieren Sie Kernprozesse und Schlüsselkunden

Da Geschäftstätigkeiten immer umfassender und globaler werden, Kundensegmente enger sowie Produkte und Dienstleistungen immer differenzierter, wird es immer schwieriger, das „große Bild" der Arbeitsabläufe zu erfassen. Mit Stufe 1 fangen Sie an, diese Komplexität zu klären, indem Sie Ihre kritischen Aktivitäten definieren und die Struktur Ihres Unternehmens begreifen.

Überblick Stufe 1

Die in Tabelle 3 beschriebenen Ziele können für eine ganze Organisation oder jeden Teil davon gelten. Sogar jede Abteilung oder Funktion, die für interne Kunden tätig ist, Personalabteilung, Datenverarbeitung oder Hausverwaltung etwa, besitzt ihre eigenen „Kernprozesse", die für Kunden Produkte, Dienstleistungen und Werte schaffen.

Tabelle 3: Überblick Stufe 1

Zielsetzung:	Umsetzung:
Erfassen und Verstehen der meisten kritischen übergreifenden Aktivitäten in Ihrer Organisation und der Schnittstelle zum externen Kunden	Eine „Map" oder tabellarische Aufstellung von wertschöpfenden Aktivitäten in Ihrer Organisation. Drei Fragen dazu: 1. Welches sind unsere wichtigsten wertschöpfenden Prozesse? 2. Welche Produkte und/oder Dienstleistungen geben wir unseren Kunden? 3. Wie „fließen" Prozesse quer durch die Organisation?

Begründung für Stufe 1

Die Kenntnisse, die wir aus Stufe 1 gewinnen können, sind als Vorspann für die Aktivitäten zum Aufbau der Kundenkenntnisse in Stufe 2 wichtig. Ein noch einleuchtenderer Nutzen aus dieser hochgradigen Inventur ist jedoch das neue und bessere Verständnis, das wir von der Organisation als Ganzes gewinnen. Wenn Ihnen bereits klar ist, warum das eine so großartige Idee ist, dann können Sie auf Stufe 2 vorspringen.

Wenn Sie jedoch nicht sicher sind, warum eine genaue Vorstellung von Ihren Kunden und Kernprozessen notwendig ist, dann kommen Sie mit uns auf eine Reise nach Company Island.

Die Geschichte von Company Island

Company Island ist ein „Land", das große Ähnlichkeit mit Unternehmen und Abteilungen hat. Auf der Insel gibt es verschiedene Flüsse (Prozesse), die ins Meer fließen und Nährstoffe (Produkte und Dienstleistungen) liefern. Das Leben auf Company Island ist angenehm, aber sehr geschäftig. Die meiste Zeit des Tages kümmern sich die Menschen um ihren kleinen Streifen am Fluss oder darum, dass die Fische genug Nährstoffe erhalten. Andere nahe gelegene Inseln – Competitor Island, Upstart Island, Cash Cow Island usw. – versuchen ebenfalls, Fische anzulocken.

Das Problem besteht darin, dass das Leben auf Company Island sehr viel komplizierter ist, als selbst die Führer der Inselbewohner wissen. Entlang der Küste beispielsweise strömen die Flüsse nicht in einem einzigen breiten Kanal ins Meer, sondern eher als Delta, also in vielen kleinen Rinnsalen. Einige davon können den Fischen eine Menge guter Nahrung zuführen, andere giftigen Abfall abladen. Große Fische erhalten viel Aufmerksamkeit, während die kleinen ignoriert werden (manchmal auch umgekehrt).

Am Ufer ist es ähnlich kompliziert. Einige Flüsse enden im Nirgendwo, andere winden sich so lange herum, dass sie ewig brauchen, um ins Meer zu gelangen. Einige Nebenflüsse sind nicht kartiert und werden von den professionellen Managern nicht beachtet (Company Island hat eine große Business School), so dass sie überwuchert werden und und verschlammen. Einige Insulaner haben sogar an manchen Stellen in guter Absicht Dämme gebaut, welche die Strömung behindern, so dass die Insulaner am unteren Flusslauf zu wenig Wasser haben und unglücklich mit ihren Kollegen stromaufwärts sind.

Manchmal erkennen Leute auf Company Island jeneProbleme, die Aufmerksamkeit und Lösung erfordern. Leider verschlimmern manche Lösungen aber die Situation stromabwärts oder in anderen Flüssen. (Insulaner, die an der Küste arbeiten und sich um die Fische kümmern, schreien am lautesten, wenn das passiert.)

Wenn diese Leute nur mehr Menschen zusammenbekommen könnten, um über das zu reden, was in den verschiedenen Regionen von Company Island abläuft, dann könnten sie eine realistische, vollständige Karte des Gebiets erarbeiten. Aus dieser „Vogelperspektive" wäre es viel leichter herauszufinden, wo die Fische wohl genährt sind und wo sie „es satt haben" und bereit sind, zu einer anderen Insel zu schwimmen. Dann könnten die Insulaner auch herausfinden, welche Flüsse gefährlich oder zu träge sind, und ihre Aufmerksamkeit diesen größten Problemstellen widmen.

„Ein reines Märchen!", werden Sie jetzt sagen. „Unsere ‚Insel' ist im Vergleich dazu ein Paradies", wird ein anderer behaupten. Eine nüchterne Betrachtung wird jedoch zeigen, dass nur wenige Organisationen einen wirklichen Überblick über die „geografische Situation" haben. Die vorliegenden Karten sind oft so jämmerlich ungenau, vor allem weil organisatorische Inseln, im Gegensatz zu physischen, sich ziemlich schnell ändern können und das auch tun.

Jedenfalls hoffen wir, dass Sie verstanden haben, worum es bei Company Island geht: Es ist ziemlich schwer, eine Organisation zu managen, geschweige denn, sie zu verbessern, wenn man nicht genau weiß, wie sie funktioniert und was sie tut. Stufe 1 hin zu einem idealen Six Sigma-Wegweiser ist der Punkt, an dem Sie beginnen, Ihre Insel zu kartieren.

Stufe 2: Definieren Sie Kundenanforderungen

Eine Entdeckung von Chefs und Managern, nachdem sie mit Six Sigma begonnen haben, ist die Tatsache, „dass wir unsere Kunden wirklich nicht sehr gut verstanden". Der schwerwiegendste Aspekt des Six Sigma-Ansatzes könnte die Aufgabe sein, gute Informationen über die Kunden mit ihren Bedürfnissen und Anforderungen an Ihr Unternehmen zu gewinnen. Wie wir in Kapitel 13 sehen werden, ist sehr viel mehr als ein gelegentliche Studie nötig, um herauszubekommen, was Ihre Kunden gerade in diesem Augenblick wirklich wollen.

Stufe 2: Überblick

Siehe Tabelle 4

Tabelle 4: Überblick Stufe 2

Zielsetzung:	Umsetzung:
1. Der Aufbau von Leistungsstandards, die auf aktuellen Kundeninformationen beruhen, so dass die Effizienz/Tauglichkeit von Prozessen genau gemessen und die Kundenzufriedenheit vorhergesagt werden kann 2. Entwicklung oder Stärkung von Systemen und Strategien, um die fortlaufende Datensammlung der Kundenbedürfnisse zu unterstützen	Eine klare, vollständige Beschreibung der Faktoren, die Kundenzufriedenheit für jeden Output und Prozess bewirken, also „Anforderungen" oder „Spezifikationen" in zwei Kategorien: • „Anforderungen für Output", verbunden mit dem Endprodukt oder der Dienstleistung, die für den Kunden geeignet sind (was Qualitätsgurus „Gebrauchsfähigkeit" nannten) • „Service-Anforderungen", die beschreiben, wie die Organisation mit dem Kunden interagiert

Begründung für Stufe 2

Wenn Sie nicht wissen, was Kunden wünschen, ist es ganz schön schwer, ihre Wünsche zu erfüllen. Darüber hinaus können Sie im Zusammenhang mit der Six Sigma-Zielsetzung erst sinnvolle Maßstäbe entwickeln, wenn Sie klare, spezifische Anforderungen besitzen. Sie werden u.U. Daten erheben und relativ wenige Fehler entdecken, dabei aber Bereiche gar nicht berücksichtigen, in denen Sie völlig danebenliegen.

Das weitere Grundprinzip von Stufe 2 ist die Einstellung. Was viele Unternehmen und sogar ganze Branchen in der Vergangenheit in ernsthafte Schwierigkeiten gebracht hat, ist die Meinung: „Wir wissen schon, was für den Kunden gut ist." Fast genauso schlecht ist der Glaube, dass „wir uns bereits auf die Bedürfnisse unseres Marktes eingestellt haben", wenn das Unternehmen in Wirklichkeit mit der Nachfrageänderung nicht Schritt hält. Arroganz oder Ignoranz mögen vor 20 Jahren tolerabel gewesen sein, in der heutigen Wettbewerbslandschaft sind beide ein sicheres Kennzeichen für Schwierigkeiten. Im 21. Jahrhundert werden mit großer Wahrscheinlichkeit jene Unternehmen langfristig überleben und Erfolg haben, die wirklich auf ihre Kunden hören.

Stufe 3: Messen Sie die gegenwärtige Leistung

Während Stufe 2 definiert, was Kunden wünschen, blicken wir in Stufe 3 darauf, wie Sie diese Anforderungen heute erfüllen und wie Sie sie wahrscheinlich in Zukunft erfüllen werden. Im Großen und Ganzen dienen Leistungsmaßstäbe, die sich auf den Kunden konzentrieren, als Ausgangspunkt für den Aufbau eines effektiveren Mess-Systems.

Stufe 3: Überblick

Sehen Sie sich zuerst Tabelle 5 an. Dann beachten Sie, dass Mess-Systeme auch Daten über die Effizienz Ihrer Prozesse aufnehmen sollten: Kosten pro Output, Energie- oder Materialverbrauch, Nacharbeit usw. Sie können sehr glückliche Kunden und höchst uneffektive Abläufe haben – eine unprofitable Angelegenheit.

Tabelle 5: Überblick Stufe 3

Zielsetzung:	Umsetzung:
Genaue Bewertung jeder Prozessleistung gegenüber definierten Kundenanforderungen und Errichtung eines Systems zur Messung der wichtigsten Outputs und der Dienstleistungsgrößen	• Grundlagenmessungen – quantifizierte Bewertung laufender/neuerer Prozessergebnisse • Fähigkeitsmessungen – Bewertung der Eignung laufender Prozesse/des Output zur Erfüllung der Anforderungen. Das beinhaltet „Sigma"-Punkte für jeden Prozess, um den Vergleich sehr unterschiedlicher Prozesse zu ermöglichen. • Mess-Systeme – neue oder verbesserte Methoden und Ressourcen für fortlaufende Messungen im Vergleich zu den auf Kunden ausgerichteten Leistungsstandards

Begründung für Stufe 3

Die Notwendigkeit einer genauen Effizienzmessung der Leistung gegenüber Kunden-anforderungen sollte nicht erklärungsbedürftig sein. Es gibt noch verschiedene andere Vorteile von Schritt 3, sie sind noch wichtiger als die „Zeugnisnoten" für Kunden-freundlichkeit:

1. *Aufbau einer Mess-Infrastruktur.* Damit haben Sie die Möglichkeit, Leistungsände-rungen zu verfolgen – ob gute oder schlechte – und sofort auf Warnsignale und Chancen zu reagieren. Mit der Zeit werden diese Daten zu wesentlichen Eingabe-größen für die flexible, sich stets verbessernde Six Sigma-Organisation.
2. *Prioritäten setzen und Ressourcen konzentrieren.* Selbst auf kurze Sicht veranlassen die Ergebnisse aus diesen Messungen, dass Entscheidungen zu den dringendsten und/oder potenziell nützlichsten Verbesserungen getroffen werden.
3. *Auswahl der besten Verbesserungsstrategien.* Wenn Sie genaue Prozesskenntnisse haben, ermöglichen Ihnen Messungen, den wahren Inhalt der Leistungsbereiche zu ermitteln: Sind es nur gelegentliche Probleme, kleinere Aufgaben oder Situationen, die unbedingt erfordern, dass eine gesamte Fertigungslinie oder ein Prozess umge-staltet wird?
4. *Abstimmung von Verpflichtungen und Fähigkeiten.* Haben Sie jemals frustrierte Verkäufer fragen hören: „Wie kommt es, dass wir dies nicht für den Kunden machen können?" Oder Mitarbeiter im Betrieb, die sich über die „unmöglichen Verpflich-tungen" beklagt haben, die vom Verkauf eingegangen wurden? Eine bessere Kom-munikation allein kann diese Brüche nicht ausgleichen, die in vielen Unternehmen zu den schwierigsten und kostspieligsten gehören. Sie benötigen genaue Kennt-nisse, gewonnen mit Six Sigma-Methoden, sowohl über das, was die Kunden wirk-lich wollen, als auch über das, was die Organisation tatsächlich *liefern* kann.

Stufe 4: Analysieren Sie und implementieren Sie Verbesserungen nach Dringlichkeit

Nachdem Ihnen jetzt Fakten und Messungen zur Verfügung stehen, nicht nur Anekdo-ten und Meinungen, sind Sie mit Schritt 4 bereit, die Ernte von Six Sigma einzubringen.

Stufe 4: Überblick

Siehe Tabelle 6

Tabelle 6: Überblick Stufe 4

Zielsetzung:	Umsetzung:
Identifikation potenziell großer Verbesserungsmöglichkeiten und Entwicklung von prozessorientierten Lösungen, unterstützt von Faktenanalyse und kreativem Denken; Einführung von neuen Lösungen und Prozessen sowie Erzielung von messbaren, nachhaltigen Erträgen	• Prioritäten für Verbesserungen: mögliche Six Sigma-Projekte auf der Grundlage ihrer Wirkung und Durchführbarkeit bewerten • Prozessverbesserungen: Lösungen, die auf spezifische Ursachen abzielen (auch „kontinuierliche" oder „schrittweise" Verbesserungen genannt) • Neue oder umgestaltete Prozesse: Neue Aktivitäten oder Arbeitsabläufe, die neue Nachfrage befriedigen, neue Technologien integrieren oder dramatische Steigerung der Schnelligkeit, Genauigkeit, Kostenergebnisse etc. erzielen sollen (auch Six Sigma-Design oder Geschäftsprozessveränderung genannt)

Begründung für Stufe 4

Die Notwendigkeit der Verbesserung von Geschäftsprozesses braucht wahrscheinlich keine Begründung. Der Schlüssel zum Erfolg von Six Sigma-Systemen liegt darin, die Prioritäten für Verbesserungen sorgfältig festzulegen und die Organisation nicht mit mehr Aktivitäten zu „überladen", als sie bewältigen kann. Der Wert der Verbesserungsmethoden, die in Schritt 4 angewendet werden, beruht darauf, dass sie die besten Techniken enthalten, um Defekte herauszufinden und die Prozesswirkung und Kapazitäten zu erhöhen. Six Sigma-Techniken können auf große, komplexe Geschäftsprobleme oder auf recht einfache Prozessverbesserungsmöglichkeiten angewendet werden.

Stufe 5: Erweitern und integrieren Sie das Six Sigma-System

Die wirkliche „Six Sigma-Leistung" wird nicht durch eine Welle von Verbesserungsprojekten kommen. Sie kann nur durch ein langfristiges Engagement in den Kernbereichen und Methoden von Six Sigma erreicht werden.

Stufe 5 Überblick

Siehe Tabelle 7

Begründung für Stufe 5

Das vielleicht stärkste Grundprinzip von Stufe 5 bedeutet, dass Sie entweder eine langfristige Vision von Six Sigma aufbauen oder gar nichts tun.

Tabelle 7: Überblick Stufe 5

Zielsetzung:	Umsetzung:
Start von laufenden Geschäftspraktiken, die verbesserte Leistungen vorantreiben und konstante Messungen, Prüfungen und Erneuerung von Produkten, Dienstleistungen, Prozessen und Abläufen garantieren. Stufe 5 ist die Stelle, an der Ihre Organisation hart daran arbeitet, die Vision von einer Six Sigma Organisation zu erreichen.	• Prozesskontrollen: Messungen und Überwachungen, um Leistungsverbesserungen zu erreichen. • Verantwortung für die und Management der Prozesse: Gesamtheit der unterstützenden Prozesse, Input der Kunden-, Markt- und Mitarbeiterbewertung, Systeme zur Messung der Prozesse • Reaktionspläne: Aktionsmechanismen, die auf wesentlichen Informationen aufbauen, um Strategien, Produkte/Leistungen und Prozesse anzupassen • Six Sigma-„Kultur": Eine Organisation, die auf laufende Erneuerung eingestellt ist – mit Six Sigma-Themen und -Werkzeugen als wesentliche Bestandteile im täglichen Arbeitsumfeld

Denken Sie ein paar Jahre weiter. Sie haben mehr als nur ein paar Kunden gesehen, die von Ihnen zu einem neuen Wettbewerber übergelaufen sind, einem Unternehmen, das behauptet, das „Six Sigma-System" zu besitzen. Als Sie nachforschen, erfahren Sie, dass dieses wachsende Unternehmen tatsächlich einige Vorzüge gegenüber Ihrem alten, wenig flexiblen besitzt, unter anderem:

- ein genaues, gut gesteuertes Kunden-Reaktionssystem
- gut integrierte, „nahtlose" Prozesse mit glatten Übergängen und Zusammenarbeit auf allen Ebenen
- Aktuelle Mess-Systeme, die nicht nur monetäre Größen darstellen, sondern auch Defekte, Änderungen in Kernaktivitäten, Variationen bei wesentlichen Eingabegrößen wie Rohmaterial usw.
- Sachverstand für Problemkorrekturen und Verbesserungen, entweder durch Verfeinerung von Prozessen oder durch Schaffung völlig neuer Prozesse, Produkte oder Dienstleistungen, um die sich wandelnden Kundenwünsche zu erfüllen

Wie würden Sie sich bei dieser Art von Wettbewerber fühlen? Können Sie sicher sein, dass morgen nicht eine ähnliche Firma beginnt, einen Angriff auf Ihre Gewinne oder Marktanteile zu machen? Wie würden Sie sich gegen einen solchen Wettbewerber verteidigen? Wenn solche Fragen Sie quälen, dann ist das ein Zeichen dafür, dass Stufe 5 ein Hauptelement Ihrer Six Sigma-Bemühungen sein sollte.

Geschichte und Entwicklung von Six Sigma

Six Sigma wurde in den späten 80er Jahren bei Motorola entwickelt, um einen eindeutigen Fokus auf Verbesserung zu richten und die Veränderungsrate in einem wettbewerbsintensiven Umfeld zu steigern. Das Konzept, die Werkzeuge und das System von Six Sigma haben sich über die Jahre entwickelt und vermehrt, vor kurzem durch GE und AlliedSignal/Honeywell. Und das hat dazu beigetragen, dass das Interesse immer wieder geweckt wurde und sich die Anstrengungen zur Verbesserung von Prozessen und Qualität verdoppelt haben. So kann ein kluges Unternehmen, obwohl Six Sigma auf vielen Ideen und Instrumenten der „Qualitätsbewegung" der 80er und 90er Jahre beruht, die Fallen vermeiden, die TQM in vielen Organisationen einen so schlechten Namen verschafften.

Ergebnisse und Chancen

Im Fall von Motorola half Six Sigma, das Unternehmen vom Rande des Untergangs Ende der 80er und Anfang der 90er Jahre zurückzuholen. Für GE und AlliedSignal brachte Six Sigma Erträge in Milliardenhöhe innerhalb von weniger als vier Jahren. Es wird erwartet, dass damit auch im neuen Jahrhundert nachhaltige und noch größere Vorteile auf der gesamten Unterenehmensebene erwachsen. Da das Verfahren auch in anderen Unternehmen an Schwungkraft gewinnt, entstehen immer mehr Erfolgsgeschichten.

Die Chancen, die sich Ihrem Unternehmen eröffnen, hängen von Ihrem gegenwärtigen Leistungs- und „Fehler-Niveau", Ihrer Wettbewerbsposition und so weiter ab. Wenn Sie einen dienstleistungsorientierten Prozess oder Betrieb haben, könnten Sie ein noch viel größeres Potenzial an Verbesserungen besitzen als eine produkt- oder herstellungsorientierte Organisation.

Doch ist Six Sigma nicht gleichzeitig eine automatische Heilungsmethode für ein Not leidendes Unternehmen. GE Appliances beispielsweise hat mehrere Jahre lang mit einer schlechten Leistung gekämpft. Dort fand man heraus, dass Six Sigma länger brauchte, um den notwendigen Umschwung herbeizuführen, als man gehofft hatte.

Teil

II

Ausbau und Anpassung von Six Sigma auf Ihre Organisation

Kapitel 6
Ist Six Sigma jetzt für uns geeignet?

Beurteilung der Reife für Six Sigma

Der Start einer Six Sigma-Initiative beginnt mit der Entscheidung für einen *Wandel*, um Methoden zu erlernen und anzuwenden, die eine Leistungssteigerung Ihrer Organisation bewirken. Bei ehrgeizigster Anwendung kann Six Sigma einen gründlicheren Wandel darstellen als, sagen wir mal, eine größere Akquisition oder die Einführung eines neuen Systems, weil Six Sigma die Art und Weise betrifft, *wie* Sie Ihr Geschäft führen. Wie tief greifend die Wirkung auf Ihre Managementprozesse und Fähigkeiten ist, hängt natürlich davon ab, wie weit Sie Six Sigma-Werkzeuge anwenden und welche Ergebnisse Sie wünschen.

Der Startpunkt für den Aufbau von Six Sigma bildet die Abklärung, ob Sie bereit oder genötigt sind, einen Wandel zu akzeptieren, indem Sie sagen: „Es gibt einen besseren Weg, unsere Organisation zu führen." Das sollte keine mechanische, auf reinen Zahlen beruhende Entscheidung sein, sondern sie sollte auf einer Reihe von wesentlichen Fragen und Fakten aufbauen, die Sie betrachten müssen, um Ihre Bereitschaft zu ermitteln.

1. Bewerten Sie die Aussichten und Zukunft Ihres Unternehmens

Ein erster Schritt besteht in einer generellen Betrachtung des Zustands Ihrer heutigen Organisation und deren kurz- wie langfristigen Aussichten für die Zukunft. Kernfragen sind dabei:

* Ist der strategische Kurs des Unternehmens klar?
* Stehen die Chancen zur Erfüllung unserer Finanz- und Wachstumsziele gut?
* Reagiert die Organisation richtig und wirksam auf neue Umstände?

Was die Antworten bedeuten

Im Allgemeinen sind positive Antworten weniger geeignet, Sie zu überzeugen, dass Sie Six Sigma für Ihren weiteren Erfolg brauchen, solange Sie Ihre Zukunft realistisch einschätzen. Selbstzufriedenheit oder übermäßige Zuversicht sind im geschäftlichen Umfeld des 21. Jahrhunderts allerdings immer gefährlich. Deshalb ist es ein guter Gedanke, zu rosige Vorhersagen als Schutz gegen unvorhergesehene Ereignisse „abzuzinsen". Wenn der Chef eines so erfolgreichen Unternehmens wie Intel ein Buch mit dem Titel *Only the Paranoid Survive* schreibt, dann sollte das eigentlich als Warnung dienen.

2. Bewertung Ihrer gegenwärtigen Leistung

Selbst wenn die „Zukunft so hell ist, dass Sie einen Sonnenschirm brauchen", verstärken bestehende Probleme den potenziellen Wert einer Six Sigma-Arbeit. Six Sigma macht es leichter, bei der Bewertung Ihres jetzigen Standorts konkret zu werden. Und je mehr harte Daten Sie benutzen können, um die folgenden Fragen zu beantworten, umso besser:

* Wie sind unsere laufenden Geschäftsergebnisse?
* Wie effektiv identifizieren und erfüllen wir Kundenwünsche?
* Wie effizient arbeiten wir?

Was die Antworten bedeuten

Es gibt letztlich verschiedene Schlüsse, die Sie aus dieser Ergebnisbwertung ziehen können. (Einige davon werden im nächsten Kapitel vorgestellt, wenn wir Ihre Einführungsstrategie von Six Sigma diskutieren werden.)

* *Gibt es genug Raum für Verbesserungen, um Six Sigma sinnvoll einzusetzen?* Wenn alles wunderbar dahingleitet und das Geld hereinströmt, dann werden Sie möglicherweise entscheiden, dass sich Six Sigma nicht auszahlt. Wenn Sie andererseits große Verbesserungsmöglichkeiten sehen, finanziell und/oder wettbewerbsmäßig, dann ist das ein Zeichen dafür, dass Six Sigma eine überlegenswerte Option sein könnte.
* *Wo liegen die besten Möglichkeiten für Verbesserungen?* Diese Überlegung kann Ihnen die Bereiche eröffnen, auf die sich Ihre ersten Six Sigma-Projekte konzentrieren könnten.
* *Wie effektiv arbeitet und misst Ihr Kundeninfo-System?*

Je schwerer Ihnen die Antwort auf diese drei Fragen gefallen ist, desto ernsthafter sollten Sie überlegen, Six Sigma-Methoden anzuwenden, um Kundenbedürfnisse zu erkennen und Ihre Messtechniken zu verbessern.

3. Prüfsysteme und Kapazität für Wandel und Verbesserung

Ein dritter wesentlicher Faktor bei der Entscheidung, ob Sie Six Sigma einführen sollten, sind die bereits laufenden Verbesserungsprozesse Ihrer Organisation und die Bereitschaft für neue Initiativen. Damit sind folgende Fragen angesprochen:

* Wie effektiv sind Ihre gegenwärtigen Systeme zur Verbesserung und zum „Change Management"?

- Wie gut sind Ihre funktionsübergreifenden Prozesse organisiert?
- Welche anderen Umwälzungen oder Aktivitäten könnten eine Six Sigma-Initiative behindern oder unterstützen?

Was die Antworten bedeuten

Dieses dritte Bewertungselement soll klären, ob die Zeit reif und das Unternehmen bereit ist für eine mögliche Six Sigma-Aktion. Wenn bereits die Bewertungsfaktoren 1 (Zukunftsprognose) und 2 (gegenwärtige Leistung) stark dafür sprechen, Six Sigma einzuführen, kann Ihr Unternehmen in der Lage sein, mit den Anforderungen zurechtzukommen. Wenn allerdings Ihre Mitarbeiter, Systeme und Ressourcen bereits stark für andere Aufgaben oder Veränderungen eingesetzt werden, hätten Sie Schwierigkeiten, Management, Zeit und Energie, geschweige denn Geld, für Six Sigma-Aktionen zu opfern.

Wann Six Sigma nicht für eine Organisation geeignet ist

Zuerst sollten wir daran denken, dass Six Sigma ein Ansatz ist, der auch eine begrenzte Einführung immer möglich macht. Trotzdem gibt es Faktoren, die gegen die Implementierung von Six Sigma sprechen. Zum Beispiel:

- Sie haben bereits eine überzeugende Aktion zur Verbesserung von Leistungen und Prozessen gestartet.
- Gegenwärtige Veränderungen überfordern bereits Ihre Mitarbeiter und Ressourcen.
- Eine Investition in Six Sigma lohnt sich nicht aufgrund des geringen ROI.

Zusammenfassung der Bewertung: Drei Schlüsselfragen

Am Schluss der Prüfung Ihres Unternehmens, einschließlich des zukünftigen und gegenwärtigen Zustands und seiner organisatorischen Faktoren, steht die Entscheidung: „Sollen wir Six Sigma in unserer Organisation einführen oder zumindest ernsthaft in Erwägung ziehen?" Wir können alles Wesentliche in folgenden drei Fragen zusammenfassen:

1. Ist ein Wandel (ob breit oder gezielt) entscheidend für das Unternehmen, um grundsätzlich, kulturell oder wettbewerbsmäßig zu überleben?
2. Können wir eine starke strategische Begründung für die Anwendung von Six Sigma auf unser Unternehmen vorbringen?

3. Sind unsere bestehenden Verbesserungssysteme und -methoden geeignet, den erforderlichen Grad an Wandel zu erreichen, den wir brauchen, um uns als erfolgreiches, wettbewerbsfähiges Unternehmen zu behaupten?

Wenn Ihre Antworten *Ja, Ja* und *Nein* lauten, dann werden Sie bestimmt bereit sein, die Anwendung von Six Sigma auf Ihre Organisation weiter voranzutreiben.

Six Sigma aus der Kosten-Nutzen-Perspektive

Obwohl wir bereits verschiedene Faktoren behandelt haben, die mit dem poteziellen Wert und der Machbarkeit von Six Sigma zusammenhängen, lautet eine umverblümte Frage von Führungskräften und Managern oft: „Was genau wird Six Sigma kosten und welchen Gewinn können wir davon für uns erwarten?" Leider kann man diese Frage ohne Prüfung der Verbesserungsmöglichkeiten in Ihrem Unternehmen nicht beantworten. Wir können Ihnen jedoch ein kleine Anleitung dafür geben, wie Sie Ihren wahrscheinlichen Gewinn schätzen und erreichen können.

Schätzung des potenziellen Nutzens

Sie können fast genau den geldwerten Ertrag aus Six Sigma bestimmen, wenn Sie die Kosten für Nacharbeit, Ineffizienz, unzufriedene oder verlorene Kunden und so weiter bewerten und dann schätzen, um wie viel Sie die Kosten *reduzieren* könnten. Wenn Sie zum Beispiel Messverfahren für Defekte auf 1 Million Möglichkeiten (DPMO) entwickelt haben, dann würden Sie die Durchschnittskosten jedes Fehlers berechnen (und dabei Mitarbeiter, Material und andere Faktoren einbeziehen) und die Gesamtersparnis für x Prozent weniger an Defekten. Je spezifischer Sie diese Zahlen bestimmen können, genannt „Cost of Poor Quality" (Kosten schlechter Qualität) oder „COPQ", umso genauer wird Ihre Schätzung sein.

Der beste Weg, den potenziellen Six Sigma-Nutzen zu schätzen, ist ein kombinierter Ansatz. Zuerst müssen Sie eine detaillierte Nutzenschätzung mehrerer repräsentativer Verbesserungsmöglichkeiten in Geldwerten durchführen. Dann müssen Sie projizieren, wie viele ähnliche Möglichkeiten in der gesamten Organisation existieren. Daraus folgt eine solide Beantwortung der Frage: „Wieviel können wir gewinnen?" Es ist aber immer noch eine Schätzung.

Festlegung der Vorgabezeit für Ergebnisse

Allgemein kann man *sechs bis neun Monate* rechnen, bis die erste Welle von DMAIC-Projekten abgelaufen ist und konkrete Resultate vorliegen. Natürlich können Sie die Teams zu rascheren Ergebnissen drängen. Zusätzliche Hilfe oder Coaching beim Abarbeiten ihrer „Lernkurve" kann ihr Engagement verstärken (wenn es auch Ihre Kosten aufblähen wird). Aber aufgrund unserer Erfahrungen und mit Blick auf die von uns beobachteten Unternehmen wäre es falsch, greifbare Ergebnisse viel früher zu erwarten.

Die Kosten der Six Sigma-Einführung

Vor den möglichen Gewinnen sind Investitionen nötig. Was bedeutet, dass die Ja-Nein-Debatte wahrscheinlich schnell beendet ist, wenn Sie nicht ein Mindestbudget für den Six Sigma-Start bereitstellen können. Doch wird die Attraktivität der Erträge gewöhnlich das Top-Management veranlassen, wenigstens über eine solche Investition nachzudenken. Die Schwierigkeit an diesem Punkt liegt darin, die wahrscheinlichen Kosten festzulegen. Einige der wichtigsten Six Sigma-Budgetpunkte sind:

* Direkte Gehälter
* Indirekte Gehälter
* Training und Beratung
* Implementierungskosten bei Verbesserungsmaßnahmen

Weitere Ausgaben für Reisen und Übernachtungen, Trainingsräume, Büro- und Konferenzräume für Teams müssen einkalkuliert werden.

Schätzung und Verwaltung Ihrer Kosten und Erträge

Die Abschätzung Ihrer Six Sigma-Kosten hängt von Ihrer Einführungszeit, der Intensität Ihrer Anstrengungen und Ihrem allgemeinen „Risikoprofil" ab, wenn es darum geht, in die möglichen Gewinne der Initiative zu investieren. Viele Entscheidungsfaktoren für diese Investition, inklusive Ihr Gesamtziel, Mitarbeiterstab, Training und Projektauswahl, werden in den folgenden Kapiteln behandelt.

Sie können Ihren Six Sigma Return on Investment (ROI) maximieren, indem Sie herausfinden, wo sich Investitionen am meisten bezahlt machen. Wir haben Unternehmen gesehen und beraten, die möglicherweise mehr ausgegeben haben, als notwendig war, um Gewinne mit Six Sigma zu erreichen. Andererseits kann der Versuch, Six Sigma auf die billige Art abzuwickeln, ein schlechter Schachzug sein.

Das Beispiel unseres Kunden GE Capital Services (GECS) mag ermutigend sein. GECS führte Six Sigma 1996 ein und gab im ersten Jahr 53 Mio. Dollar dafür aus, eine Summe, die mehr auf dem Drang nach Schnelligkeit und Umfang beruhte als auf Kostenkontrolle. Doch die Initiative zahlte sich schon im selben Jahr aus: 53 Mio. Dollar an Erträgen und Kosteneinsparungen. Im Jahr zwei, 1997, stiegen die Ausgaben für Six Sigma bei GECS auf 88 Mio. Dollar, aber die Erträge kamen an 261 Mio. Dollar heran – ein Gewinn von 173 Mio. Dollar. Im Jahr 2000 lag der Gewinn bei 310 Mio. Dollar über den Kosten von 98 Mio. Dollar.

Kapitel 7
Wie und wo sollten wir unsere Arbeit beginnen?

Die erste wichtige Frage beim Beginn Ihrer Six Sigma-Arbeit, die Ihre Kosten, den potenziellen Umfang und die Schnelligkeit des ROI beeinflusst, lautet: „Wo fangen wir an?" Wir werden den in Kapitel 5 eingeführten Six Sigma-Wegweiser verwenden, um diese Anfangsentscheidungen zu gestalten und zu leiten. Konkret werden wir zwei Arten betrachten, auf die Sie Ihre erste Entscheidung zur Einführung fällen können. Die erste beruht auf Kriterien, die das Ausmaß und die Dringlichkeit Ihrer Arbeit betreffen, die zweite auf einer Abschätzung Ihrer Stärken und Schwächen in dem Bereich, den wir „Kernkompetenzen" des Six Sigma-Systems nennen.

Der Start: Zielsetzung, Umfang und Zeitrahmen

Also, wie sollte Ihre Organisation den Vorstoß in Richtung Six Sigma-Leistung beginnen? Wenn direkte Fragen wie diese zu Six Sigma gestellt werden, geben wir eine dieser beiden Antworten: „Das kommt darauf an" und „Gott allein weiß es."

Da die zweite Antwort uns keine Möglichkeit lässt, weiter beratend tätig zu sein, müssen wir uns auf das „Es kommt darauf an" zurückziehen. Zum Glück für uns hat sich herausgestellt, dass die Entscheidung, wie Ihr Ansatz zu gestalten ist, auf drei grundsätzlichen Faktoren beruht: Zielsetzung, Umfang und Zeitrahmen. Während wir diese Kriterien prüfen, sollten Sie bedenken, dass Informationen über die Bereitschaft für Six Sigma aus Kapitel 6 eine große Hilfe bei Ihrer Implementierung sein können.

Klarstellung Ihrer Zielsetzung

Was sollen Ihre Six Sigma-Aktivitäten erreichen? Jedes Unternehmen erwartet „Resultate" von Six Sigma, aber die Art des Resultats oder Wandels, der nötig (oder möglich) ist, kann stark variieren. Six Sigma mag bespielsweise als Weg attraktiv sein, nagende Probleme in Form von Produktfehlern oder Lücken im Kundendienst anzusprechen. Auch dann können Sie Teil eines profitablen, wachsenden Unternehmens sein, aber Sie werden vielleicht erkennen, dass Ihr Erfolg eine reaktive Managementkultur geschaffen hat, die zukünftiges Wachstum bedroht. Jedes dieser Szenarios kann zu verschiedenen Typen von Six Sigma-Aktivitäten führen.

Wir haben drei Ebenen für Zielsetzungen vorgegeben – Unternehmenswandel, strategische Verbesserung und Problemlösungen (siehe Abbildung 13) – je nach Ausmaß der Wirkung, die Sie in Ihrem Unternehmen erzielen wollen. Es ist natürlich verführerisch, zu sagen: „Ich möchte *alles* haben!" Aber die Auswahl Ihres Hauptmotivators für Six Sigma (wenigstens jetzt) hilft Ihnen, bei der besten Anfangsstrategie zu landen.

Zielsetzung	Beschreibung
Unternehmenswandel	Eine entscheidende Verschiebung in der Arbeitsweise einer Organisation, auch „Kulturwandel" genannt. Beispiele: • eine kundenorientierte Einstellung schaffen • größere Flexibilität aufbauen • alte Strukturen oder Arten der Geschäftsabwicklung aufgeben
Strategische Verbesserungen	Betreffen wesentliche strategische oder operationale Schwächen oder Möglichkeiten. Beispiele: • Produktentwicklung beschleunigen • Effizienz der Lieferkette erhöhen • E-Commerce-Angebote aufbauen
Problemlösungen	Spezifische Bereiche mit hohen Kosten, Nacharbeit oder Verzögerungen werden identifiziert. Beispiele: • Bearbeitungszeit verkürzen • Ersatzteilmangel reduzieren • Umfang der überfälligen Forderungen vermindern

Abb. 13: Drei Ebenen der Six Sigma-Zielsetzung

Abschätzung des Umfangs

Welche Teile Ihrer Organisation können oder sollten bereits in die ersten Six Sigma-Arbeiten eingebunden werden? Der Umfang kann erheblich durch Ihre Stellung im Unternehmen beeinflusst werden. Wenn Sie zum Beispiel Chef der Abteilung Informationstechnologie sind, dann können Sie die Autorität und Mittel haben, eine Six Sigma-Veränderungsaktion im IT-Bereich einzuführen, aber sicher nicht in der gesamten Unternehmung. Vielleicht wollen Sie aber dennoch die Top-Manager dazu bewegen, eine unternehmensweite Aktion zu starten. Tatsächlich begann einer unserer Klienten seine Six Sigma-Aktivitäten aufgrund eifriger Vorschläge seines Vice President für IT.

Selbst bei GE wurden einige Geschäftsbereiche und Prozesse von der ersten Six Sigma-Welle ausgespart. Die Verkaufsprozesse etwa wurden bis vor einem Jahr nicht näher in Betrachtung gezogen. Geschäftszweige wie NBC begannen auch erst später. Die genaue Prüfung Ihrer Kernprozesse oder Geschäftsabläufe kann wertvolle Erkenntnisse liefern, wenn Sie Ihren ursprünglichen Handlungsumfang eingrenzen möchten.

Die Entscheidung über die Machbarkeit beinhaltet immer eine Art Kuhhandel. Die drei Hauptfaktoren, die in den meisten Fällen ins Spiel kommen, sind folgende:

* *Ressourcen.* Wer sind die besten Kandidaten für die Teilnahme an der Aktion? Wie viel Zeit können Mitarbeiter für Six Sigma aufbringen? Welches Budget kann für den Anfang bereitgestellt werden? Welche anderen Aktivitäten konkurrieren um die Ressourcen?
* *Aufmerksamkeit.* Kann das Unternehmen sich gleichzeitig auf viele anlaufende Projekte konzentrieren? Werden Sie oder andere Top-Manager überfordert, wenn Sie versuchen, zu viele Aktivitäten gleichzeitig zu leiten?
* *Akzeptanz.* Wenn sich Mitarbeiter in bestimmten Bereichen (Funktionen, Geschäftseinheiten, Abteilungen etc.) aus welchen Gründen auch immer sperren, dann könnte es das Beste sein, sie später einzubeziehen. Das ist die organisatorische Version des Sprichwortes „Choose your battles" (Wähle deine Schlachten aus).

Festlegung Ihres Zeitrahmens

Wie lange sind Sie – oder welche „Mächte" auch immer – gewillt/in der Lage, auf Ergebnisse zu warten? Eigentlich sind Ausdrücke wie „Dringlichkeit" oder „Geduld" oder „Grad der Panik" hier passender als „Zeitrahmen". Eine lange Vorlaufzeit für Ergebnisse kann frustrierend wirken. Unternehmen sind manchmal wie Kinder während einer Autofahrt. („Sind wir bald da?") Der Zeitfaktor hat wirklich den stärksten Einfluss auf die meisten Six Sigma-Anfangsprojekte, und das aus gutem Grund.

Zufahrten im Six Sigma-Wegweiser

Mögliche Startpunkte – in Übereinstimmung mit der „Zielsetzung" für Ihre Six Sigma-Arbeit – werden in Abbildung 14 als „Zufahrt" bezeichnet. Es ist sogar möglich, mehrere Zufahrten gleichzeitig zu benutzen, ein guter Trick, solange Sie Ihre Ressourcen und Energien nicht verzetteln.

Zufahrt über Unternehmenswandel

Die oberste Zufahrt dient solchen, die den Bedarf, die Vision und Geduld für eine umfassende Veränderungsinitiative haben. Zu Beginn könnte es besser sein, sich auf die Identifizierung der Kernprozesse zu konzentrieren, statt zu versuchen, alle Prozesse auf einmal zu identifizieren und zu definieren. Zusätzlich verschließt die Benutzung der Zufahrt über den Unternehmenswandel Ihnen nicht die anderen.

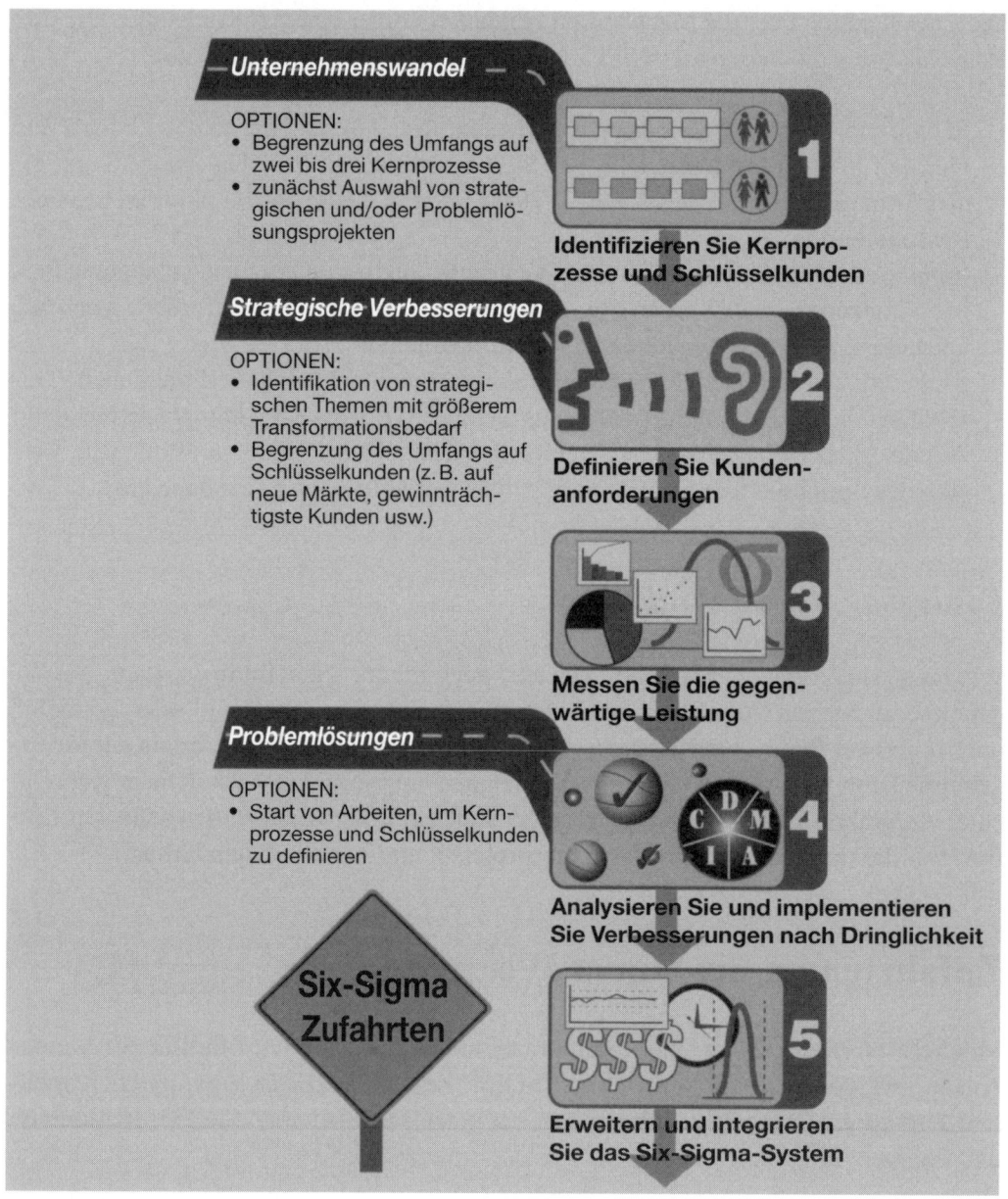

Abb. 14: Zufahrten im Six Sigma-Wegweiser

Die Zufahrt über strategische Verbesserungen

Die „mittlere" Zufahrt ist jene, die am meisten Optionen eröffnet. Eine strategische Verbesserung kann auf ein oder zwei Schlüsselprojekte begrenzt sein oder eine ganze Masse von Teams und Training erfordern, um eine strategische Schwäche anzugehen. Sie kann die Plattform für einen noch ehrgeizigeren Unternehmenswandel bilden oder einfach eine konzentrierte Verbesserungskampagne innerhalb einer bestimmten Zeit bedeuten.

Strategische Verbesserung kann ebenfalls darauf abzielen, eines der Schlüsselelemente der „Infrastruktur" oder Kernkompetenzen des Six Sigma-Systems aufzubauen: etwa das Messwesen oder CRM-Systeme.

Die Zufahrt über die Problemlösung

Infolge der Dringlichkeit, die fast jeden Six Sigma-Start vorantreibt, entscheiden die meisten Organisationen, zuerst die Zufahrt „Problemlösung" zu benutzen. Und doch kann die alleinige Beschränkung auf die Problemlösung, normalerweise der schnellste Weg zu Erträgen, die riskanteste Abkürzung auf dem Six Sigma-Weg sein. Zwei Gefahren lauern auf diesem Weg:

1. *Schlechte Projektauswahl.* Ohne Prozess- oder Kundendaten wählen Top-Manager ihre Projekte auf der Grundlage von Schätzungen und Annahmen aus.
2. *Begrenzte Erträge.* Die „Problemlösungs"methoden von Stufe 4 – Prozessverbesserung und Prozessgestaltung/-umgestaltung – sind am stärksten, wenn sie mit breiterem Ansatz und langfristiger Perspektive betrieben werden.

Wenn Sie zu der Mehrzahl von Organisationen gehören, die Six Sigma-Verbesserungsprojekte (Stufe 4) sofort starten wollen, dann sollten Sie versuchen, den Druck, sofortige Ergebnisse zu erreichen, durch die Aufmerksamkeit für langfristige Ziele (Stufen 1, 2, 3 und 5) auszugleichen. Aber wenn es *nur* darum geht, einige kritische Probleme zu lösen, dann ist das in Ordnung.

Pilotprojekt für Ihre Six Sigma-Arbeit

Unabhängig vom Ausmaß oder Umfang ihrer Six Sigma-Einführung sollte eine „Pilotstrategie" eine wesentliche Komponente Ihrer Arbeit bilden. Die Wirklichkeit zeigt, dass einige Probleme und Überraschungen in *jeder* Six Sigma-Implementierung auftauchen werden. Das Pilotprojekt dagegen erlaubt Ihnen, die entstehenden Schwierigkeiten zu minimieren und von ihnen zu *lernen*. Und wenn Sie noch nicht wirklich sicher sind, ob Six Sigma in Ihrem Unternehmen Wirkung zeigen wird, dann ist ein Pilotprojekt ebenfalls die beste Art, den Gesamtansatz zu testen.

Die üblichen Argumente *gegen* Pilotprojekte: die Notwendigkeit, schnell zu handeln, Mangel an Ressourcen und/oder der Verlust des Schwungs und der Begeisterung im Umfeld der Six Sigma-Aktivitäten. Aber ein wohl durchdachter Pilotplan sollte Ihren Fortschritt nicht zu stark verzögern. Und wenn Sie die Störenfriede in Ihrem Training, in Projekten, in der Teamarbeit etc. für sich gewinnen, können Sie den Weg für größere Ergebnisse bereiten.

Schlüsselfragen für die Pilotstrategie

Eine Pilotstrategie beginnt mit der Absicht, dass Sie Probleme behandeln und einen Ansatz der „kontinuierlichen Verbesserung" für Ihre Six Sigma-Arbeit wählen werden. Die Besonderheiten der Pilotstrategie hängen von Ihrer Zielsetzung ab. Einige Grundfragen können jedoch helfen, die Pilotplanung voranzubringen:

- *Wie können wir unseren Plan oder Ansatz testen, um sicherzugehen, dass er funktioniert?* Beginnen Sie mit einem begrenzten, risikoarmen Versuch, der die Kernaspekte in der Six Sigma-Arbeit betrifft. Stellen Sie jedoch sicher, dass jeder Test „normale Bedingungen" so gut wie möglich widerspiegelt, weil sonst Ihre Pilotdaten nicht repräsentativ für das sind, was später passieren wird.
- *Was müssen wir messen/beobachten, um zu sehen, ob unsere Bemühung greift?* Je spezifischer Sie sein können, umso besser. Pilotprojekte müssen von einer sorgfältigen, konzentrierten Prüfung begleitet werden, was funktionierte und was nicht. Ohne diese Prüfung werden Ihre „Verbesserungen" genauso auf Vermutungen wie auf wirklichen Lerneffekten beruhen.
- *Wie viel Zeit ist erforderlich, um auf das zu reagieren, was wir vom „Piloten" gelernt haben?* Das ist immer eine Schwierigkeit. Die meisten Unternehmen, die sich für einen Start von Six Sigma entschieden haben, möchten diesen am liebsten gestern schon durchgeführt haben. Doch einige Zeit für Prüfung und Verfeinerung ist notwendig, wenn sich eine Pilotstrategie auszahlen soll. Deshalb empfehlen wir wärmstens, dass ein bestimmtes Zeitguthaben für die Bewertung, Identifizierung und Implementierung von Verbesserungen bereitgestellt wird.

Kapitel 8
Die Politik von Six Sigma: Vorbereitung der Führungskräfte zum Starten und Begleiten der Maßnahmen

Wie wir in Kapitel 3 dargestellt haben, bestand eine Schwierigkeit, die TQM in vielen Organisationen untergraben hat, in dem schwachen Engagement der Führungskräfte. Das Top-Management hat zwar viel darüber geredet, aber letztlich nichts selbst getan. Einige Qualitätsmaßnahmen sind nie richtig in Gang gekommen. Andere blieben eine Zeit lang sehr erfolgreich, liefen dann aber aus, als das Unternehmen und seine Führungskräfte angesichts anderer Moden oder Herausforderungen ihren Fokus veränderten.

Dasselbe gilt für Six Sigma. Heute gestartete Six Sigma-Initiativen können leicht und schnell verpuffen. Oder sie können großes Engagement erleben und dann wie eine gelungene Theaterinszenierung abgeschlossen werden.

Das Management des Six Sigma-Starts

Die folgenden acht Punkte sind nach unserer Meinung die wichtigsten Aufgaben für Top-Manager, die sie in der Frühphase eines Six Sigma-Prozesses übernehmen müssen:

1. *Entwicklung einer guten Begründung.* Führungskräfte sollten in der Lage sein zu beschreiben, *warum* das Six Sigma-System für das Unternehmen notwendig ist – zunächst für sich selbst, dann für andere.
2. *Planung und aktive Teilnahme an der Einführung.* Die Gruppe der Führungskräfte muss die Aktivitäten als ihre *eigenen* betrachten, und zwar aus drei wichtigen Gründen:
   - Sie sind diejenigen, die sie verkaufen und verteidigen müssen.
   - Sie müssen in der Lage sein, den Plan zu *ändern*, wenn sich neue Bedürfnisse und Kenntnisse entwickeln.
   - Sie liegen am besten, wenn sie alle Prioritäten und Schwierigkeiten des Unternehmens im Six Sigma-Prozess ausbalancieren.
3. *Bildung einer Vision und eines „Marketingplans".* Wir haben im Laufe der Jahre festgestellt, dass eines der schwächsten Elemente im „Change Management" das darstellt, was wir Change *Marketing* nennen. Veränderungen sind immer schlimm und traumatisch, aber die Art, wie sie bewerkstelligt werden, heizt den Zynismus und die Sorgen von Mitarbeitern noch mehr an.

Zusammen mit der Begründung und der Einführungsstrategie umfasst der Marketingplan folgende zwei Elemente:

- *Das Motto oder die Vision.* Ein Name für die Aktion, ein klares visionäres Bild, selbst ein Slogan, sie alle können die Rolle eines „Mottos" übernehmen (vielleicht wünschen Sie einen Namen und ein Motto). Einer unserer Favoriten bei einem Hightech-Klienten war „Aufbau eines fortwährend großartigen Unternehmens". Erwähnt haben wir schon das Motto von AlliedSignal/Honeywell „Schaffung einer Kultur der kontinuierlichen Erneuerung". Die Qualitätszielsetzung von GE lautet „Kundenwünsche vollständig und profitabel erfüllen". Ihre eigene Schlüsselbotschaft sollte zum Unternehmen und zu seinen Mitarbeitern passen.

- *Der Marketingplan.* Ihre Promotions für Six Sigma sollten zu der Einführung passen. Wenn Sie beabsichtigen, Six Sigma-Verbesserungen bei einigen Projekten zu „testen", dann ist eine unternehmensweite Zersplitterung keine gute Idee. Kernfragen für Ihr Six Sigma-Marketing sind: Wer sind Ihre wesentlichen Zuhörer, intern und extern? Wie führen Sie Ihre Pläne am besten ein, um eine positive Reaktion sicherzustellen? Wie muss die Botschaft auf verschiedene Gruppen zugeschnitten sein? Welche Medien, Events usw. sind geeignet? Wie gehen wir mit negativen Reaktionen um? Der Plan sollte auch Schlüsselbegriffe und -sätze enthalten: „Start", „Erweiterung" und „laufende Unterstützung" zum Beispiel.

4. *Mächtige Verfechter werden.* Wenn man eine Strategie von Männern wie Bob Galvin von Motorola, Larry Bossidy von AlliedSignal und Jack Welch von GE übernehmen wollte, dann ist es das dauernde Trommeln für Six Sigma. Jeder von diesen Top-Managern trieb Six Sigma als Motor für Gewinne und als einen neuen, wesentlichen Ansatz für die Unternehmensführung voran. Wir zitierten einige von Welchs Bemerkungen dazu in Kapitel 1. Er war ein rastloser Befürworter von Six Sigma und sein Beispiel machte bei anderen Top-Managern von GE Schule.

5. *Klare Zielsetzung.* Ihre Ziele können ein genauso wichtiger Bestandteil Ihrer „Marketing"bemühungen sein wie Ihr Kommunikationsplan oder das Motto. Breit angelegte Zielvorstellungen, z. B. fünf Sigma in fünf Jahren, sind hervorragend, wenn sie in den Mitarbeiterreihen richtig verstanden werden. Die spezifische Zielsetzung für Ihre Organisation soll auf Wesen und Umfang Ihrer Aktivitäten zugeschnitten sein. In jedem Fall soll sie verständlich, herausfordernd, bedeutungsvoll, auf *keinen Fall* aber unmöglich sein.

6. *Zuständigkeit.* Während der 80er Jahre wurden wir zu einem Treffen mit dem Geschäftsführer einer Kundenfirma gerufen, der von den Qualitätsbemühungen seines Unternehmens enttäuscht war. „Ich habe die Leute zwei Jahre lang vorangetrieben", beklagte er sich, „und immer noch sehen wir keine Ergebnisse." Als wir ihn fragten, welche *Konsequenzen* er aus diesem Mangel an Ergebnissen ziehe, konnte der Top-Manager uns keine Antwort geben. Dieselben Mitarbeiter, die keine Qualität brachten, wurden jedoch weiterhin genauso wie bisher bezahlt und erhielten einen Bonus wie immer.

Es steht außer Zweifel, dass die Zuständigkeit bei Six Sigma mit den *Führungskräften* selbst beginnt. Wenn ein Verbesserungsprojekt fehlschlägt, dann sollten nicht nur die Teams oder das Training im Brennpunkt stehen, sondern vor allem das, was die Top-Manager dazu beigetragen haben könnten: Wurden genug Mittel zur Verfügung gestellt? War das Projekt gut definiert worden? Hörten wir zu, wenn Probleme aufkamen? Vermittelten wir das notwendige Gefühl der Dringlichkeit?

Eine der mutigsten, effektvollsten und bemerkenswertesten Aspekte der Six Sigma-Arbeit von GE war die Verknüpfung von 40 Prozent der „variablen Vergütung" jeder Führungskraft (d. h. des Bonus) mit dem Erfolg von Six Sigma. Dieser „hautnahe" Anreiz wirkte bei allen GE-Mitarbeitern als starke Botschaft, wie wichtig Six Sigma war, und trug sicher dazu bei, dass Six Sigma-Projekte nicht von anderen wichtigen Dingen überdeckt wurden.

Zur Zuständigkeit der Führungskräfte gehört, dass sie Bezahlung und Belohnung so einsetzen, dass dies Six Sigma-Ergebnisse fördert. Wir haben viele große Organisationen gesehen, in denen die Entgeltkriterien gemischte, wenn nicht sogar kontraproduktive Gefühle hervorgerufen haben.

7. *Solide Maßstäbe für Erfolg verlangen.* Six Sigma bedeutet letztlich den Aufbau einer besseren Organisation, die auf kurze wie auf lange Sicht erfolgreich ist. Wichtig ist deshalb die Einbeziehung von Finanzexperten in Ihrer Organisation, denn sie können dabei helfen, die möglichen Erträge von vornherein zu quantifizieren und die Gültigkeit der Ergebnisse zu beurteilen, womit Sie zwei Ziele erreichen, nämlich

- die Bestätigung, dass die Ergebnisse *echt* sind,
- Vertrauen, dass es Ihnen wirklich ernst damit ist, Six Sigma-Verbesserungen zu suchen und darauf zu beharren.

8. *Ergebnisse und Rückschläge kommunizieren.* Eine laufende, ehrliche Information über die Erträge, die Ihr Unternehmen mit Six Sigma erzielt, aber auch über die Unzulänglichkeiten und Schwierigkeiten, die Sie bewältigen mussten, trägt die Bemühungen weiter. Wenn Sie nur Erfolge verkünden, dann wird das Ihre Glaubwürdigkeit vermindern und den Eindruck vermitteln, dass Sie die Ergebnisse geschönt haben.

Kein Zweifel, die Führungskräfte geben den Ton und die Richtung für die Aktion an. Das bedeutet, ihre Tätigkeit hat den größten Gesamteinfluss auf den Kurs des Six Sigma-Prozesses. Ohne das Zutun anderer wichtiger Mitspieler kann jedoch kein Top-Manager einen Wandel oder die von uns vorgestellten Ergebnisse bewirken, die eine gut durchgeführte Six Sigma-Initiative ermöglicht. Im folgenden Kapitel betrachten wir solche zusätzlichen wesentlichen Rollen bei der Durchführung.

Kapitel 9
Die Vorbereitung für „Black Belts" und andere Schlüsselrollen

Einer der bekanntesten Bestandteile der Six Sigma-Bewegung ist die Aufstellung eines Korps von Experten für Messungen und Verbessserungen, die unter verschiedenen Bezeichnungen wie „Black Belts", „Black-Belt-Meister" und „Green Belts" bekannt sind. Wir hörten von einer Organisation, die noch einen weiteren Grad schaffen wollte, „Yellow Belts", und waren einigermaßen erleichtert, als sie diese Idee fallen ließ. Wenn auch die Farbe der „Gürtel" wichtig ist, so stellen sie vor allem das bekannteste Element in der Struktur einer größeren Organisation dar und übernehmen Rollen, die den Six Sigma-Prozess unterstützen. Eine Ihrer Hauptaufgaben beim Beginn Ihres Six Sigma-Weges wird darin bestehen, die geeigneten Rollen für Ihre Organisation zu definieren und deren Verantwortlichkeiten zu klären.

Rollenverteilung in der Six Sigma-Organisation

Der Führungskräftekreis oder -rat

Wenn sie ihre verschiedenen Führungsverantwortungen bei Six Sigma erfüllen sollen (wie im vorhergehenden Kapitel beschrieben), dann müssen die Führungskräfte ein Forum finden, in dem sie diskutieren, planen, leiten und lernen können. In den meisten Organisationen, mit denen wir gearbeitet haben, ist eine solche „Six Sigma-Führungsgruppe" oder der „Qualitätsrat" weitgehend mit dem bestehenden Top-Management-Team identisch – was ideal ist. Zusätzlich zu den Planungs- und Marketingaufgaben, die wir früher festgelegt haben, ist das Top-Management-Team noch für folgende Aufgaben zuständig:

- Rollenverteilung und Schaffen einer Infrastruktur für die Six Sigma-Initiative
- Auswahl spezifischer Projekte und Zuweisung von Ressourcen
- Periodische Überprüfung des Fortschritts verschiedener Projekte und Angebot von Ideen und Hilfe (z. B. um Überlappungen der Projekte zu vermeiden)
- Als „Sponsor" von Six Sigma-Projekten dienen (siehe unten)
- Die Auswirkungen von Six Sigma-Arbeiten auf die Bilanz des Unternehmens im Auge behalten
- Den Fortschritt abschätzen, die Stärken und Schwächen der Aktivitäten herausstellen, d. h. Selbstzufriedenheit vermeiden

- Die optimalen Verfahren innerhalb der Organisation überall anwenden, auch mit Schlüsselkunden und -lieferanten, wenn angebracht
- Barrieren beseitigen, wenn Teams auf Hindernisse stoßen
- Die gelernten Lektionen auf den eigenen individuellen Managementstil anwenden

Der „Sponsor" oder „Champion"

Ein Sponsor ist ein leitender Manager, der die Verbesserungsprojekte „überblicken" kann. Das ist eine wichtige Verantwortung, die Fingerspitzengefühl verlangt. Teams brauchen die Freiheit zur eigenen Entscheidung, aber benötigen genauso die Führung durch das Top-Management zur kontinuierlichen Verfolgung der Ziele. Die Aufgaben des Sponsors:

- Er bestimmt und verfolgt die Ziele für Verbesserungsprojekte, er begründet und verantwortet Projekte und stellt sicher, dass diese mit den geschäftlichen Prioritäten übereinstimmen.
- Er überprüft und befürwortet Änderungen bei Ziel und Umfang eines Projekts, wenn nötig.
- Er führt die Verhandlungen über die Ressourcen für Projekte.
- Er vertritt das Team vor der Führungsgruppe und verteidigt es.
- Er vermittelt bei Streitigkeiten oder Überlappungen, die zwischen Teams oder mit Mitarbeitern außerhalb des Teams entstehen.
- Er arbeitet mit den Prozessverantwortlichen zusammen, um eine weiche „Landung" beim Ende eines Verbesserungsprojekts sicherzustellen.
- Er wendet das erworbene Wissen aus Prozessverbesserungen auf seine eigenen Managementaufgaben an.

Der Projektchampion

Solange keiner der vorhandenen Top-Führungskräfte plant, die Durchführung der Six Sigma-Arbeiten zu betreuen (was viel Zeit und Energie kostet), müssen andere die täglichen Arbeitsfortschritte und den Nachschubbedarf koordinieren. Je nach Umfang der Arbeiten mag ein Projektchampion oder „Six Sigma-Direktor" genügen oder ein ganzer Stab für die Abwicklung dieses umfangreichen Bündels von Aufgaben erforderlich sein, nämlich:

- Unterstützung der Führungsgruppe bei ihren Aktivitäten, einschließlich Kommunikation, Projektauswahl und Projektprüfung
- Auswahl und/oder Empfehlung von Personen/Gruppen für Schlüsselrollen, einschließlich externes Consulting und Training

- Vorbereitung und Durchführung von Trainingsplänen, einschließlich Auswahl des Schulungsablaufs, des Zeitplans und der Mittelausstattung
- Unterstützung der Sponsoren bei der Erfüllung ihrer Rolle als Helfer, Verteidiger und „Anschubser" der Teams
- Dokumentation des Gesamtfortschritts und der auftauchenden Probleme, die Aufmerksamkeit erfordern
- Durchführung des internen „Marketingplans" für die Initiative

Six Sigma-Coach: der Black-Belt-Meister

Der Black-Belt-Meister (Master Black Belt – MBB) gewährt den Prozessverantwortlichen und Six Sigma-Verbesserungsteams Expertenrat und Beistand auf allen Gebieten – von der Statistik über Veränderungsmanagement bis zur Prozessgestaltungsstrategie. Der MBB ist der technische Fachmann, doch wird der Grad seiner Kenntnisse von Unternehmen zu Unternehmen schwanken, je nach Art seiner Rolle und dem Komplexitätsgrad der Probleme. Zusätzlich zur technischen Hilfe kann der MBB Anleitung bei Folgendem geben:

- Kommunikation mit dem Sponsor und der Führungsgruppe
- Aufstellung und Einhaltung des Zeitplans für das Projekt
- Vermittlung im Falle von Widerstand oder mangelnder Zusammenarbeit bei Mitarbeitern
- Abschätzung des Potenzials und Bewertung aktueller Ergebnisse (ausgeschaltete Defekte, gespartes Geld etc.)
- Lösung von Missstimmigkeiten und Konflikten im Team
- Sammlung und Analyse von Daten über Teamaktivitäten
- Unterstützung bei Promotion und Feier der Teamerfolge

Teamleiter: der Black Belt

Der Black Belt ist eine Person, die die unmittelbare Verantwortung für die Arbeit und Ergebnisse eines Six Sigma-Projekts übernimmt. Die meisten Black Belts konzentrieren sich auf die Prozessverbesserung oder -gestaltung/-umgestaltung, aber sie können sich auch um das CRM-System bemühen, um Messung oder Prozessmanagement. Wie wir in Teil III hören werden, ist der Black Belt darauf aus, ein Projekt auf der Spur zu halten und zu gewährleisten, dass laufend Fortschritte erzielt werden. Seine Aufgaben, vor allem bei Verbesserungsprojekten:

- Er überprüft die Notwendigkeit eines Projekts mit dem Sponsor.
- Er entwickelt und aktualisiert den Abwicklungsplan.

- Er engagiert sich bei der Auswahl von Mitgliedern des Projektteams.
- Er leitet die Ermittlung und Suche von Ressourcen und Informationen.
- Er unterstützt andere beim Einsatz der richtigen Six Sigma-Werkzeuge, auch im Team, und bei der Anwendung von Managementtechniken.
- Er sorgt für Erfüllung der Projekt-Zeitpläne und forciert die Fortschritte in Richtung endgültiger Lösungen und Ergebnisse.
- Er hilft bei der Übertragung von neuen Lösungen oder Prozessen auf die laufenden Tätigkeiten während der Zusammenarbeit mit Funktionsmanagern und/oder den Prozessverantwortlichen.
- Er dokumentiert die Endergebnisse und erstellt ein „Storyboard" des Projekts.

Das Teammitglied

Die meisten Organisationen setzen Teams als Instrument für den Großteil der Verbesserungsarbeiten ein. Die Teammitglieder stellen die zusätzlichen Köpfe und Arme für die Messungen, Analysen und Verbesserungen eines Prozesses zur Verfügung. Sie kommunizieren auch die Erfolge der Six Sigma-Werkzeuge und -Prozesse und werden Teil der „Auswahlmannschaft" für zukünftige Projekte.

Der Prozessverantwortliche (Process Owner)

Der Prozessverantwortliche (Prozess-Eigner) ist eine Person, die eine neue, bereichsübergreifende Verantwortung dafür übernimmt, dass die wertschöpfenden Maßnahmen für interne und externe Kunden von Anfang bis Ende durchgezogen werden. Er erhält die „Autorisierung" vom Verbesserungsteam oder wird Verantwortlicher eines neuen oder neugestalteten Prozesses. Denken Sie daran, dass der Sponsor und der Prozessverantwortliche dieselbe Person sein können (siehe dazu Kapitel 17).

Überlegungen bei der Festlegung von „Black-Belt"-Rollen

Wie Sie bei der Auswahl und dem Einsatz von „Black Belts" vorgehen, wird von folgenden Optionen/Überlegungen abhängen:

- *Entwicklung von Managerfähigkeiten.* In einigen Unternehmen besteht eine Aufgabe von Black Belts darin, die Fähigkeiten vorhandener oder zukünftiger Manager und Führungskräfte zu steigern. In diesen Fällen werden die Black-Belt-Kandidaten hauptsächlich aus den bestehenden Kadern abgezogen und gewöhnlich mit der Lei-

tung eines Verbesserungsprojekts betraut. Mitarbeitern in Black-Belt-Positionen eröffnen sich Karrierechancen, nachdem sie ihre „Pflichtrunde" gemacht haben.
Was dafür spricht:

– Mitarbeiter mit viel Erfahrung in Bezug auf die Organisation und ihre Prozesse konzentrieren sich auf Verbesserungsmöglichkeiten.

– Das mittlere Management wird direkt in die Six Sigma-Arbeit eingebunden, indem ihm Projekte zugewiesen werden.

– Black Belts aus der internen Organisation sind gewöhnlich mit der Politik und den Menschen der Organisation vertraut; das bedeutet, dass sie Teammitglieder auswählen, effektiver mit Sponsoren zusammenarbeiten können usw.

– Wennn die Black Belts im Unternehmen sehr bekannt und anerkannt sind, können sie andere vom Wert des Six Sigma-Systems überzeugen.

– Management-Talente erhalten das grundlegende Six Sigma-Wissen und -Können.

Was dagegen spricht:

– U.U. werden vorhandene oder viel versprechende Management-Talente von den täglichen Geschäftsabläufen abgezogen.

– Kann die Startphase verlängern, die für unerfahrene Black Belts zum Training und zur Vertrautheit mit Six Sigma-Methoden nötig ist.

• *Aufbau von technischem Fachwissen.* Ein anderer Ansatz besteht darin, den Black Belt als betriebliche Position und Karrierechance anzubieten. Unternehmen, die das bevorzugen, werden gewöhnlich Mitarbeiter mit den entsprechenden Fähigkeiten und Eignungen einstellen oder auswählen und ausbilden. Obwohl sie ein Projekt leiten können, passt ihre Rolle besser unter den Begriff „Coach"; ihr Aufstieg wird innerhalb der Hierarchie der Six Sigma-„Experten" erfolgen.
Was dafür spricht:

– Ermöglicht die sofortige Anwendung von Six Sigma-Wissen auf Projekte mithilfe neuer Mitarbeiter.

– Erlaubt eine anspruchsvollere Ausbildung.

– Konzentriert die ausgebildeten Six Sigma-Kräfte auf genehmigte Projekte und Initiativen, statt sie an irgendeine andere Stelle im Unternehmen zu schicken.

– Es können mehr Projekte durchgeführt werden, da jeder Black Belt an mehreren Projekten arbeiten kann.

Was dagegen spricht:

– Technisch orientierte Black Belts besitzen u.U. weniger organisatorisches Wissen oder Erfahrung.

– Verhindert, dass Management und Fachleute von erfahrenen, ausgebildeten Six Sigma-Projektleitern lernen.

• *Ein gemischter Ansatz.* Eine Mischung aus beiden Ansätzen wird am besten funktionieren: einige Black Belts aus bestehendem Management und Fachbereichen, zusätzlich Techniker für die „Muskelarbeit" bei Six Sigma-Projekten. Bei diesem gemischten Ansatz hätten Sie die Wahl, die zeitlich begrenzt arbeitenden Gruppen

„Green Belts" oder „Black Belts" zu nennen, und die Experten „Black Belts" oder „Master Black Belts".

Natürlich brauchen Sie dieses System der „Gürtel" gar nicht zu übernehmen. Sie können bei geläufigen Begriffen wie „Coach" oder „Teamleiter" bleiben oder Ihre eigenen Namen für diese Rollen schaffen.

Auswahl der Mitglieder für Projektteams

Weil so viel Arbeit von den Six Sigma-Teams geleistet wird, würde unsere Übersicht über die Rollen unvollständig bleiben, wenn wir sie nicht mit einigen Tipps für die Auswahl von Mitarbeitern für solche Teams beschließen würden.

Ein kluger „Team-Reisender" sein

Der wahrscheinlich häufigste Fehler bei der Bildung von Teams ist die zu hohe Anzahl von Mitgliedern. Stellen Sie sich einmal die Reisenden in einem Flughafenbus vor. Am einen Ende des Spektrums befindet sich der Mann, der ein ziemlich kleines Gepäckstück trägt, etwa einen Musterkoffer, eine Aktentasche oder einen Laptop, das ist alles. Am anderen Ende des Spektrums steht ein Reisender, der zwei große Koffer und eine kleinere Tasche trägt, die bis zum Platzen gefüllt ist. Während der erste Reisende schon im Bus sitzt, ist der zweite natürlich gerade dabei, seinen ersten großen Koffer auf die Stufen des Busses zu hieven und dann mit Stöhnen noch die anderen beiden Gepäckstücke. Wer ist wohl der erfahrenere Reisende?

Unser Punkt: Wenn es zur Aufstellung von Teams kommt, handeln viele Organisationen wie unerfahrene Reisende. Sie überladen ein Team mit jeder erreichbaren Person, deren Fähigkeit oder Beitrag während des Projekts erforderlich erscheint. Es überrascht nicht, dass große Teams langsamer vorankommen und ihre Mitglieder im Allgemeinen weniger engagiert und begeistert sind. Es gibt eine Fülle von „Daumenregeln" für die Teamgröße, wir halten fünf bis acht Mitglieder für ein Projektteam für ideal.

Hier sind einige Kernfragen, über die Sie bei der Auswahl von Teammitgliedern grübeln können:

- Wer besitzt die beste Kenntnis in Bezug auf den zu verbessernden Prozess und/oder die besten Kontakte zum Kunden?
- Wer kennt das Problem genau und/oder hat den besten Zugang zu Daten?
- Welche wesentlichen Fähigkeiten oder Perspektiven werden im Verlauf des Projekts benötigt?
- Welche Gruppen oder Funktionen werden am unmittelbarsten von dem Projekt betroffen?

- Welcher Umfang an Repräsentation im Management, bei der Überwachung und nach außen ist wahrscheinlich gefordert?
- Welche Fähigkeiten, Funktionen oder organisatorischen Ressourcen müssen während des Projekts verfügbar sein, wenn sie gebraucht werden?

Wenn die Mitarbeiter einmal an Bord einer Six Sigma-Aktion sind, besteht die nächste Aufgabe darin, ihnen die Fähigkeiten, das Wissen und die Werkzeuge an die Hand zu geben, die notwendig sind, wenn alle zusammen bedeutende Änderungen und Verbesserungen erreichen wollen.

Kapitel 10
Training der Organisation für Six Sigma

Die Six Sigma-Organisation ist eine „lernende Organisation", also eine Organisation, die dauernd neue Informationen und Einsichten von ihren Kunden, ihrem Umfeld und den Prozessen aufnimmt, um diese Kenntnisse mit neuen Ideen, Produkten, Dienstleistungen und Verbesserungen umzusetzen und dann die Ergebnisse zu messen und noch mehr zu lernen.

Worauf Sie beim Training für Six Sigma in Ihrem Unternehmen Wert legen sollten, sind die Fähigkeiten und Methoden, die Ihre Mitarbeiter am meisten brauchen, um in der Frühphase der Arbeit ihre Rollen auszufüllen. Und planen Sie *kontinuierliches* Lernen ein, das Kenntnisse vertieft und Wissen vermehrt.

Das Wesentliche am effektiven Six Sigma-Training

Der Schlüssel zum guten Six Sigma-Training unterscheidet sich kaum von dem für jedes andere Training. Im Folgenden finden Sie das Wesentliche, was Sie bei der Planung Ihres Six Sigma-Trainings beachten sollten:

* *Betonen Sie „praktiziertes" Lernen.* Mitarbeiter lernen am besten, wenn sie Konzepte und Fähigkeiten sofort in die Praxis umsetzen können. Idealerweise beinhaltet dieses „praktische" Vorgehen die Arbeit an realen Vorgängen, Projekten und Verbesserungswünschen.
* *Geben Sie sinnvolle Beispiele und stellen Sie Verbindung zur „realen Welt" her.*
* *Bauen Sie Wissen auf.* Bei der Menge an Material gerät man leicht in die Falle der „Datenhalde". Die Konzepte von Six Sigma können interessant und spannend sein, aber eine Einführung mit überladenen Vorstellungen und Fachausdrücken wird die Mitarbeiter abstoßen. Schaffen Sie eine Grundlage von Kernprinzipien und -ideen, in gebräuchlichen Begriffen formuliert, die den Rahmen für die Weiterentwicklung von Fähigkeiten und Methoden bildet.
* *Sorgen Sie für eine Vielfalt von Lernarten.* Anschauungsmaterial, Spiele, Übungen und Ähnliches sollten variiert werden und den meisten Zuhörern auch *Spaß* bereiten.
* *Machen Sie das Training zum Dauerthema.* Eine Bemerkung, die wir am häufigsten von Teilnehmern am Six Sigma-Training hören, ist der Vorschlag, dass sie regelmäßig „Auffrischungen" bekommen. Unternehmen dagegen neigen dazu, lediglich ein Ein-für-alle-Mal-Training anzubieten. Six Sigma (d. h. „lernende")-Organisationen müssen kontinuierliche Aus- und Weiterbildung gewährleisten, genau wie ihre Prozesse eine laufende Erneuerung und Verbesserung brauchen.

Planung des Six Sigma-Ablaufs

Six Sigma-Erfolge in Organisationen verschiedener Art haben gezeigt, dass es eine Fülle von Talenten und Fähigkeiten gibt, die nur darauf warten, auf das Problem angesetzt zu werden, Unternehmen reagibler und effizienter zu gestalten. Eine der ersten Sorgen, die entstehen, lautet jedoch: „Werden wir viele Wochen Training brauchen, um dieses Potenzial anzapfen zu können?" Unsere Antwort ist dann: „Das muss nicht sein." Um komplizierte Six Sigma-Techniken zu beherrschen, brauchen Mitarbeiter natürlich mehr Zeit, vor allem jene, die kein Hintergrundwissen oder keine Erfahrung in Statistik besitzen. Andererseits können Mitarbeiter in weniger als zwei Wochen so weit sein, Verbesserungsprojekte anzugehen, vorausgesetzt, dass das Training gut gestaltet und auf die vorhandenen Fähigkeiten, die Prozesse usw. zugeschnitten ist.

Die Verankerung von Six Sigma im Unternehmen fordert auch neue Verhaltensweisen und Fähigkeiten vom Management. Mit der Zeit wird das Six Sigma-Training idealerweise als Grundlage für „Techniken zur Unternehmensführung" anerkannt werden, da diese Praktiken und Werkzeuge das Fundament für den Aufbau außergewöhnlicher Organisationen bilden werden.

Kapitel 11
Der Schlüssel zur erfolgreichen Verbesserung: Auswahl der richtigen Six Sigma-Projekte

Wir führten einmal eine informelle Befragung von Kollegen durch, die in Six Sigma und anderen Initiativen zur Prozessverbesserung involviert waren, und trafen auf eine unerwartete Übereinstimmung: Jeder nannte die *Projektauswahl* als die kritischste und am häufigsten verfehlte Aufgabe beim Start von Six Sigma. Es ist wirklich eine einfache Gleichung: Gut ausgewählte und definierte Verbesserungsprojekte ergeben bessere und schnellere Resultate. Die umgekehrte Gleichung ist genauso einfach: Schlecht ausgewählte und definierte Projekte ergeben verspätete Resultate und Enttäuschungen.

Tatsächlich besteht eines der stärksten Argumente für die Nutzung des idealen Six Sigma-Wegweisers (siehe Abbildung 5.1) darin, dass damit eine viel effektivere Auswahl der Anfangsverbesserungen möglich wird. Aber selbst mit besseren Prozess- und Kundenmessungen kann die Projektauswahl schwierig sein.

Wesentliches bei der Projektauswahl

Lassen Sie uns damit beginnen, dass wir einige Wesensmerkmale für eine effektive Projektauswahl betrachten.

Training der Führungskräfte

Es gibt eine Menge für die Führungskräfte zu lernen, wenn eine Six Sigma-Initiative bevorsteht. Allzu häufig ist eines der Themen, die im Entwicklungsplan der Führungskräfte „herausredigiert" werden, die Fähigkeit, Projekte auszuwählen. Deshalb empfehlen wir, einen Hinweis in Großbuchstaben auf den Kopf ihres Six Sigma-Umsetzungsplans zu schreiben: LEHRE DIE HÖHEREN FÜHRUNGSKRÄFTEN DIE AUSWAHL VON PROJEKTEN.

Start mit einer vernünftigen Anzahl von Projekten

Im Eifer, Ergebnisse zu erhalten, wird eine Organisation leicht mit vielen Projekten bombardiert. Ein zu großer Schwall an Projekten wird aber u.U. eine Führungskraft überfordern, jene zu verfolgen und zu leiten. Zu viele Projekte zersplittern die Aufmerksamkeit der Mitarbeiter und schwächen ihre Fähigkeit, sie richtig zu implementieren. GE-Manager haben uns beispielsweise gestanden, dass es ein Fehler war, jeden Manager zu veranlassen, Six Sigma-Methoden zu lernen, damit er ein persönliches (oder „Schreibtisch"-) Verbesserungsprojekt durchführen kann. Viele dieser individuellen Projekte waren „Notbehelfe", fast trivial und damit dem Gesamtnutzen der Six Sigma-Aktivitäten abträglich.

Sorgfältige Dimensionierung der Projekte

Unsere Kurzfassung für einen häufigen Fehler lautet: „Löse das Welthungerproblem." Viel zu häufig werden den Teams umfangreiche, komplizierte Projekte zugewiesen. Diese Probleme können sie nicht ohne einen riesigen, langwierigen Aufwand lösen, genauso wenig wie das Welthungerproblem. Ein Team wird u.U. Monate damit zubringen, all die verschiedenen Elemente eines Problems zu ermitteln und zu messen, und damit Enttäuschung im Team und Ungeduld im Top-Management bewirken. Wir schlagen vor, dass Ihre Kriterien für die Projektauswahl lauten sollten: *sinnvoll* und *beherrschbar*. Gewöhnlich bedeutet das, die Aufgaben klein zu halten und stark zu konzentrieren.

Fokus auf Effizienz und Kundennutzen

Wir haben mit Führungskräften zusammengearbeitet, die bereits in der Frühphase von Six Sigma wissen wollten, wann und wo ihre Bemühungen „Home runs" [Gewinnpunkte im Baseball, Anm.d.Ü.] bringen würden: schneller Schlag, großer Gewinn. In den meisten Unternehmen gelingen frühzeitige „Home runs" aber nur bei Kostensenkungen und Effizienzsteigerungen. Dieser Wunsch nach großen Geldgewinnen aus Six Sigma ist eine gute Sache, solange er mit der Einsicht gekoppelt ist, dass kurzfristige finanzielle Gewinne nur einen Teil des potenziellen Nutzens darstellen. Meist gibt es noch viel mehr Potenzial durch Verbesserung der Wettbewerbsposition und Marktstärke, wenn sich das auch erst später auszahlen wird.

Schritte zur wirkungsvollen Projektauswahl

Gute Projektauswahl ist selbst ein Prozess. Wenn Sie diesen gut gestalten, können Sie Ihre „Trefferquote" erheblich verbessern. Weiter unten werden einige wesentliche Fragen und Schritte dargestellt, die beim Prozess der Projektauswahl helfen sollen. Wir gehen von der Annahme aus, dass diese Projekte von einer Gruppe, normalerweise leitende Führungskräfte, ausgewählt werden. Aber auch wenn Sie selbst Projekte für Ihre Organisation auswählen, gelten dieselben Überlegungen.

Auswahl von Quellen für Projektideen

Für jeden Prozess gilt, dass die Eingabe den Schlüssel zum Ergebnis darstellt: „Müll rein, Müll raus." Wenn Sie nur einige bruchstückhafte Daten bei der Auswahl Ihrer Six Sigma-Aktion betrachten wollen, dann gelangen Sie viel eher zu irrelevanten oder unbeherrschbaren Projekten. Die Stufen 1 bis 3 auf dem Six Sigma-Wegweiser wurden nicht nur zum besseren Verständnis Ihrer Kunden, Ihres Geschäfts und Ihrer Prozesse entwickelt, sondern auch als solide Information über Prioritäten der Verbesserungen. Abgesehen von diesen Schritten, kann man folgende Quellen für Projektideen benutzen:

* *Externe Quellen.* Diese umfassen drei Kategorien: „Stimme des Kunden", „Stimme des Marktes" und „Konkurrenzvergleich". Im Kern spiegeln diese Quellen Möglichkeiten wider, Kundenanforderungen besser zu erfüllen, auf Markttrends zu reagieren und den Strategien der Wettbewerber zu begegnen. Hier einige Fragen, die aus diesen Quellen stammen:
  – Wo kommen Kundenbedürfnisse bei uns zu kurz?
  – Wie weit liegen wir hinter der Konkurrenz zurück?
  – Wie wird sich der Markt entwickeln? Sind wir zur Anpassung fähig?
  – Welche neuen Bedürfnisse tauchen am Kundenhorizont auf?
* *Interne/externe Quellen.* Diese Inputs helfen Ihnen, die Herausforderungen zu erkennen, denen sich Ihr Unternehmen bei der Festlegung und/oder Durchsetzung seiner Markt- und Kundenstrategien gegenübersieht. Fragen, die Ihnen dabei helfen sollen:
  – Welche Hindernisse liegen zwischen uns und unseren strategischen Zielen?
  – Welche Neuerwerbungen, die profitabel sind und unserem gewünschten Marktimage entsprechen, müssen integriert werden?
  – Welche neuen Produkte, Dienstleistungen, Standorte und andere Angebote können wir offerieren, um unseren Kunden und Aktionären Mehrwert zu bieten?
  Hervorragende Verbesserungsmöglichkeiten ergeben sich aus diesen Fragen, weil sie einen klar erkennbaren Wert für das Unternehmen und für seine Positionierung gegenüber der Außenwelt haben.
* *Interne Quellen.* Die Enttäuschungen, Reizthemen, Probleme und Möglichkeiten, die innerhalb Ihres Unternehmens offenbar werden, bilden die dritte Quelle für mögliche Six Sigma-Projekte. Sie können diese internen Quellen „Stimme des Prozesses" und „Stimme der Mitarbeiter" nennen. Beim Anhören dieser Stimmen ergeben sich Fragen:
  – Welche größeren Verzögerungen verlangsamen unsere Prozesse?

– Wo besteht ein größeres Volumen von Defekten und/oder Nachbesserungen?

– Wo steigen die Kosten für schlechte Qualität (COPQ)?

– Welche Sorgen oder Ideen haben Mitarbeiter oder Manager vorgebracht?

Das Ziel ist hierbei, jenen Meinungen der Mitarbeiter mehr Aufmerksamkeit zu schenken, die Prozesse zum Nutzen von Geschäften, Kunden, Aktionären und Mitarbeitern verbessern könnten.

Verständnis für das, was sich als „Six Sigma"-Verbesserungsprojekt qualifizieren wird

Sie können DMAIC nicht auf alles anwenden. Es gibt drei Grundqualifikationen für ein Six Sigma-Verbesserungsprojekt:

1. *Es besteht eine Lücke zwischen gegenwärtiger und gewünschter/erforderlicher Leistung.* „Wo steckt der Schmerz?", so fragen wir häufig.
2. *Die Ursache des Problems ist nicht klar.* Sie mögen Theorien haben, aber bisher ist es niemandem gelungen, die Wurzel des Problems zu packen. Diese oder jene Lösung, von der Sie *annahmen*, dass sie die Schmerzen lindern würde, hat nicht funktioniert.
3. *Die Lösung ist nicht vorgegeben – noch ist eine optimale Lösung in Sicht.* Wenn Sie schon ein kurzzeitig wirksames Heilmittel geplant haben, dann kann es immer noch Potenzial für ein Six Sigma-Projekt geben. „Schnellreparaturen" können helfen, Zeit für eine tiefer greifende Analyse zu gewinnen. Wenn bereits ein erheblicher Aufwand betrieben wurde, um die „Lücke" zu überbrücken, wäre jedoch ein eigenständiges Six Sigma-Projekt überflüssig oder schlecht.

Festlegung der Kriterien für die Projektauswahl

Eine Schwierigkeit für die Projektauswahl liegt, wie bei vielen Unternehmensentscheidungen, nicht nur darin zu entscheiden, was getan werden soll, sondern auch, was *nicht* getan werden soll. Wie wir bemerkt haben, können Sie nicht alles auf einmal machen und einige mögliche Six Sigma-Projekte müssen wahrscheinlich zunächst einmal gestrichen werden. Das Schlüsselwort lautet *Priorität*; welche Probleme/Möglichkeiten werden Sie zuerst angehen?

1. Ergebnisse oder Geschäftserfolgskriterien

- *Wirkung auf externe Kunden und Anforderungen.* Wie nützlich oder wichtig ist diese Problemstellung/Möglichkeit für unsere „zahlenden Kunden" oder wesentlichen externen Partner (z. B. Aktionäre, Gesetzgeber, Zulieferer)?
- *Wirkung auf Geschäftsstrategie, Wettbewerbsposition.* Welchen Beitrag wird dieses mögliche Projekt leisten, unsere unternehmerische Vision zu verwirklichen, unsere Marktstrategie umzusetzen oder unsere Wettbewerbsposition zu verbessern?
- *Wirkung auf unsere „Kernkompetenzen".* Wie wird dieses mögliche Six Sigma-Projekt unsere Zusammensetzung und Fähigkeiten bei „Kernkompetenzen" beeinflussen? (Könnte die Stärkung einer Kernkompetenz bedeuten oder das „Abladen" einer Aktivität, die nicht länger als wesentliche interne Fähigkeit angesehen wird.)
- *Finanzielle Wirkung (z. B. Kostensenkung, verbesserte Effizienz, erhöhte Verkäufe, Anstieg des Marktanteils).* Welcher monetäre Gewinn ist kurzfristig möglich? Langfristig? Wie genau können wir diese Zahlen projizieren? (Vorsicht vor einer unrealistischen Gewinnaufblähung!)
- *Dringlichkeit.* Welche Vorlaufzeit haben wir, um dieses Problem anzugehen oder diese Möglichkeit zu nutzen? (Merke: *Dringlichkeit* ist von *Wirkung* zu unterscheiden; ein kleines Thema kann dringlich sein, ein riesiges eine lange Vorlaufzeit haben.)
- *Trend.* Wird das Problem, das Thema oder die Möglichkeit im Lauf der Zeit größer oder kleiner? Was wird passieren, wenn wir nichts tun?
- *Nach der Reihe oder voneinander abhängig?* Gibt es andere mögliche Projekte oder Chancen, die von diesem ersten Thema abhängig sind? Hängt dieses Thema von anderen Problemen ab, die zuerst angegangen wurden?

2. Machbarkeitskriterien

- *Benötigte Mittel.* Wie viele Mitarbeiter, wie viel Zeit und Geld werden für dieses Projekt wahrscheinlich benötigt?
- *Vorhandenes Fachwissen.* Welche Kenntnisse und technischen Fähigkeiten sind für dieses Projekt erforderlich? Sind sie verfügbar und können wir darauf zugreifen?
- *Wahrscheinlichkeit des Erfolgs.* Verspricht die Durchführung des Projekts auf Grundlage unseres Wissens ein Erfolg zu werden (innerhalb eines vernünftigen Zeitrahmens)?
- *Unterstützung oder Akzeptanz.* Wie viel Unterstützung können wir von wichtigen Gruppen innerhalb der Organisation für dieses Projekt erwarten? Haben wir gute Gründe für dieses Projekt vorzuweisen?

3. Kriterien der organisatorischen Wirkung

* *Lernerfolge.* Welches neue Wissen über unser Geschäft, unsere Kunden, Prozesse und/oder das Six Sigma-System können wir mit diesem Projekt erwerben?
* *Organisationsübergreifende Effekte.* In welchem Ausmaß wird dieses Projekt dazu beitragen, Barrieren zwischen Gruppen in der Organisation abzureißen und ein besseres, „ganzheitliches" Management zu schaffen?

So umfassend diese Liste von Kriterien ist, werden Sie vielleicht doch noch andere Kriterien haben, die für Ihr Unternehmen wichtig sind. Sie sollten nicht *jeden* dieser Faktoren bei Ihrer Projektauswahl verwenden. Nehmen Sie stattdessen die fünf bis acht, die für Ihre Organisation heute die wichtigsten Kriterien darstellen.

Wie auch immer Sie Kriterien für Ihre Projektauswahl nutzen oder definieren, denken Sie daran, dass es viele Gründe gibt, ein Projekt für einen DMAIC-Prozess geeignet zu halten, und genauso viele Dinge, die vor dem formellen Beginn eines Projekts beachtet werden müssen. Grundsätzlich gehen alle Begründungen auf die zwei „Makrokriterien" zurück: Ist das Projekt *sinnvoll* und ist es *beherrschbar*?

Die Projektbegründung

Am Ende der Auswahlaktivitäten steht eine Beschreibung des Themas, Wertes und breiten Zieles oder der Erwartungen des Teams, dem das Projekt zugewiesen wurde. Die Projektbegründung weist dem Teamleiter die Richtung für die Auswahl der Teammitglieder. Es obliegt ihm, das Team zusammenzustellen und einen ersten Plan für die Durchführung des Projekts zu entwickeln. Wenn die Begründung gut ist, wird sie zum Kommunikationswerkzeug und selbst zu einer Art internem „Marketingdokument", das anderen in der Organisation den Zweck des Projekts erklären kann.

Die Begründung (manchmal auch „Geschäftsvorfall", „Projektauftrag" oder „Absichtserklärung" genannt) bildet den Ausgangspunkt für die Aufstellung einer „Charta" oder eines ähnlichen Übersichtsdokuments. Übliche Elemente einer Projektbegründung sind:

* Eine Beschreibung des Problems oder der Schwierigkeit
* Der Fokus dieses spezifischen Projekts (wahlweise)
* Ein Ziel oder die Art der Ergebnisse, die erreicht werden sollen
* Ein Überblick über den Wert der Aktivitäten
* Projektparameter und Erwartungen

Ihre Projektbegründung kann noch andere Elemente beinhalten oder einige davon aussparen. Wenn Sie bereits eine Vorgabe oder ein Dokument für die Projektdefinition haben, dann können Sie diese als Begründungsvorlage nutzen. Mit anderen Worten empfehlen wir, das zu nutzen, was in Ihrem Unternehmen funktioniert.

Was bei der Projektauswahl getan und unterlassen werden sollte (Dos und Don'ts)

Do – Treffen Sie Ihre Projektauswahl aufgrund solider Kriterien.
> *Achten Sie auf die Gleichwertigkeit von Ergebnissen, Machbarkeit und organisatorischer Wirkung.*
> *Gute Projektauswahl kann der Schlüssel zu frühem Erfolg sein.*

Do – Von der Effizienz/Kostensenkung müssen auch die Kundenbeziehungen profitieren.
> *Das „Kundenfokus"-Thema ist eine Quelle für Six Sigma-Stärke. Der Einsatz Ihrer Energien allein für kurzfristige Ersparnisse sendet die falschen Signale und vermindert Ihre Chance, Kundenzufriedenheit und -loyalität zu steigern.*

Do – Bereiten Sie einen günstigen Übergabezeitpunkt für das Verbesserungsteam vor.
> *Eine Technik wie die Projektbegründung kann Ihnen einen guten Start verschaffen, indem klare Themen und Ziele definiert werden.*

Don't – Wählen Sie nicht zu viele Projekte aus.
> *Verbesserungen benötigen Sorgfalt und Bemühungen auf Seiten der Führungskräfte und „Experten", besonders am Anfang. Es ist verführerisch, Ressourcen und Fähigkeiten zu überfordern.*

Don't – Schaffen Sie keine „Welthunger-Projekte".
> *Noch üblicher als „zu viele" sind „zu große" Projekte. Besser ein zu kleines Projekt schnell durchführen, solange die Ergebnisse Sinn machen, als ein zu großes Projekt monatelang durchziehen.*

Don't – Vergessen Sie nicht eine Begründung für die von Ihnen gewählten Projekte.
> *Jeder hat Probleme, von denen er glaubt, dass sie Top-Priorität haben sollten. Wenn Sie sich Unterstützung für die Themen sichern wollen, die Sie ausgewählt haben, dann müssen Sie eine hervorragende Begründung parat haben.*

Teil

III

Einführung von Six Sigma:
Der Wegweiser
und die Werkzeuge

Kapitel 12
Bestimmung der Kernprozesse und Schlüsselkunden (Wegweiser Stufe 1)

Einleitung

In Kapitel 5 haben wir das Beispiel von „Company Island" gebracht, einem Land, in dem es viele Flüsse gibt, aber niemand eine genaue Landkarte besitzt. Gleich, ob Sie ihre Six Sigma-Arbeit mit Stufe 1 beginnen oder auf diese Aktivität später zurückgehen, die Zielsetzung ist hier die Gewinnung einer Sichtweise der Organisation aus der Vogelperspektive, d. h. einer „Landkarte", die zeigt, wie die wesentliche Arbeit geleistet wird.

Dieser Ansatz des „Kartenzeichnens", den wir hier beschreiben werden, ist ein wenig wie die Zusammenstellung eines Puzzles. Wir beginnen damit, dass wir eine Grundidee entwickeln, wie das Puzzle aussehen sollte, genauso wie es auf dem Kasten des Puzzles abgebildet ist. Dann werden wir die Ecken des Puzzles zuerst zusammenfügen, oder, da wir gerade zwei Metaphern vorsichtig miteinander vereinbaren, die „Küstenlinie" der Insel festlegen, wo sie mit den Kunden verbunden ist. Dann werden wir die inneren Stücke des Puzzles zusammenfügen und damit das Grundbild klären, das wir zuerst beschrieben haben. Wie bei einem Puzzle üblich, wird das einige Versuche erfordern, und, wie beim Kartenzeichnen, auch einige Nachforschungen. Wenn das Bild entsteht, sieht es gewöhnlich etwas anders aus, als Sie es erwartet hatten, genauso wie die Karte von einem Ort, den Sie oft besucht haben, Besonderheiten aufdeckt, die Sie noch nicht kannten.

Stufe 1: Überblick

Nachfolgend erscheinen die drei Hauptaktivitäten, die mit der Bestimmung der Kernprozesse und Schlüsselkunden verknüpft sind (siehe Abbildung 15):

1. Bestimmen Sie die wichtigsten Kernprozesse Ihres Unternehmens.
2. Definieren Sie die wesentlichen Ergebnisse dieser Kernprozesse und die Schlüsselkunden, denen sie dienen.
3. Schaffen Sie eine Karte mit Sicht von ganz oben für Ihre Kern- oder strategischen Prozessse.

Wenn wir diese Schritte besprechen, dann unterstellen wir meistens, dass die von uns abgebildete Organisation ein gesamtes Unternehmen oder eine Betriebseinheit bildet.

Es ist natürlich auch möglich, denselben Ansatz für einen *Ausschnitt* der Organisation zu verwenden, einschließlich solcher Bereiche wie Finanzen, Personalabteilung und IT, die Leistungen oder Produkte vorwiegend an *interne* Kunden liefern. Selbst kleine Inseln können das Six Sigma-System nutzen, um ihre Leistung zu steigern.

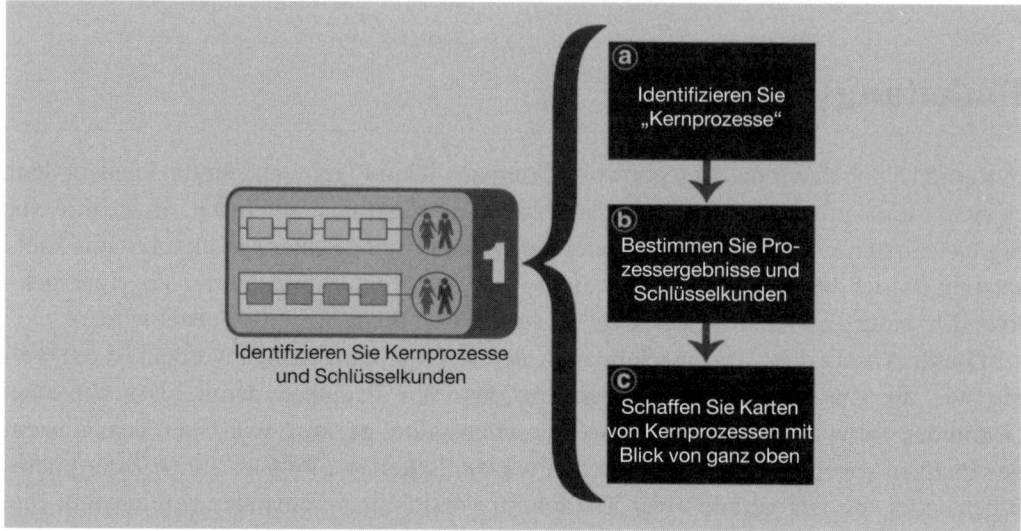

Abb. 15: Six Sigma-Wegweiser Stufe 1

Stufe 1 a: Identifizieren Sie „Kernprozesse"

Mit „Kernprozess" meinen wir eine Kette von Aufgaben, gewöhnlich unter Einbeziehung verschiedener Abteilungen und Funktionen, die Werte (Produkte, Dienstleistungen, Unterstützung, Information) für externe Kunden schafft. Entlang dieser Kernprozesskette gibt es in jeder Organisation eine Reihe von Prozessen zur „Unterstützung" oder „Befähigung", die den wertschöpfenden Aktivitäten lebenswichtige Ressourcen oder Leistungen bereitstellen. Obwohl dieser Gedanke eines Kernprozesses ziemlich einfach erscheint und es auch ist, so stellt dieser wesentliche organisatorische „Gebäudeteil" doch eine relativ neue Idee im Six Sigma-System dar.

Generische Begriffe für Kern- und Stützprozesse

Kernprozesse

Für jedes Unternehmen sind bestimmte Aktivitäten wesentlich. Wenn sie in Ihrem Unternehmen vielleicht anders genannt oder noch weiter heruntergebrochen werden, bietet die folgende Liste eine Hilfe, alle grundlegenden Prozesse zu berücksichtigen:

- *Kundengewinnung.* Der Prozess, Kunden anzuziehen und zu halten.
- *Auftragsverwaltung.* Aktivitäten, um die Anforderungen von Produkten oder Dienstleistungen durch Kunden auszulegen und zu verfolgen.
- *Auftragsausführung.* Aktivitäten, um Kundenaufträge zu bearbeiten, die Ausführung vorzubereiten und auszuliefern.
- *Kundendienst oder -betreuung.* Aktivitäten, um die Kundenzufriedenheit nach der Ausführung eines Auftrags zu erhalten.
- *Entwicklung neuer Produkte/Dienstleistungen.* Konzeption, Design und Einführung neuer wertschöpfender Dienste für Kunden.
- *Rechnungsstellung und Inkasso (optional).* Ob das „Bezahltwerden" wirklich ein Kern- statt ein Stützprozess ist, bleibt der Auslegung überlassen. Technisch gesehen stellt es kein Kernelement der Wertschöpfung dar, aber es ist ein wesentlicher Teil der „Win-Win"-Beziehung zu Kunden und damit Ihres finanziellen Erfolgs. Deshalb ist es gewiss vernünftig, es als Kernprozess zu betrachten.

Stützprozesse

Innerhalb der „Stützfunktionen" einer Organisation gibt es ebenfalls Standardprozesse, die wichtige Mittel oder Leistungen bereitstellen, um Kernprozesse zu ermöglichen. Sie sind etwas spezifischer, da wir Abteilungen ausgewählt und diese nach ihren Schlüsselprozessen unterteilt haben:

- *Kapitalbeschaffung.* Bereitstellung von Finanzmitteln für die Organisation, damit diese arbeiten und ihre Strategie verwirklichen kann.
- *Maximierung des Vermögens.* Einsatz des verfügbaren Kapitals (vor allem Geld), um den größtmöglichen Ertrag in Übereinstimmung mit der Werterhaltungsstrategie der Firma zu erzielen.
- *Budgetierung.* Der Entscheidungsprozess, wie die Finanzmittel über eine bestimmte Zeit angelegt werden.
- *Personalbeschaffung.* Bereitstellung von Mitarbeitern, um die Arbeit in der Organisation zu leisten.
- *Bewertung und Vergütung.* Einschätzung und Bezahlung der Mitarbeiter für die Arbeit/die Leistung, die sie dem Unternehmen zur Verfügung stellen.
- *Personalentwicklung.* Vorbereitung der Mitarbeiter auf ihre gegenwärtigen Tätigkeiten und zukünftig notwendige Kenntnisse/Befähigungen.
- *Beachtung der Rechtsvorschriften.* Prozesse, die sicherstellen, dass die Unternehmung alle Gesetze und rechtlichen Verpflichtungen einhält.
- *Betriebstechnik.* Bereitstellung und Pflege der Produktionsausrüstung, damit das Unternehmen seine Funktionen erfüllen kann.
- *Informationssysteme.* Der Transport und die Verarbeitung von Daten, damit die geschäftlichen Abläufe und Entscheidungen beschleunigt werden können.
- *Funktionales und/oder Prozessmanagement.* Systeme und Aktivitäten, die eine wirksame Ausführung der Arbeit im Unternehmen gewährleisten sollen.

Wahrscheinlich werden Sie nach dieser Beschreibung von Stützprozessen denken: „Das ist ja merkwürdig!" Nun, wir haben Sie gewarnt, dass die „funktionale" Sicht einer Organisation so tief in unser Denken eingekerbt ist, dass es seltsam und verwirrend wirkt, wenn wir das Umfeld des Arbeitsflusses und Wertschöpfungsprozesses ändern. Aber wir haben ja auch nur *einen* Weg vorgegeben, um diese Prozesse zu bestimmen und „in Scheiben zu schneiden". Wie *Sie* das machen, wird sicher ganz anders sein und mehr Sinn für Ihre Organisation ergeben.

Bestimmung und Zurechtschneiden der Kernprozesse

Das Erste, was man beim Versuch einer Auflistung der primären oder Kernprozesse in Ihrer Organisation anerkennen sollte, ist, dass es weder „richtig" noch „falsch" gibt. In einigen Fällen etwa wird die Bestimmung von Kernprozessen notwendig, weil sie im Unternehmen kommuniziert werden sollen. Wir haben kürzlich mit einem Top-Manager gesprochen, der sein Unternehmen auf vier „Säulen" – Kreation, Lieferung, Sorge und Pflege – gestellt hat, die drei Kern- und mehrere Hilfsprozesse enthielten. Jede dieser Säulen besteht aus vielen Einzeldingen, aber als vereinigende Oberbegriffe sind sie für das Unternehmen ziemlich perfekt. Ein anderes Beispiel: Einer unserer Kunden entwickelte ein recht einfaches Modell von dem, was er „strategische Prozesse" nannte, wie in Abbildung 16 gezeigt. Jede Person in der Organisation ist fähig, ihren Beitrag zu einem oder mehreren dieser Kernprozesse zu leisten.

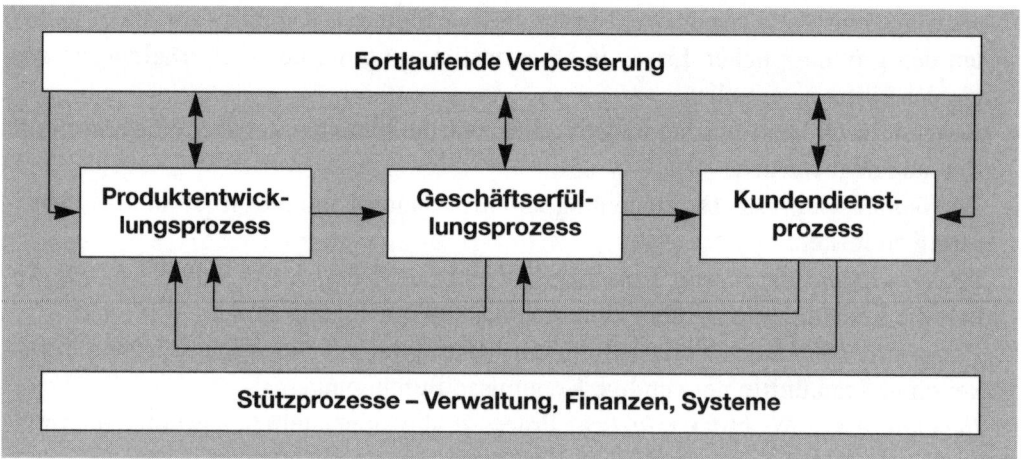

Abb. 16: Beispiel: vereinfachtes Modell „strategischer Prozesse"

Schlüsselfragen zum Kernprozess

1. *Welches sind die bedeutendsten Aktivitäten, über die wir Werte – Produkte und Dienstleistungen – an Kunden weitergeben?* Diese Frage ist Ausgangspunkt für die

Bestimmung Ihrer Kernprozesse, wobei *Wert* das wesentliche Element einer „Kern-aktivität" darstellt. Achten Sie darauf, keine Aktivitäten zu erfassen, die sehr wichtig für Sie sind, aber keine Werte für Kunden schaffen, z. B. die Einhaltung von Gesetzen und Regeln. Wir werden auf diese Bemerkung wieder bei der Betrachung der Wertanalyse in Kapitel 16 zurückkommen.

2. *Wie können wir diese Prozesse am besten beschreiben oder nennen?* Sie können die Namen später noch verfeinern, aber Sie geben ihnen zum Start ein Etikett. Versuchen Sie, Abteilungs- oder Funktionsbezeichnungen zu vermeiden. Kein wirklicher Kernprozess läuft innerhalb einer einzigen Abteilung ab.

3. *Welches sind die Hauptergebnisse (eins bis drei) eines jeden Prozesses, die wir verwenden können, um seine Leistung zu bewerten?* Die Qualität des Endprodukts, das dem Kunden geliefert wird, ist das wichtigste Erfolgskriterium für einen Prozess. Wenn Sie viele Ergebnisse eines Kernprozesses ermitteln können, dann kann es sein, dass Sie den Prozess nicht genau genug definiert oder vielleicht mehrere „Geschäftseinheiten" in einen Topf geworfen haben.

Stufe I b: Definieren Sie Ihre Kernprozessergebnisse und Schlüsselkunden

Das ist der leichteste Teil von Stufe 1, obwohl er auch Fallen aufweist. Dabei gilt es zu vermeiden, dass man zu viele Einzelheiten oder Arbeitsprodukte in die Kategorie „Ergebnisse" hineinstopft. Wenn es bei Ihnen zugeht wie in den meisten Unternehmen, dann wird jeden Tag eine Menge „Zeugs" produziert und einiges davon könnte in den Händen Ihrer Kunden landen. Aber von einem strategischen oder Kernprozess-Standpunkt aus ist nur das Endprodukt oder das Hauptergebnis wichtig, zumindest bis jetzt.

Es ist nicht zwingend, dass die Ergebnisse der Kernprozesse an den externen, zahlenden Kunden gelangen. Beispielsweise ist das Ergebnis eines „Kundenakquisitionsprozesses" eine Art von Vereinbarung, Geschäfte mit dem Kunden zu machen: ein Auftrag, eine Liefervereinbarung, ein Vertrag, eine Arbeitsbestätigung, eine Police etc. Der externe Kunde erhält gewöhnlich irgendeinen Beleg von der Vereinbarung, aber der erste „Kunde" dieses Kernprozesses wird der folgende Kernprozess sein, d. h. die Auftragsverwaltung oder Produktion.

Stufe I c: Erstellen Sie übersichtliche Kernprozesskarten

Die letzte Stufe für Sie beim Zusammenfügen des Prozesskarten-Puzzles bedeutet, die Hauptaktivitäten zu bestimmen, aus denen jeder einzelne Kernprozess besteht. (Als

Option können Sie auch ein Diagramm mit der Gesamtübersicht der Stützprozesse erstellen.)

Das „SIPOC" Prozessmodell

Ein SIPOC-Diagramm ist eine der nützlichsten und am meisten benutzten Techniken bei Prozessmanagement und Verbesserungen. Es wird zur Darstellung der Arbeitsabläufe „auf einen Blick" verwendet. Der Name stammt von den fünf Elementen im Diagramm:

* *Supplier (Lieferant)* – eine Person oder Gruppe, die wichtige Informationen, Material oder andere Mittel für den Prozess liefert
* *Input (Eingabe)* – das bereitgestellte „Ding"
* *Process (Prozess)* – eine Reihe von Schritten, die den Input umwandelt und – idealerweise – Mehrwert schafft
* *Output (Ergebnis)* – das Endprodukt des Prozesses
* *Customer (Kunde)* – die Person, Gruppe oder der Prozesse, die/der den Output erhält

Oft werden auch noch die wesentlichen Anforderungen (Requirements) an Input und Output hinzugefügt, so dass es dann „SIRPORC" heißt. Niemand scheint jedoch diesen Ausdruck zu verwenden, vielleicht weil er dann nach einem geadelten Schwein klingt [Anm. d. Ü. Sir = engl. Adelstitel; pork = Schweinefleisch].

Vorteile von SIPOC oder „Sir Pork"

SIPOC kann eine große Hilfe sein, um den Mitarbeitern das Unternehmen aus der Prozessperspektive zu zeigen. Unter anderem kann es

* organisationsübergreifende Maßnahmenbündel in einem einzigen einfachen Diagramm darstellen,
* einen Rahmen für Prozesse aller Arten schaffen, selbst in einer Gesamtorganisation,
* die Perspektive des „großen Bildes" bestehen lassen, der noch weitere Details hinzugefügt werden können.

Durch die Verknüpfung der SIPOCs von einem zum anderen Ende der Organisation, indem der Output eines Prozesses zum Input des anderen wird, können Sie ein übergreifendes Prozessdiagramm des gesamten Unternehmens entwickeln.

SIPOC und die Vollendung der Kernprozesse

Die ersten beiden Aufgaben, die in diesem Kapitel abgedeckt wurden, haben uns einen guten Anfang für unser SIPOC-Diagramm verschafft: Wir haben den Prozess weitläufig mit Namen bezeichnet und wir haben Output und Kunden definiert. Jetzt sind wir an den Lieferanten und Inputs sowie einer detaillierteren Beschreibung des Prozesses interessiert.

Lieferanten und Inputs

Wenn Sie die Lieferanten und Inputs in einem Prozess bestimmen wollen, müssen Sie zunächst wissen, an welchem Punkt – wo, wann und mit welcher Aktivität – der Prozess beginnt. Das fällt bei den Hauptprozessen eines Unternehmens gewöhnlich nicht schwer. Sie können einfach herausfinden, an welchem Punkt (oder vorgelagert) der vorherige Prozess aufhört und welche Inputs an den nächsten Prozess weitergegeben werden. Die folgenden Fragen werden Ihnen helfen, die Lieferanten und Inputs zu erkennen:

- *Welche wesentlichen Materialien, Informationen oder Produkte werden in den Prozess eingegeben?* Der kritischste Input für jeden Kernprozess ist das „Ding", an dem gearbeitet wird. In einem Montagewerk sind es die Teile, in einem Finanzierungsunternehmen die Kreditanfragen, bei einer Fluggesellschaft die Fluggäste. Andere wichtige Inputs werden für den Erfolg des Prozesses ebenso wesentlich sein, etwa ein „Arbeitsauftrag" im Montagewerk, die Kundendaten in der Finanzierungsfirma und die Flugreservierung bei der Fluggesellschaft.
- *Welche davon sind für den Ablauf des Prozesses bei seiner Ausführung absolut notwendig?* Konzentrieren Sie sich nur auf solche wesentlichen Inputs. Wenn die Arbeit ohne sie auch gut läuft, sind sie nicht wesentlich.
- *Werden sie im Laufe des Prozesses verbraucht oder verwendet oder als Output an den Kunden weitergegeben?* Wenn keines von beiden zutrifft, kann es ein Werkzeug sein, aber wahrscheinlich ist es kein Input.
- *Wer liefert solche Inputs?* Wenn Sie einmal den Input ermittelt haben, ist es gewöhnlich leichter, den Prozesslieferanten zu identifizieren.

Die Verwendung von Kernprozesskarten

Die Definition des Kernprozesses bildet den Ausgangspunkt für Stufe 2 im Six Sigma-Wegweiser, bei der wir mit der Bestimmung von Anforderungen für den Prozess beginnen werden. Gleichzeitig kann die Gesamtübersicht über die Organisation eines Unternehmens als Netzwerk von Kernprozessen dazu beitragen, ein neues Verständnis für die Geschäftätigkeit und ihre Interdependenzen zu schaffen. Die Definition eines Prozessmodells für eine Organisation kann die Augen öffnen und die Aufmerksamkeit auf folgende Fragen richten: „Warum machen wir das auf diese Weise?" „Sind diese Aktivitäten wirklich wichtig?" „Wie eng sind diese beiden Prozesse miteinander verbunden?"

Derartige Fragen werden immer in einer klugen Six Sigma-Organisation gestellt. Deshalb haben wir die Bestimmung der Kernprozesse als idealen Ausgangspunkt der ganzen Arbeit vorgeschlagen.

Bestimmung der Kernprozesse und Schlüsselkunden – Dos und Don'ts

Do – Konzentrieren Sie sich auf Aktivitäten, die direkt Werte für Kunden schaffen.
> *Sie können Stützprozesse in Ihre Arbeit aufnehmen, aber das Schwergewicht sollte darauf liegen, all das zu verstehen und zu verbessern, was den Erfolg voranbringt.*

Do – Bleiben Sie auf einem hohen Niveau.
> *Sobald Sie in zu viele Einzelheiten gehen, verlieren Sie das „große Bild" aus den Augen, das aus der Bestimmung von Kernprozessen gewonnen wird.*

Do – Beziehen Sie Mitarbeiter aus mehreren Bereichen ein.
> *Man braucht übergreifenden Input, um übergreifende Prozesse zu beschreiben. Nutzen Sie diese Gelegenheit, um eine neue Sicht zu gewinnen, wie die Geschäftseinheit arbeitet.*

Don't – Überladen Sie den Prozess nicht mit Inputs und Outputs.
> *Es gibt selten mehr als einige wichtige Inputs und ein bis drei wesentliche Outputs.*

Don't – Betrachten Sie Ihre Kernprozesse nicht als unveränderbar.
> *Das Entscheidende am Six Sigma-System ist, dass Sie Ihr Unternehmen erfolgreicher machen, indem Sie Fähigkeiten entwickeln und Strukturen, die jeden Wandel unterstützen, um sich verändernde Kunden- und Wettbewerbserfordernisse zu erfüllen.*

Kapitel 13
Bestimmung der Kundenanforderungen
(Wegweiser Stufe 2)

Einleitung

Dieses Kapitel dreht sich allein um die wichtigste neue „Kernkompetenz", die Ihre Organisation im 21. Jahrhundert entwickeln muss. Das Verständnis dafür, was Kunden wirklich wünschen und wie sich ihre Bedürfnisse, Anforderungen und Einstellungen mit der Zeit wandeln, wird eine Mischung aus Disziplin, Stetigkeit, Kreativität, Gespür, Wissen und – manchmal – Glück erfordern.

Überblick Stufe 2

Die „Endprodukte" der Six Sigma-Aktivitäten umfassen:

*   eine Strategie und ein System zur laufenden Erfassung und Aktualisierung von Kundenanforderungen, Aktivitäten der Wettbewerber, Marktveränderungen usw. – also ein „Voice of the Customer" (VOC)-System
*   eine Beschreibung spezifischer, messbarer Erfolgsstandards für jeden einzelnen wichtigen Output, wie vom Kunden festgelegt
*   beobachtbare und (wenn möglich) messbare Leistungsstandards für wesentliche Schnittstellen zum Kunden
*   eine Analyse der Leistungs- und Servicestandards, die wichtig sind für Kunden, Kundensegmente und Unternehmensstrategie

Die Aufgaben, die Sie erfüllen müssen, um das zu bewerkstelligen, sind in Abbildung 17 dargestellt. Die Erfüllung der ersten Aufgabe, ein laufendes Kunden-Rückkopplungssystem, stellt wirklich ein Langfristziel dar. In den ersten Stadien der Six Sigma-Aktivität werden Sie sich eher auf den wichtigen Input von Kunden konzentrieren als auf das Aufpolieren Ihres gesamten Apparats zur Kundenbeobachtung. Da die Fähigkeit, wirklich auf den Kunden zu hören, so entscheidend für den unternehmerischen Erfolg ist, beginnen wir mit dieser wichtigen Ininitiative.

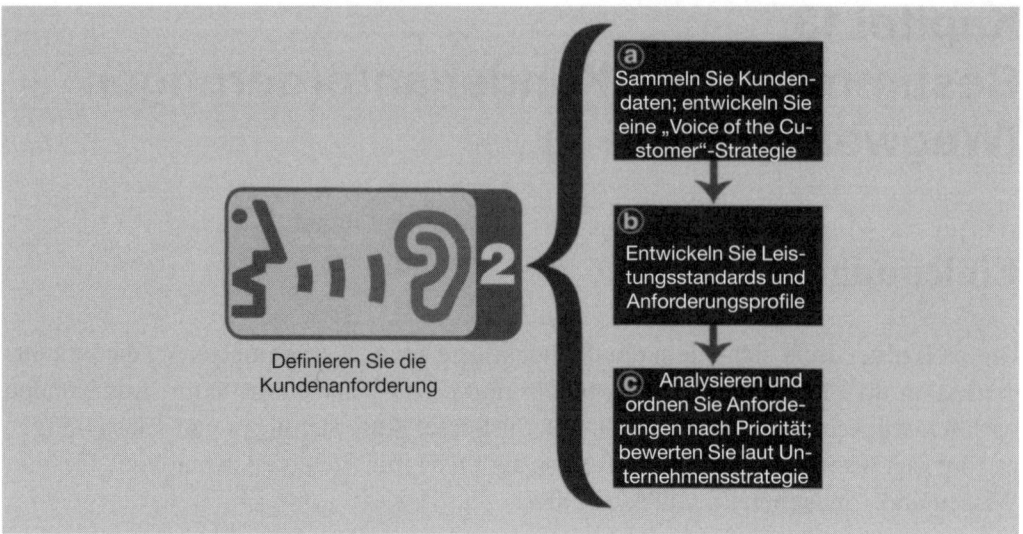

Abb. 17: Six Sigma-Wegweiser Stufe 2

Stufe 2 a: Sammeln Sie Kundendaten und entwickeln Sie eine „Voice of the Customer"-Strategie

Es fällt leicht, davon auszugehen, dass die meisten Unternehmen einen ziemlich guten Zugang zu Bedürfnissen ihrer Kunden haben – oder Mitarbeiter und Mechanismen, die jene überwachen. Bestimmt wird eine Menge Geld für Marktforschung und Kundenbefragungen von Unternehmen aller Art ausgegeben, vielleicht auch von Ihrem. Wir meinen aber, dass viele der heute verwendeten Praktiken, Kundenbedürfnisse zu erfassen, ein falsches Sicherheitsgefühl hervorrufen. Wenn man sie näher prüft, kommen wahrscheinlich die meisten Unternehmen zu dem gleichen Schluss wie die Führungskraft einer großen Versicherungsgesellschaft: „Wir begannen zu ahnen, dass wir unsere Kunden nicht so gut verstanden, wie wir gedacht hatten."

Wir erkennen das Defizit an Information, das viele Unternehmen in Bezug auf Kundenanforderungen haben, an der Art ihrer Aktivitäten für neue Produkte oder Dienstleistungen. Wir suchen immer noch ein Unternehmen, dessen Produktentwicklung nicht mit immer neuen Forderungen nach Merkmalen und Funktionen geplagt wird, die auf „neuen Daten" über Kunden und neuen Marketingprioritäten beruhen. Produktgestaltung und -entwicklung mit sich laufend ändernden Zielen und Parametern ist ein Zeichen für schlechte Disziplin und Versagen bei der Sammlung von solidem, gültigem Kunden-Input, auf dem Design-Entscheidungen beruhen.

Für das Messen, ganz abgesehen vom Erreichen, von Six Sigma braucht man aber ein klares Verständnis von und Aufmerksamkeit für Kundenbedürfnisse, da ein Leistungs-Sigma auf der Kundendefinition fußt. Selbst wenn Sie in der IT- oder Personalabteilung arbeiten, wird (oder sollte) Ihr Erfolg davon abhängen, wie gut Sie Ihren internen Kunden bei der Erfüllung ihrer Ziele helfen.

Schlüsselfaktoren in Voice-of-the-Customer-Systemen

Ob Sie diese Kernkompetenz intern entwickeln oder auf externe Ressourcen zurückgreifen, die als Ihr „Ohr am Markt" dienen – Sie müssen die wesentlichen Elemente eines wirkungsvollen Voice-of-the-Customer-Systems kennen.

Machen Sie eine Dauerleistung daraus

Das erste Prinzip eines wirksamen VOC-Systems besteht darin, dass es ständig im Zentrum der Aufmerksamkeit bleiben muss. Der Ansatz, nur hin und wieder darauf zu achten, ist angesichts der heutigen Veränderungsgeschwindigkeit nicht länger haltbar. Organisationen, die es versäumen, ihre Augen und Ohren offen zu halten, werden sich höchstwahrscheinlich fragen lassen müssen: „Was zum Teufel ist passiert?", wenn sie in Schwierigkeiten geraten.

Definieren Sie genau Ihre „Kunden"

Im vorhergehenden Kapitel haben wir ausgeführt, wie Sie einen Überblick über Kernprozesse und Schlüsselkunden gewinnen können. Eine genauere Betrachtung der Frage: „Wer sind unsere Kunden?" kann für das Unternehmen und sein Top-Management ein richtiges Erwachen bedeuten.

Viele Unternehmen sind schon aufgewacht und haben zum Beispiel entdeckt, dass ein kleiner Teil der Kunden einen Löwenanteil zum Umsatz beiträgt. Häufig findet man auch heraus, dass die Kosten für die Kundenpflege einige Kunden unprofitabel machen. In den vergangenen Jahren wurden einige intelligente strategische Verbesserungen vorgenommen, um Kundengruppen besser zu „segmentieren". Unternehmen werden wendiger, wenn sie ihr Produktangebot, ihre Dienstleistungen und Merkmale wie auch ihre Kosten mit dem „Profil" jeder Gruppe in Übereinstimmung bringen: eine Win-Win-Strategie. In anderen Fällen wird eine harte Entscheidung getroffen, um ein Kundensegment aufzugeben oder die Bemühungen auf die Kunden zu lenken, die am besten mit der Unternehmensstrategie übereinstimmen.

Vermeiden Sie das Syndrom des „quietschenden Rades"

Es liegt in der Natur des Menschen, auf das Ungewöhnliche oder Ärgerliche zu achten. Das ist gar keine schlechte Geschäftspraktik. Aufgebrachte Kunden oder solche mit besonderen Bedürfnissen und Ansprüchen können Ihr Unternehmen daraufhin testen, ob es Herausforderungen gewachsen ist und neue Fähigkeiten entwickeln kann. Sicherlich sind Sie nicht auf diese keifenden, schimpfenden Klienten und Kunden erpicht, die herumlaufen und Ihren Kollegen/Freunden über die fürchterlichen Geschäftserfahrungen mit Ihnen erzählen.

Wenn das quietschende Rad alles andere übertönt, dann ist das ein ernstes Thema. Dann ist Ihre „Stichprobe" der Kundendaten unvollständig und Ihre Einschätzung in Bezug auf Ihre Kunden und Märkte mit Sicherheit falsch. Six Sigma-VOC-Systeme müssen so eingestellt sein, dass man mehr als nur das laute Gejammere hört. Eine Folge des Syndroms des „quietschenden Rades" ist die Neigung, „Voice of the Customer" als Stimme der vorhandenen Kunden zu interpretieren. Ein ebenso schwerer Fehler besteht darin, den Input nur von zukünftigen Kunden zu holen, während die Menschen vernachlässigt werden, die Ihnen helfen, die Rechnungen zu bezahlen (ein Thema vor allem in verkaufslastigen Organisationen, die immer nach dem „nächsten Geschäft" Ausschau halten).

Verwenden Sie mehrere Methoden

Wenn Sie die wesentlichen Anforderungen eines VOC-Systems des 21. Jahrhunderts, wie wir es bisher beschrieben haben, erfüllen wollen, dann brauchen Sie ein größeres Arsenal von Techniken, als die meisten Organisationen heute verwenden. Markt- oder Kundenstudien etwa mögen hervorragend geeignet sein, um gezielte Informationen und Präferenz zu erfahren, aber sie ermöglichen kein genaues Follow-up. Viele herkömmliche Techniken, einschließlich Interviews und Fokusgruppen, besitzen den Nachteil, „direkte" Beobachtungsmittel zu sein, d. h., die Personen wissen, dass sie danach gefragt werden, was sie denken. Es wird nicht mehr als Überraschung gelten, dass Kunden häufig etwas anderes tun, als sie verkünden.

Abbildung 18 zeigt „traditionelle" Datenerhebungstechniken und solche der „neuen Generation" für Voice of the Customer. Die neue Generation, das sollten Sie bedenken, berücksichtigt mehr „indirekte" Methoden zur Erfassung von Kundenbedürfnissen und -präferenzen – und zwar über ihr Verhalten im Gegensatz zu dem, was sie sagen. Die beste „Mischung" der Methoden wird stark von Ihren Kunden, Märkten, Ressourcen und der benötigten Datenform abhängen.

Kundenbedürfnisse/Erhebungsmethoden	
Traditionell	Neue Generation
• Studien • Fokus-Gruppen • Befragungen • Formalisierte Beschwerdesysteme • Marktforschung • Shopper-Programme	• Gezielte Mehrfachbefragungen/Studien • Kundenbewertungskarten • Data Warehousing und Data Mining • Kunden-/Lieferanten-Überprüfungen • Aufstellung von Qualitätsfunktionen

Abb. 18: Herkömmliche und neue Datenerhebungstechniken

Suchen Sie spezifische Daten; achten Sie auf Trends

Wichtig für das Voice-of-the-Customer System wird Ihre Fähigkeit sein, Kundenanforderungen beim Erfassen von Trends zu ermitteln, damit Sie auf Änderungen der Marktpräferenzen, neue Herausforderungen etc. vorbereitet sind. Der Zugang zu spezifischen Daten ist der Schlüssel zur Entwicklung von objektiven, genauen Standards und zur Leistungsmessung. Doch ist auch die Perspektive des „großen Bildes" wichtig oder Sie werden neue Chancen verpassen und verletzbar durch den Wettbewerb werden.

Nutzen Sie die Informationen!

Es gilt in den heutigen Unternehmen geradezu als Binsenwahrheit, dass alle benötigten Daten vorhanden sind, aber niemand sagen kann, wo sie zu finden sind. Oder dass wichtige Informationen verteilt werden (im Internet etc.), aber niemand sie nutzt. Deshalb ist die Sammlung von Kunden-Input nicht alles. VOC-Daten sind nur nützlich, wenn sie analysiert und verwertet werden. Selbst in Organisationen, die schon eine hoch entwickelte und wirksame Kundendatenbank haben, besteht das Problem darin, Führungskräfte und Manager dazu zu bewegen, die Daten auch zu nutzen.

Eine weitere Kernfrage lautet dann: „Wie wird Ihr Unternehmen die Kunden- und Marktdaten verwenden und in Aktionen umsetzen?" Die allgemeine Antwort: Entwickeln Sie neue Prozesse, um diese Informationen zu nutzen, so dass sie bessere Entscheidungen und wirkungsvollere Reaktionen auf Änderungen und Chancen ermöglichen.

Das Führungskräfte-Team einer unserer Klienten hat einen Prozess geschaffen, den es „Strategisches Finden und Lösen" nennt, ein großartiges Beispiel einer umfassenden Arbeit, soweit wir sehen können, die die Unternehmensleitung ganz vorne bei der Nutzung von Kunden- und Marktdaten einsetzt. Wenn sie auf der Basis verschiedener Eingaben, einschließlich persönlicher Befragungen und gezielter Marktforschung, arbeiten, sind die Top-Manager einer Firma in der Lage, besser begründete Entscheidungen zu treffen, wenn sie Produkt- oder Dienstleistungsangebote verändern und neue Anstrengungen machen, Prozesse zu kreieren oder zu verbessern. Das ist ein Vorgang, der noch entwickelt wird, aber sehr viel mehr als eine strategische Planungssitzung einmal im Jahr bringt.

Beginnen Sie mit realistischen Zielen

Die Einrichtung und Pflege eines umfassenden Systems zur Sammlung und Aufbereitung von Kunden- und Marktdaten kann nicht über Nacht erfolgen. Wenn Sie Glück haben, verfügt Ihre Organisation bereits über eine gute Grundlage, auf der Sie aufbauen können. Dann können Sie sich Ihren Schwächen zuwenden. Wenn Sie keine Grundlage vorfinden, ist die Aufgabe größer, obwohl die Entdeckungen, die Sie machen, vielleicht noch wertvoller sind. Wie auch immer, die gezielte Aufbereitung von Inputs und das

Verstehen von Kundenanforderungen ist ein kluger Ansatz. Mit Ihrem Verzeichnis von Kernprozessen und -kunden können Sie ein Gebiet oder einige auswählen und beginnen und dann darauf aufbauen.

Stufe 2 b: Entwickeln Sie Leistungsstandards und Anforderungsprofile

Die Gewinnung von Einsichten in Kundenbedürfnisse und -verhaltensweisen, ob aus bestehenden Daten oder einem verbesserten VOC-System, stellt den Ausgangspunkt dar, von dem aus Sie beginnen können, klare Richtlinien für Leistung und Kundenzufriedenheit aufzustellen. Wenn konkrete Anforderungen vorliegen, dann können Sie Ihre jetzige Leistung messen, Ihre Strategie und Marktfokussierung auf Kundenwünsche und -erwartungen einstellen.

Typen von Anforderungen: Output und Service

Ein erster Schritt zur Bestimmung der spezifischen Bedürfnisse Ihrer Kunden besteht darin, zwei wesentliche Kategorien von Anforderungen (siehe Abbildung 19) zu verstehen und zu unterscheiden.

Output-Anforderungen

Das sind die Merkmale und/oder Eigenschaften von Endprodukten oder Leistungen, die dem Kunden am Ende des Prozesses geliefert werden. Es kann viele Typen von Output-Anforderungen geben, aber alle hängen mit der „Nutzbarkeit" oder „Wirksamkeit" der Endprodukte oder -leistungen in den Augen der Kunden zusammen. In einigen Fällen können die Output-Anforderungen recht spezifisch und objektiv ermittelt werden, solange der Kunde weiß, was er wünscht. Eine Liste von Output-Anforderungen für ein komplexes Produkt oder eine komplexe Dienstleistung kann ziemlich lang sein.

Service-Anforderungen

Das sind Richtlinien dafür, wie der Kunde während der Ausführung des Prozesses selbst behandelt werden sollte. Service-Anforderungen sind viel subjektiver und situationsabhängiger als Output-Anforderungen, was bedeutet, dass sie gewöhnlich schwerer konkret zu ermitteln sind.

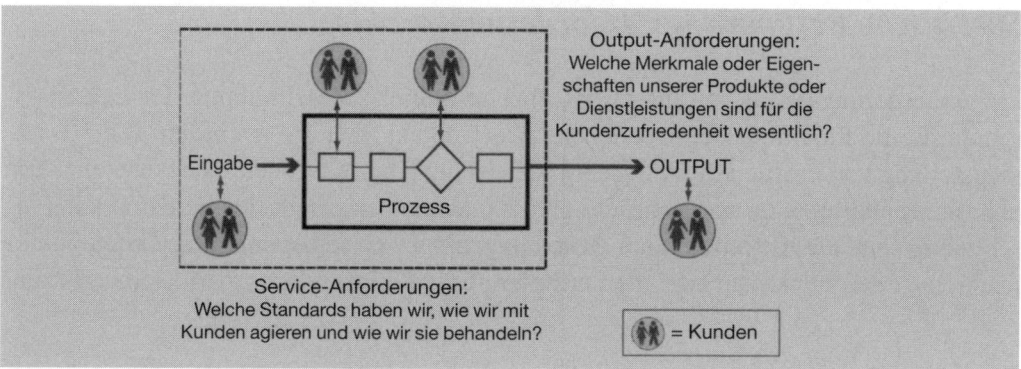

Abb. 19: Kunden, Prozesse, Service- und Output-Anforderungen

Unterscheidung beider Anforderungen

Beispiele für Service- und Output-Anforderungen werden in Abbildung 19 gezeigt. Wie gut Sie die Aufgabe bewältigen, zwischen Service- und Output-Anforderungen zu unterscheiden, hängt ein bisschen davon ab, wie gut Sie Ihre Prozesse und die Schnittstellen zum Kunden geklärt haben. Einige Faktoren können sowohl als Output- als auch als Service-Anforderungen eingestuft werden. Das hängt davon ab, wie Sie den Prozess definieren, so dass es nicht immer ein Schwarz-Weiß-Bild gibt. Nach unserer Erfahrung besteht jedoch die „sauberste" Art darin, als Output-Anforderungen nur jene zu betrachten, die mit dem Abschluss der wesentlichen Transaktionen und Lieferungen von Endprodukten oder Dienstleistungen verbunden sind.

Warum zwischen Output- und Service-Anforderungen unterscheiden?

Wir haben drei Hauptgründe für die Unterscheidung zwischen Output- und Service-Anforderungen und für den Vorschlag, dass Sie dies ebenso machen:

1. *Jeder hat diese Anforderungen.* Nur weil Ihr Unternehmen Leiterplatinen oder Fußbälle herstellt, bedeutet das nicht, dass Ihre Kunden keine Vorstellung von Kundendienst hätten.

2. *Kunden widmen den Service-Anforderungen oft dieselbe, wenn nicht größere Aufmerksamkeit.*

3. *Der Aufbau einer Six Sigma-Leistung bedeutet die Überwachung und Verbesserung sowohl der Output- wie auch der Service-Bereiche.* Der Ausschluss von „Defekten" bei Kundendienstleistungen kann genauso wichtig für die Befriedigung der Kundenbedürfnisse sein wie die Herstellung fehlerfreier Produkte. Wenn Sie von Anfang an beide Bereiche, Output und Service, beachten, werden Sie ein besseres Verständnis für Ihre Kunden entwickeln und fähig sein, Ihre Anstrengungen höchst effektiv auf die Zufriedenheit und Wettbewerbsstärke zu konzentrieren.

Spezifische Bestimmung: Anforderungsprofile

Ein Anforderungsprofil ist eine kurze, aber gründliche Beschreibung der Leistungs-standards, die für einen Output- oder Service-Kontakt aufgestellt wurden. Die Zusammenstellung von Profilen für Anforderungen ist nicht einfach. Wenn Sie beispielsweise nur skizzenhafte oder widersprüchliche Kundenvorgaben besitzen, dann kann es schwierig sein, die Anforderungen „festzunageln". Doch selbst mit guten Daten fällt es leicht, ungenau zu bleiben oder die Leitlinien für wohl formulierte Profile zu verletzen.

Leitlinien für Anforderungsprofile

Lassen Sie uns zuerst einige Zielvorstellungen für Anforderungsprofile oder Leistungs-standards beschreiben. Dann werden wir betrachten, wie eigentlich gute Profile zusammengesetzt werden. Ein gutes Anforderungsprofil erfüllt Folgendes:

1. Es schafft die Verbindung zu einem spezifischen Output oder „Augenblick der Wahrheit". Eine Anforderung ist nicht bedeutsam, solange sie keine Fragestellungen berührt, die einem spezifischen Produkt, Service oder Ereignis zuzuordnen sind.
2. Es beschreibt ein einzelnes Leistungskriterium oder -element. Es sollte klar sein, was der Kunde betrachten oder bewerten wird – Schnelligkeit, Kosten, Gewicht, Geschmack etc. Gewöhnlich fällt das nicht schwer. Es besteht jedoch die Versuchung, Elemente zusammenzupacken.
3. Es verwendet beobachtbare und/oder messbare Elemente. Bei einer wenig greifbaren Anforderung kann es aufwändig sein, sie in etwas Konkretes umzuwandeln. Wenn Sie sich nicht vorstellen können, ob eine Anforderung erfüllt wurde oder nicht, dann wissen Sie, dass diese noch zu verwaschen ist.
4. Es ermöglicht die Unterscheidung von „annehmbarer" oder „nicht annehmbarer" Leistung. Die Anforderung sollte dazu beitragen, den Standard für einen „Defekt" aufzubauen. Einige Anforderungen werden „binär" sein – sie werden entweder erfüllt oder nicht. Andere werden eine genaue Definition der Kundenvorgaben erfordern. (Z.B.: Etwas muss mehr als zwei, aber weniger als drei Pfund wiegen.)
5. Es ist detailliert, aber knapp. Einer der größten Mängel von Anforderungsprofilen ist ihre Kürze. Dann kann es schwierig werden, einen Prozess oder eine Leistung zu bewerten. Wenn es allerdings zu wortreich ist, liest es keiner mehr. Die Kunst besteht darin, eine Balance zwischen beidem zu finden.
6. Es bestätigt die Voice of the Customer oder wird von ihr gebilligt. Das Wichtigste ist, dass die Anforderung oder Spezifikation die Bedürfnisse/Erwartungen der Kunden erfüllt. Jede Anforderung innerhalb des Prozesses sollte entsprechend mit einer externen Kundenanforderung verknüpft sein. (Weshalb wäre es sonst eine Anforderung?)

Einige Beispiele für Anforderungsprofile

Tabelle 8 gibt einige Beispiele für schlechte und gute Leistungsstandards. Einige Fragen, die Sie zur Überprüfung Ihrer Anforderungsprofile stellen sollten:

- Gibt diese Anforderung wirklich wieder, was unseren Kunden wichtig ist?
- Können wir nachprüfen, ob oder wie die Anforderung erfüllt wurde?
- Wurde das so ausgedrückt, dass es leicht verstanden werden kann?

Tabelle 8: Beispiele für Anforderungsprofile

Schlecht geschrieben	Gut geschrieben
Eilige Zulieferung	Bestellungen innerhalb von drei Arbeitstagen nach Erhalt des Kaufauftrags ausliefern (der Auftrag muss bis 15.00 Uhr eingehen)
Behandeln Sie alle Patienten wie Familienangehörige. (Das kann als Leitprinzip, aber nicht als Anforderungprofil sinnvoll sein.)	Begrüßen Sie Patienten innerhalb von 20 Sekunden nach ihrem Eintritt in den Warteraum. Sprechen Sie alle Patienten mit „Herr" oder „Frau" sowie ihren Nachnamen an. Nennen Sie Patienten mit Vornamen, wenn sie Ihnen das gestattet haben.
Produkte sollen leicht zusammengebaut werden können und nicht zu viel technisches Verständnis erfordern.	Alle Fahrräder des Modells 1200 müssen von jedem Erwachsenen innerhalb von 15 Minuten oder weniger mit einem Schraubenschlüssel und Schraubenzieher zusammengebaut werden können.
Großzügige Rückgaberechte	Rückgabemöglichkeit für jede Einzelhandelsware unter 200 Dollar ohne Nachfragen zum vollen Betrag
Einfache Bewerbung	Maximale Länge des Bewerbungsformulars zwei Seiten

Schritte zur Definition von Anforderungen

Wir können den Prozess der Abklärung von Kundenanforderungen in sechs Schritte aufteilen:

1. Definieren Sie die Output- oder Service-Situation. Das ist der wesentliche Ausgangspunkt wofür?
2. Bestimmen Sie den Kunden oder das Kundensegment. Wer wird das Produkt oder die Leistung erhalten? Je genauer Sie das bestimmen können, umso leichter wird es normalerweise. Wenn Sie an externe Kunden denken, dann vergewissern Sie sich,

ob es sich um Distributoren und Partner der Lieferkette handelt oder um „Endnutzer" und Konsumenten.

3. Überprüfen Sie vorhandene Daten über Bedürfnisse, Erwartungen, Bemerkungen, Klagen etc. von Kunden. Verwenden Sie objektive, quantifizierte Daten, um die Anforderungen zu bestimmen. Wenden Sie alles auf, um nicht zu „raten", was wichtig für den Kunden ist, oder die Anforderungen nur auf Erzählungen zu gründen.

4. Skizzieren Sie ein Anforderungsprofil. Damit haben Sie die Aufgabe, Kundenwünsche in etwas Konkretes umzuformen und einen klaren Leistungsstandard festzulegen.

5. Validieren Sie die Anforderung. Validierung bedeutet, Anforderungen „gegenzuchecken", ob sie Kundenbedürfnisse und -erwartungen akkurat widerspiegeln.

6. Verfeinern und schließen Sie das Anforderungsprofil ab. Falls sich eine Lücke zwischen dem ergibt, was der Kunde wünscht, und dem, was Sie tatsächlich leisten, dann lautet die Aufgabe, eine Anforderung auszuhandeln, die erfüllbar oder sogar geeigneter ist, um den Prozess zu verbessern. Danach verteilen und/oder kommunizieren Sie das Anforderungsprofil, damit jedermann die Leistungserwartungen und Messungen kennt.

Wenn Sie jetzt das Gefühl haben, dass Ihre ursprünglichen Anforderungsprofile eher Vermutungen entsprechen als den harten Tatsachen, dann stehen Sie nicht allein. Verschwommene Anforderungen sind aufgrund geringer Kenntnis vom Kunden oder der eigenen Prozessmöglichkeiten in vielen Prozessen die Regel. Es kostet eben Zeit, Kundenwünsche richtig zu interpretieren und Leistungsstandards stabil zu machen.

Stufe 2 c: Analyse und Rangordnung der Kundenanforderungen; Verknüpfung der Anforderungen mit der Strategie

Wir begannen dieses Kapitel mit dem allgemeinen Ziel, ein wirkungsvolles System für die Zusammenstellung des VOC-Inputs aufzubauen. Wir haben ebenfalls die konkreten Aktivitäten geprüft, um spezifische Leistungsstandards für Outputs und Kundenbegegnungen festzulegen. In diesem letzten Abschnitt betrachten wir einige Probleme und Entscheidungen, die dann auftauchen, wenn Sie Kundenwünsche genau definieren sollen.

Die Kundenanforderungen sind natürlich nicht gleichartig, noch sind die Kundenreaktionen auf einen „Defekt", wenn also eine Anforderung nicht erfüllt wurde, in jedem Fall gleich. Wir können verärgert sein, wenn wir in einer langen Warteschlange am Flugschalter stehen müssen, aber wir werden uns gewiss wesentlich mehr ärgern, wenn das Flugzeug auf dem falschen Flughafen landet. (Aber ja, das passierte schon!) Ein Modell, das von einer wachsenden Zahl von Unternehmen zur Anforderungsanalyse verwendet wird, beruht auf der Arbeit von Noriaki Kano, einem japanischen Ingenieur und Berater. In der „Kano-Analyse" werden die Kundenanforderungen in drei Kategorien zusammengefasst:

1. Unzufrieden-Macher oder Grundanforderungen. Das sind Faktoren, Merkmale oder Leistungsstandards, deren Erfüllung Kunden auf jeden Fall erwarten. Wenn Sie diese erreichen, dann bekommen Sie aber keinen „Sonderbonus". Wenn Sie diese verfehlen, dann haben Sie mit Sicherheit unzufriedene Kunden.
2. Zufrieden-Macher oder variable Anforderungen. Je besser oder schlechter Sie diese Anforderungen erfüllen, umso niedriger oder höher wird Ihr „Rating" beim Kunden sein. Der Preis ist bestimmt der größte Zufrieden-Macher; je niedriger der Preis, umso glücklicher der Kunde.
3. Beglücker oder latente Anforderungen. Das sind Faktoren oder Merkmale, die jenseits der Kundenerwartungen liegen, oder Bedürfnisse, die noch niemand angesprochen hat.

Es gibt einige wenige Veränderungen des Kano-Modells. Die wichtigste davon ist, dass Merkmale oder Anforderungen von einer Kategorie in die andere wechseln können, manchmal sehr schnell.

Der Drang, mehr anzubieten, und die Neigung der Kunden, mehr zu erwarten, sind Hauptmotive für Wettbewerb und Verbesserungen. Während Ihr Unternehmen ein objektives und vollständiges Anforderungsprofil entwickelt, können Sie gleichzeitig ein Konzept wie das von Kano verwenden, um eine bessere Vorstellung davon zu gewinnen, was die verschiedenen Merkmale und Fähigkeiten in Bezug auf die Zufriedenheit Ihrer Kunden und Ihre Wettbewerbslage bedeuten.

Im ganzen Kapitel sind wir jenen Konzepten und Analysen sehr nahe gekommen, die direkten Einfluss auf strategische Aspekte haben – Zielmärkte und Kundenwertvorstellungen. Das sollte nicht überraschen. Six Sigma-Methoden können und sollten strategische Entscheidungen vorantreiben oder zumindest Informationen vermitteln, die Ihnen oder dem Top-Management eine bessere Entscheidung ermöglichen. Es wäre allerdings voreilig, die Wahl von Schlüsselstrategien allein auf eine Zusammenstellung von Kundenanforderungen aufzubauen.

Zuerst sollten Sie solide Daten haben, um abschätzen zu können, wie gut Ihre Prozesse die Ansprüche der Kunden befriedigen. Die Verwendung dieser Maßstäbe wird Ihnen helfen, Verbesserungen mit Top-Priorität für Ihr Unternehmen herauszufinden und die Stimmigkeit Ihrer jetzigen Unternehmensstrategie zu überprüfen. Die Anwendung effektiver Messungen ist unser Kernthema in Kapitel 14.

Dos und Don'ts bei der Definition von Anforderungen

Do – Verwenden Sie ein effektives System, um Kunden- und Markt-Inputs zu sammeln und zu nutzen.

> *Externe Daten sind der Schlüssel zu heutigen Kundenbedürfnissen und zur Ermittlung der zukünftigen, ebenso zu Ihrer Fähigkeit, kommenden Wandel zu erkennen. Stellen Sie Ihr Ohr auf die Voice of the Customer ein!*

Do – Widmen Sie den Service- und den Output-Anforderungen die gleiche Aufmerksamkeit.

> *Ein Unternehmen mit Six Sigma-Produkten, das einen lausigen Kundendienst und schlechte Kundenbeziehungen hat, kann überleben, aber nur so lange, bis der Kunde eine Alternative gefunden hat.*

Do – Bemühen Sie sich, klare, konkrete und relevante Anforderungsprofile zu erstellen.

> *Auch wenn Ihre Anforderungen zunächst nur skizzenhaft sind, ist der Lerneffekt – und die Disziplin – bei klaren, messbaren Anforderungen wesentlich, um Ihre Kunden wirklich zu verstehen und Ihre eigene Leistung zu bewerten.*

Don't – Verschließen Sie Ihre Gedanken nicht gegenüber neuen Informationen darüber, was Kunden wirklich wollen.

> *Kundendaten können Ihnen Botschaften übermitteln, die dem widersprechen, was Sie immer geglaubt haben. An diesem Punkt gehen Unternehmen oft auf Abwehrhaltung oder sie nehmen nicht zur Kenntnis, dass ihre Annahmen falsch waren oder nicht länger gültig sind. Es ist richtig, die Daten zu hinterfragen, aber es nicht in Ordnung, sie nur deshalb zu ignorieren, weil sie mit Ihren Annahmen in Konflikt geraten.*

Don't – Machen Sie nicht plötzlich Ihre Mitarbeiter für die neu definierten Anforderungen verantwortlich.

> *Wenn neue Einsichten in die Bedürfnisse der Kunden eine „Lücke" zwischen dem offenbaren, was diese wünschen, und dem, was Sie anbieten, dann drängen Sie Mitarbeiter nicht, „besser" zu arbeiten, ohne den Prozess zu ändern.*

Don't – Verwandeln Sie neue Anforderungen nicht zu neuen „Paradigmen" (Grundvorstellungen).

> *Seien Sie darauf vorbereitet, dass sich Kundenanforderungen ändern, und zwar bald. Planen Sie Überprüfungen und Mechanismen ein, um die Leistungsstandards abzuwandeln, wenn neue VOC-Daten das erfordern.*

Don't – Versäumen Sie nicht, Anforderungsprofile immer wieder zu überprüfen.

> *Ein besseres Verständnis für und die klare Definition von Kundenanforderungen sind Grundlage für die nächste große Frage – Thema von Kapitel 14: „Wie gut erfüllen wir diese Anforderungen?"*

Kapitel 14
Messung der gegenwärtigen Leistung
(Wegweiser Stufe 3)

Einleitung

Im Brennpunkt dieses Kapitels steht die Messung. Unser Ziel ist, gute Daten zu ermitteln, die Sie für die Planung und Verfolgung Ihrer Six Sigma-Verbesserungsarbeiten nutzen können. Leider geht das nicht, bevor Sie nicht einige solide Messergebnisse besitzen, mit denen Sie anfangen.

Je nach Ihrer Absicht können Messungen einfach oder sehr aufwändig sein. Beispielsweise kann die Erhebung von Daten bei spezifischen Problemen recht schnell erfolgen: Wenn die Daten bereits vorhanden sind, kann die Erhebung bereits in einigen Stunden abgeschlossen sein. Andererseits kann die Sammlung von ausreichenden Daten für eine vergleichende Messung von Kernprozessen des Unternehmens Wochen oder gar Monate in Anspruch nehmen. Das Training ausgenommen, stellt die Messung wahrscheinlich die größte „Investition" jeder Organisation dar, die eine Six Sigma-Initiative ergreift. Die langfristige Entwicklung einer Messinfrastruktur ist jedoch ein wesentlicher Baustein für ein funktionierendes Six Sigma-System. Der Riesenvorteil besteht in der Fähigkeit, den Wandel zu kontrollieren und zu bewältigen, die nur wenige Organisationen besitzen.

Überblick Stufe 3

Abbildung 20 zeigt Ihnen die Hauptaufgaben bei dieser Mess-Stufe und die Reihenfolge, in der wir sie in diesem Kapitel betrachten werden. Hier nochmals die wesentlichen Leistungen:

- Daten zur Abschätzung der gegenwärtigen Leistung Ihres/Ihrer Prozesse(s) im Vergleich zum Output für Kunden und/oder zu Service-Anforderungen.
- Gültige, von den Daten abgeleitete Maßstäbe, die relative Stärken und Schwächen innerhalb Ihrer Prozesse und untereinander aufzeigen, ein entscheidender Input für eine gute Projektauswahl auf Stufe 4.

Die mit diesem Kapitel abgedeckten Techniken sind möglicherweise die wichtigsten für den Six Sigma-Weg.

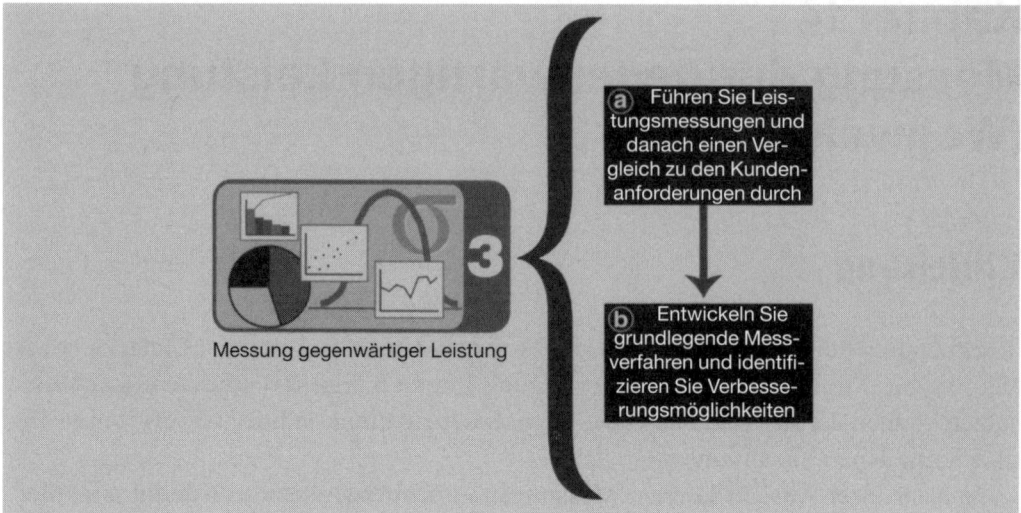

Abb. 20: Six Sigma-Wegweiser Stufe 3

Geschäftsprozess-Messungen verstehen

Messkonzept Nr. 1: Beobachten Sie erst, dann messen Sie

Viele Leute behaupten, schon wenn der Gedanke einer Messung an sie herangetragen wird: „Was wir machen, können Sie nicht messen!" Unsere Antwort: Mit etwas Anstrengung können die meisten Dinge, die in einem Unternehmen geschehen, gemessen werden. Die erste Bedingung für Messungen ist die Fähigkeit, zu „beobachten". Tatsächlich ist „Beobachtung" ein technischer Ausdruck bei Messungen und Statistiken, die sich auf ein Ereignis oder eine Zählung bezieht.

Die am einfachsten zu messende Angelegenheit – und eine der wichtigsten in der heutigen Geschäftswelt – ist die Zeit. Wenn Sie einen Kalender lesen oder eine Stoppuhr bedienen können, dann können Sie auch zeitabhängige Daten erheben. Augenscheinlich ist auch Geld ein Messelement. Unser Wissen über die genaue Kostenverfolgung hat sich durch bessere Informationssysteme und durch stärkeres Einbeziehen von Kosten für schlechte Qualität erweitert. Der wichtigste Schritt besteht darin, die „Angelegenheit", die zu messen ist, auf ein objektiv zu beobachtendes Ereignis oder Verhalten zu verdichten. Im letzten Kapitel haben wir auf die Notwendigkeit hingewiesen, Kundenanforderungen beobacht- und messbar zu machen, und wir werden später darauf zurückkommen, wenn wir „operationale Definitionen" besprechen.

Messkonzept Nr. 2: Aus einem Grund messen

Messung erfordert Ressourcen, Aufmerksamkeit und Energie. Das bedeutet, Sie möchten keine Messung durchführen, wenn Sie nicht müssen. Solange die Messung keinem eindeutigen Zweck dient – eine Schlüsselfrage, die Sie beantworten müssen, oder ein Faktor, den Sie verfolgen wollen –, ist sie wahrscheinlich nicht wertvoll oder wichtig. Als Nächstes betrachten wir zwei Wege, Messungen festzulegen.

Vorhersager- und Ergebnismessung

Wir haben die Lehre berücksichtigt, dass Six Sigma-Messung alles umfasst, was dem Verständnis der Beziehungen zwischen Änderungen der vorgelagerten Faktoren (Xs) (Lieferanten, Rohmaterial, Prozesse, Abläufe) und deren Wirkung auf Kundenzufriedenheit, -loyalität und -profitabilität (Ys) dient. Eine andere Art, dieses X-Y-Konzept (mit einer geläufigeren Sprache) zu beschreiben, ist die Betrachtung der beiden folgenden Messkategorien:

* Vorhersager. Ähnlich den Xs sind Vorhersager Faktoren, die wir messen können, um Ereignisse vorherzusagen oder zu antizipieren, die im Prozess nachgelagert sind. Wenn wir z.B. eine Zunahme der Taktzeit beim Bestellen von Rohmaterial beobachten, dann könnten wir einen Anstieg der verspäteten Zulieferungen vorhersagen.
* Ergebnisse. Diese konzentrieren sich ähnlich wie die „Ys" auf das, was aus dem Prozess herauskommt. Ergebnisse können sich sofort (z.B. pünktliche Lieferung) oder langfristig (Kundentreue) zeigen.

Effizienz und Effektivität messen

Dieser Ansatz zur Unterscheidung von Messungen ist eng damit verbunden, wer den unmittelbaren Nutzen von der Leistung hat: Sie, der Kunde oder beide.

* Effizienz. Bei dieser Messung wird das Volumen der verbrauchten Ressourcen bei der Herstellung bzw. Bereitstellung von Produkten und Service bestimmt. Effizientere Prozesse verbrauchen weniger Geld, Zeit, Material etc. Effizienz hat eine bedeutende Auswirkung auf die montäre Leistung Ihrer Organisation und letztlich auf die Profitabilität. Doch obwohl Sie Effizienzverbesserungen über niedrigere Preise an die Kunden weitergeben können, sind sie in erster Linie intern ausgerichtete Maßnahmen.
* Effektivität. Die Betrachtung Ihrer Arbeit mit den Augen der Kunden ist das andere: Wie genau haben Sie deren Bedürfnisse und Anforderungen erfüllt? Welche Defekte mussten sie hinnehmen? Wie glücklich oder loyal sind sie aufgrund Ihrer Leistungen geworden?

Sie sollten in Ihrem Messsystem eine Mischung aus allen Arten haben: Vorhersager und Ergebnisse, Effizienz und Effektivität. Der traditionelle „blinde Fleck" im Geschäftsleben bestand darin, nur konkret messbare Ergebnisse zu betrachten. Bei Verbesserungsbemühungen besteht die Versuchung, die Effizienz zu steigern (mit einer potenziell schnellen Wirkung auf die Grundaktivitäten), ohne die Effektivität bei der Bereitstellung von Werten für den Kunden ausreichend zu beachten.

Messkonzept Nr. 3: Ein Prozess des Messens

Messungen können und sollten stetig verbessert werden, genauso wie die „normalen" Arbeitsprozesse. Die Grundschritte für die Einführung jeder Messung sind ziemlich gradlinig, wie Sie in Abbildung 21 sehen können. Sie gibt einen Überblick über einige Basisfragen/-aktionen, die Sie bei jedem dieser Messschritte stellen/unternehmen sollten.

- *Wählen Sie aus, was gemessen werden soll.* Welche Schlüsselfragen wollen wir beantworten? Welche Daten werden uns die Antwort geben? Welche Output- oder Service-Anforderungen ermöglichen uns die Abschätzung der Kundenbedürfnisse? Welche vorgelagerten Faktoren könnten uns auf spätere Probleme vorbereiten? Wie werden wir die Messung darstellen, analysieren und nutzen?
- *Entwickeln Sie operationale Definitionen.* Wie können wir den Faktor/Tatbestand beschreiben, den wir ermitteln oder zählen wollen? Wenn unterschiedliche Mitarbeiter die Daten sammeln: Interpretieren sie die Sachlage auf dieselbe Weise? Wie können wir unsere Definitionen prüfen, um sicherzustellen, dass sie hundertprozentig sind?
- *Ermitteln Sie Datenquellen.* Wo können wir Daten finden oder beobachten, die eine Maßeinheit bieten? Gelten zurückliegende Erfahrungen (oder „historische Daten")? Kann auf die Daten in unserem Informationssystem zugegriffen werden und befinden sie sich in einem brauchbaren Format? Können wir den Aufwand (an Zeit, Geld, Unterbrechungen) für die Erhebung der Daten leisten?
- *Bereiten Sie einen Plan für die Datensammlung und Stichproben vor.* Wer wird die Daten sammeln und/oder zusammenstellen? Welche Formulare oder Werkzeuge brauchen wir, um die Daten zu erfassen und zu organisieren? Welche anderen Informationen benötigen wir, um die Daten sinnvoll zu analysieren? Wie viele Beobachtungen oder Einzelerfassungen brauchen wir, um eine genaue Messung zu erreichen? Wie oft müssen wir die Messung durchführen? Wie können wir am besten gewährleisten, dass die erhobenen Daten repräsentativ sind?
- *Führen Sie die Messung durch und verfeinern sie diese.* Können wir unsere Messungen testen, ehe wir voll durchstarten? Wie werden wir die Datensammler trainieren? Wie überwachen wir die Datensammlung? Welche Schwierigkeiten werden kommen oder sind bereits entstanden? Wie können wir damit umgehen? Was werden wir das nächste Mal ändern?

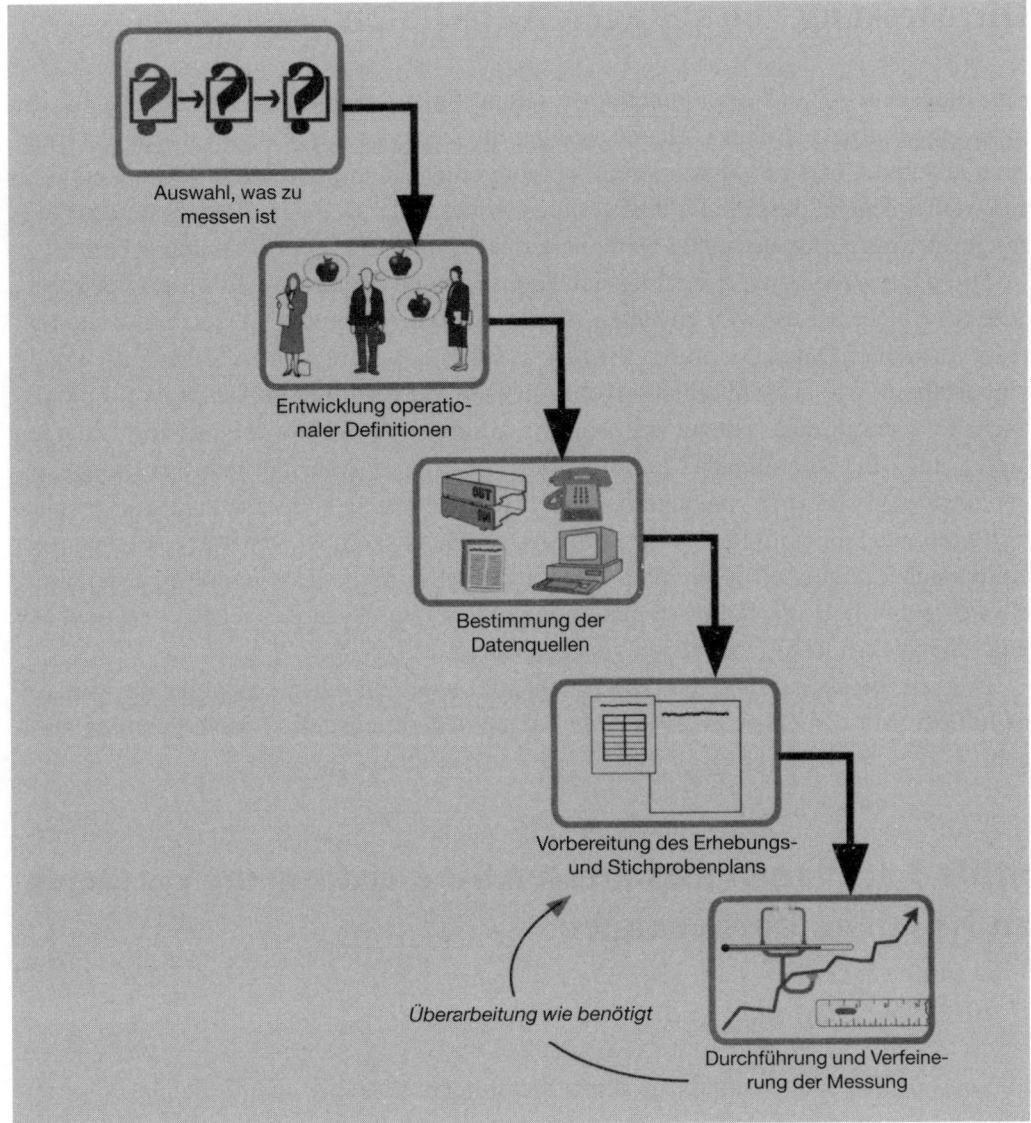

Abb. 21: Ein fünfstufiges Einführungsmodell für Messungen

Der Rest dieses Kapitels wird wichtige Schritte und Konzepte behandeln, die mit dem Messprozess verbunden sind, um Ihnen zu helfen, Ihre Messverfahren besser auszuwählen und anzuwenden. Während wir das tun, konzentrieren wir uns auf die erste Priorität einer Six Sigma-Initiative: den Erfolg eines Unternehmens bei der Erfüllung von Kundenanforderungen.

Die Messung von seltenen Aktivitäten

Flugzeugabstürze sind glücklicherweise selten. Entsprechend dauerte es Jahre, bis die „Messergebnisse" darüber vorlagen. Stellen Sie sich aber vor, morgen würde ein Flugzeug abstürzen und es würden keine Vergangenheitsdaten vorliegen. Wahrscheinlich erwarten Sie nicht, dass die Behörden sagen würden: „Lassen wir erst noch einige Flugzeuge abstürzen, bis wir genug Datenmaterial für unsere Untersuchungen haben."

Diese Bemerkung unterscheidet sich kaum von den Ausreden, die wir immer hören: „Das geschieht bei uns viel zu selten, um es messen zu können." Denn wenn Sie niemals versuchen, Daten über Ihren Prozess zu sammeln, dann werden Sie natürlich nicht viel erfahren. Die ausschließliche Konzentration auf quantitative Daten ist problematisch. Es stimmt, dass seltene oder niedrigvolumige Abläufe weniger Möglichkeiten bieten, auf Zahlen beruhende Messungen durchzuführen. Aber es ist ein Fehler zu glauben, dass die Erfassung von quantitativen Daten das einzig sinnvolle Ziel sei. Die Hinterfragung und Gewinnung von Informationen über Fakten ist selbst bei seltenen oder einmaligen Ereignissen wesentlich. Und auch wenn Statistiker geradewegs erklären, dass es gefährlich sei, Schlüsse aus einmaligen Ereignissen zu ziehen – na und, Sie müssen mit dem leben, was Ihnen vorgegeben ist.

Denken Sie auch daran, dass die Datensammlung den Ausgangspunkt für Messungen bildet. Mit der Zeit können seltene Fakten bedeutungsvolle Messergebnisse zeitigen.

Stufe 3 a: Planen und messen Sie Leistung im Vergleich zu Kundenanforderungen

Wählen Sie aus, was gemessen werden soll

In einer idealen Welt würden Sie diese Messungen mit einer ausführlichen Beschreibung beginnen, wie Kunden Ihre Leistung und/oder Produkte bewerten. Wenn Ihre VOC-Daten und Anforderungen nicht sehr differenziert sind, können Sie zwar Ihre Messarbeit beginnen, allerdings mit dem etwas höheren Risiko, dass Sie Messverfahren verwenden, die nichts bringen.

Die alleinige Auswahl Ihrer optimalen Leistungsmaße (weil Sie nicht alles messen können) bedeutet den Ausgleich von zwei Hauptelementen: 1. was machbar und 2. was am zweckdienlichsten oder wertvollsten ist. Wenn Sie in der Lage waren, Kundenanforderungen nach Prioritäten einzustufen, dann haben Sie einen guten Ausgangspunkt für die Bestimmmung der Wertigkeit. Gebiete, auf denen Sie Leistungslücken vermuten, können ebenfalls gute Ansatzpunkte für Messungen sein. In Abbildung 22 sind Kriterien für die Zweckmäßigkeit bzw. Machbarkeit aufgeführt.

Kriterien für die Auswahl von Messungen	
Wert/Zweckmäßigkeit	Machbarkeit
• Verknüpfung mit hochrangigen Kundenanforderungen • Genauigkeit der Daten • Gebiet der potenziellen Möglichkeiten • Kann mit anderen Organisationen verglichen werden • Kann bei laufenden Messungen hilfreich sein	• Verfügbarkeit der Daten • Erforderliche Vorlaufzeit • Kosten der Datenerhebung • Komplexität • Möglicher Widerstand oder „Angstfaktor"

Abb. 22: Auswahlkriterien für Messungen

Entwickeln Sie operationale Definitionen

Wenn wir Sie und einen Freund bitten würden, gleich jetzt (nachdem Sie in diese Seite ein Lesezeichen gelegt haben) auf die Straße zu gehen und alle roten Pkws zu zählen, die Sie sehen, ohne miteinander zu sprechen, wie ähnlich wären Ihre Ergebnisse? Wahrscheinlich wären sie aus folgenden Gründe ziemlich unterschiedlich:

- Wie erfassen Sie Vans und Sportwagen? Sind sie „Pkws"? (Sie scheinen heutzutage die Mehrheit aller „Pkws" zu bilden).
- Was ist „rot"? Ein Auto, das Sie als rot bezeichnen, könnte Ihr Freund „rostfarben" nennen (oder nicht wirklich rot).
- Werden Sie nur fahrende Autos zählen oder auch parkende? Jede Variation dieser Art wird die Zahl erheblich verändern.
- Wenn Sie in Ihr Auto steigen und herumfahren, um nach Pkws Ausschau zu halten, die rot sind, dann werden Sie ein ganz anderes Ergebnis erhalten (wir haben ja nicht gesagt, dass Sie zusammenbleiben müssen).

Wie dieses Beispiel zeigt, besteht eine der größten Fallen bei der Suche nach einer effektiven Messung von Geschäftsprozessen darin, an der Bildung von „operationalen Definitionen" und den damit zusammenhängenden Datenerhebungsverfahren zu scheitern. Unter operationalen Definitionen verstehen wir klare, verständliche und eindeutige Beschreibungen dessen, was gemessen oder beobachtet werden soll, so dass jedermann auf Basis dieser Definition arbeiten oder messen kann.

Hier ein Beispiel aus der Praxis. Wir arbeiteten einmal mit der Abteilung für Öffentlichkeitsarbeit eines großen Unternehmens zusammen, die eine größere Pressekonferenz abhalten sollte. Das Ziel bestand darin, die Gestaltung und Abwicklung dieser Veranstaltung zu verbessern, um eine wohlwollende Presseveröffentlichung zu erreichen. Der Klient entschied (in letzter Minute), dass die an die Referenten gerichteten Fragen nach verschiedenen Faktoren unterteilt, etwa nach „Tonalität" (positiv, neutral oder negativ) oder „Thema", und dann die Antworten auf die Fragen zurückverfolgt werden sollten. Zwei oder drei Mitarbeiter wurden bestimmt, diese Daten zu erheben, indem sie „Aufnahmebögen" mit etwa 30 verschiedenen Vorgaben erhielten.

Das Ergebnis war, wie Sie sich vorstellen können, ein ziemliches Durcheinander. Selbst die Zahl der gestellten Fragen differierte, da die Journalisten oft mehrere Fragen miteinander verbanden. Die Definition der „Tonalität" einer Frage war sehr subjektiv und die Darstellung des Inhalts einer Frage blieb völlig offen. Zum Glück war diese Datensammlung kein ganzer Verlust. Es konnten genug Tendenzen beobachtet werden, so dass einiger Nutzen aus dieser Verfolgung von Fragen und Antworten herauskam. Der Klient erhielt eine wertvolle Lektion über den Prozess (die Führungskräfte beantworteten viel mehr Fragen beim folgenden Zusammensein als während der Pressekonferenz) und über realistische Ziele für Messungen. Aber die „harten Daten" konnten nicht wirklich genutzt werden. Zukünftige Messaktivitäten erforderten offensichtlich wesentlich strengere operationale Definitionen, wenn ein solider quantitativer Input erreicht werden sollte.

Missverstandene Messdefinitionen können sogar noch drastischere Folgen haben. Für das US-Raumfahrtprogramm war es ein Schock, als die Marssonde im September 1999 in der Marsatmosphäre verglühte. Es stellte sich heraus, dass die Sonde zu tief flog, weil eine Gruppe von Ingenieuren die Kursanweisungen in Pfund pro Sekunde berechnet hatte, während der Computer die Daten als Gramm pro Sekunde interpretierte. Ein Six Sigma-Experte würde dazu sagen: „Hoppla!"

Wenn Sie operationale Kriterien für Ihre Messungen aufstellen, dann gibt es einfach nichts anderes als eine konzentrierte Arbeit und genaue Untersuchung der von Ihnen gewählten Begriffe.

Datenquellen

Es gibt viele mögliche Quellen für Daten in einer Organisation. Ihre wichtigste Überlegung muss sein, dass die von Ihnen gewählten oder Ihnen zugänglichen Quellen genaue Daten enthalten, die Prozesse, Produkte oder Leistungen widerspiegeln, die Sie messen wollen. Idealerweise führen Sie Messungen durch, für die es gute Quellen gibt.

Eine ergiebige Quelle für Daten sind die im Prozess tätigen Mitarbeiter. Viele Manager oder Teams führen Messungen aufgrund von Daten aus Informationssystemen durch. Danach stellt sich häufig heraus, dass das, was sie wirklich brauchen, nicht von den Systemen erfasst wurde oder dass die Daten ungenau waren. Besser wäre es in solchen Fällen, die Daten von Hand zu erstellen, von Mitarbeitern und Prozessen. Wenn Sie sich allerdings auf Mitarbeiter als Datenquelle stützen, die ihre eigene Arbeit messen, müssen Sie auch Risiken einkalkulieren. Unaufmerksamkeit und menschlicher Irrtum sind normal. Auch Argwohn und Ängste müssen berücksichtigt werden. Wenn Sie die folgenden Ratschläge beherzigen, können Sie sicher sein, dass Ihre Daten vollständig und genau sind:

- Erklären Sie offen, warum Sie die Daten erfassen.
- Schildern Sie, was Sie mit den Daten anfangen wollen, einschließlich der Absicht, die Ergebnisse den Mitarbeitern mitzuteilen, persönliche Daten vertraulich zu behandeln usw.
- Seien Sie sorgsam bei der Auswahl jener, die teilnehmen sollen; vermeiden Sie, aus der Datensammlung eine Belohnung oder Strafe zu machen.
- Machen Sie den Prozess so einfach wie möglich.
- Geben Sie den Mitarbeitern die Chance, ihren Beitrag zum Datenerhebungsprozess zu leisten.

Bereiten Sie einen Plan für die Sammlung und Stichproben vor

Die modernen Methoden, Messungen durchzuführen, könnten ganze Bücher füllen. (Sollte man „Fortsetzung folgt" sagen?) Deshalb werden wir unseren Überblick auf drei Hauptelemente beschränken: Formulare, Schichtung und Stichprobe.

Datenerfassungsformulare

Gut gestaltete Arbeitsblätter und „Erfassungsbogen" sind Basis einer Datensammlung. Es gibt zwar einige Standardtypen für Formulare, aber Sie sollten jedes Formular maßschneidern, damit es für Ihre jeweilige Datenerhebung genau passt. Die folgenden Leitlinien werden Sie dabei unterstützen, ein vernünftiges Datenerfassungsformular zu erstellen:

- Einfach halten. Wenn das Formular schwer lesbar oder zu voll ist, besteht die Gefahr von Fehlern oder Nichteinhaltung der Vorgaben.
- Richtiger Titel. Sorgen Sie dafür, dass keine Fragen auftauchen, welche einzelnen Daten wohin „gehören".
- Lassen Sie Raum für das Datum (die Zeit) und den Namen des Sammlers. Diese einfachen Dinge werden oft vergessen und bereiten später Kopfschmerzen.
- Stellen Sie sicher, dass Datenerhebungsformulare und Sammelblätter (für die Zusammenstellung aller Daten) konsistent sind. Wenn diese beiden zusammenpassen, dann können die Rohdaten leichter erfasst und weniger missverstanden werden.
- Beziehen Sie Schlüsselfaktoren für die Schichtung ein. Dazu gleich mehr.

Einige gebräuchliche Erhebungsformulare:

- *Defekt- oder Ursachen-Prüfformular.* Wird verwendet, um Art oder Ursachen von Defekten darzustellen. Beispiele: Anlässe für Reparaturanfragen, Arten von Diskrepanzen in Betriebsberichten, Gründe für verspätete Lieferungen.
- *Datenblätter.* Erfassen ablesbare Daten, Maßangaben oder quantitative Zählungen.

Beispiele: Niveau der Sendestärke, Anzahl der Menschen in einer Reihe, Temperatur.

- *Formular zur Erfassung der Häufigkeitsverteilung.* Stellt die Veränderung einer Einzelerscheinung über eine Skala oder ein Kontinuum dar. Beispiele: Bruttoeinkommen der Antragsteller eines Kredits, Durchlaufzeit vom Auftrag bis zur Auslieferung jeder Bestellung, Gewicht einer Pakets.
- *Formular für wiederkehrende Fehler.* Bezieht sich auf Einzelteile oder Dokumente. Die Datensammler merken darauf an, wo Probleme, Defekte oder Schäden an dem Teil zu sehen sind. Beispiele: Schadendiagramm von Autoverleihfirmen, Feststellung von Fehlern auf Rechnungen.
- *Begleitformular.* Ein „Begleitformular" ist jede Art von Erhebungsformular, das mit dem Produkt oder der Dienstleistung durch den Prozess „mitläuft". Daten über diesen Einzelfall werden dann an den vorgesehenen Stellen auf dem Fomular festgehalten (siehe Abbildung 23). Beispiele: Erfassung der Durchlaufzeitdaten einer Anweisung zur Konstruktionsänderung auf jeder Stufe, Zählung der Mitarbeiter, die ein Teil bearbeiten, während es durch die Montagehalle läuft, Erfassung der Nacharbeit an einem Versicherungsschadensanspruch.

Die Erwähnung des „Begleitformulars" gibt uns eine gute Möglichkeit, einen wichtigen Faktor bei der Datensammlung herauszustellen: Bei Prozessmessungen möchten Sie normalerweise verschiedene Informationen über eine Sache zu einer bestimmten Zeit sammeln, während diese Sache den Prozess durchläuft. Die Versuchung liegt nahe, ein Bündel von Einzeldingen (Teile, Dokumente, Aufträge) an Punkt A des Prozesses zu erfassen und Daten zu sammeln, dann zu Punkt B zu gehen und ein weiteres Bündel derselben Sache zu erfassen und darzustellen. Das Problem ist, dass die Einzelheiten, die Sie an Punkt B zählen, nicht mit jenen verknüpft sein müssen, die Sie an Punkt A zählten. Dieses Problem wird vor allem kritisch, wenn Sie versuchen, grundlegende Ursachen zu ermitteln oder die Wirkung vorgelagerter Variablen (Vorhersager oder Xs) auf nachgelagerte Ergebnisse (Ys) festzustellen.

Ein Begleitformular ist gut geeignet, damit Sie Daten erhalten, die mit jeder Stufe im Prozess korrelieren.

Schichtung

Die Basismessung der Leistung im Vergleich zur Kundenanforderung ist ein Kernziel auf Stufe 3 des Six Sigma-Wegweisers. An irgendeinem Punkt möchten Sie aber vielleicht mehr über diese Daten wissen und dann kommt die Schichtung ins Spiel. Der Begriff selbst weist auf Lagen (oder „Schichten") von Daten hin. Wir wollen es mit dem „Aufschneiden" Ihrer Messungen vergleichen. Schichtungen befriedigen Ihre Neugier und klären, was wirklich vorgeht. Wenn Sie etwa Computer herstellen und Ihre Daten eine hohe Rate an zurückgesandten Computern zeigen, dann werden Sie natürlich fragen: Woher kommen diese Rücksendungen? Welche Computer weisen Probleme auf?

Begleitformular für Kreditanträge – Antragannahme

Kredit Nr. **3256-879**

Kredittyp ☒ normal   ☐ Jumbo   ☐ VA/FHA

Angefragter Betrag **194.000**

Kundenstandort: ☐ NW   ☐ W   ☒ SW   ☐ O

Prozessstufe	empfangen Datum/Uhrzeit	gefundende Fehler
Antragstellung	0623/13:42	|||
Vorbereitung der Unterlagen	0626/09:00	||||
Antragsannahme	0715/16:30	₦₦ |

Abb. 23: Beispiel Begleitformular

Welche Kunden sind betroffen? Doch wenn Ihre ursprüngliche Datensammlung diese Elemente nicht erfasst hat, können Sie diese Fragen nicht beantworten. Deshalb müssen Sie von vornherein so gut wie möglich einplanen, welche „Schichtungsfaktoren" Sie wahrscheinlich später benötigen (siehe Abbildung 24).

Datenschichtung	
Faktoren	Beispiele (schichte die Daten nach...)
Wer	• Abteilung • Individuen • Kundentyp
Was	• Art der Reklamation • Kategorie des Defekts • Anlass für ankommenden Anruf
Wann	• Monat, Quartal • Wochentag • Tageszeit
Wo	• Region • Stadt • spezifische Stelle am Produkt (oben rechts, An-/Aus-Schalter etc.)

Abb. 24: Messungen und Datenschichtungsfaktoren

Stichproben

Viele Stichproben nehmen heißt, n Elemente aus der Gesamtheit aller N Elemente zu berücksichtigen bzw. zu messen. Die gesamte statistische Wissenschaft beruht auf Stichproben im Sinne der Fähigkeit, Rückschlüsse auf die Gesamheit aufgrund von Betrachtungen eines Teils zu ziehen. Six Sigma-Messungen gewähren meistens mehr Möglichkeiten bei Stichproben, als wahrscheinlich in den Statistikkursen an der Hochschule geboten werden. Wenn Sie verstehen möchten, warum, dann müssen wir kurz den Unterschied zwischen Bevölkerungs- und Prozessstatistik erklären:

- Bevölkerungsstatistik. Die meisten „Lehrbuch-Statistiken" konzentrieren sich auf verschiedene Methoden von Stichproben und Beziehungen zwischen zwei oder mehr Gruppen: Konsumenten, Unternehmen, Produkte, Wähler, Fußball-Mannschaften usw. Bevölkerungsstatistik ist wie das kurze Hineintauchen in ein Becken mit stehendem Wasser: Solange wir wissen, dass das Wasser im Becken genauso wie alles sonstige Wasser ist, können wir leicht davon ausgehen, dass wir eine gute Stichprobe genommen haben.
- Prozessstatistik. Messungen im Geschäftsleben stellen oft eine andere Aufgabe, denn dort gleicht die Stichprobe aus einem Prozess der Prüfung von laufendem Wasser. Ein Strom ist anders als ein Becken oder Teich, weil er sich jeden Augenblick wandelt. Die Stichprobe, die ich in einem Augenblick nehme, kann völlig anders ausfallen als jene, die ich einige Augenblicke später nehme. In einem Strom ändern sich Wassertemperatur, Sauerstoffgehalt, Zahl der Fische, Strömungsgeschwindigkeit etc. Außerdem können die Stichproben, die an verschiedenen Plätzen genommen wurden, ebenfalls unterschiedlich sein.

Die Erhebung einer *gültigen* Stichprobe, welche die Gesamtheit repräsentiert, ist eine schwierige Aufgabe. Die Wissenschaft (manchmal auch Kunst) der Stichprobe ist kompliziert. In komplizierten Situationen empfehlen wir, einen Experten zu Rate zu ziehen, ehe Sie eine Menge Daten sammeln.

Tabelle 9: Beispiele für Stichproben aus der Bevölkerung und aus Unternehmensprozessen

Stichproben aus der Bevölkerung	Stichproben aus Unternehmensprozessen
• Berechnung der durchschnittlichen Darlehenssumme, z. B. für Einfamilienhäuser	• Erfassung der durchschnittlichen Darlehenssummen nach Tagen, Wochen und Monaten
• Durchführung einer Studie über Kundenerwartungen	• Befragung jedes zehnten Kunden nach seiner täglichen Erfahrung mit dem Kundendienst
• Zusammenstellung der Anlässe für hereinkommende Anrufe im Vergleich zu allen Anrufen während der letzten sechs Monate	• Bericht über die Anzahl der jede Viertelstunde hereinkommenden Anrufe

Einführung und Verfeinerung von Messungen

Sie sind immer besser gestellt, wenn Sie einen Testlauf für Ihre Datensammlung machen können, um sicherzugehen, dass alle Formulare, Stichprobenverfahren und Definitionen so wie geplant funktionieren. Wenn Sie keinen Versuch mit der Datensammlung machen können, dann widmen Sie zumindest beim Beginn den Arbeiten erhöhte Aufmerksamkeit. Wenn Sie beabsichtigen, viele Mitarbeiter mit der Sammlung und Zusammenstellung von Daten zu beauftragen, dann wird ein Training, ob formell oder informell, wichtig sein.

Prüfung von Messgenauigkeit und -wert

Es gibt verschiedene Wege, um festzustellen, wie genau Ihre Messungen sind, und sicherzustellen, dass sie auch genau bleiben. Der gebräuchlichste Test der Effektivität einer Messung ist im Herstellungsbereich als „Gage R&R" bekannt. Er umfasst eine wiederholte Messung in verschiedenen Umgebungen, um vier wichtige Kriterien zu prüfen:

1. *Genauigkeit.* Wie präzise ist die Messung oder Beobachtung?
2. *Wiederholbarkeit.* Wenn eine Person oder ein Teil des Messinstrumentariums dasselbe Element mehr als einmal misst oder beobachtet, kommt dann jedesmal dasselbe Ergebnis heraus?
3. *Reproduzierbarkeit.* Wenn zwei oder mehr Mitarbeiter oder Maschinen dasselbe messen, erzielen sie dann dasselbe Ergebnis?
4. *Stabilität.* Wird die Genauigkeit oder Wiederholbarkeit über die Zeit abweichen oder sich verschieben?

Stufe 3 b: Entwickeln Sie grundlegende Messverfahren und ermitteln Sie Verbesserungsmöglichkeiten

Die Werkzeuge und Methoden der Datensammlung sind bei jeder Art von Geschäftsprozessmessung wichtig. An diesem Punkt des Six Sigma-Wegweisers ist es jedoch einfach unser Ziel, „Basiswerte" für Leistung aufzustellen, also festzulegen, wie gut Prozesse heute funktionieren, damit wir Verbesserungen identifizieren und messen können. Zuerst werden wir Output-Messungen betrachten, dann interne Leistungen.

Messung von Output-Leistungen

Wie wir in Kapitel 2 besprochen haben, konzentriert sich die Six Sigma-Messung auf die Verfolgung – und Verringerung – von Defekten/Fehlern in einem Prozess. Der Einsatz von Messungen, die sich auf Fehler beziehen, hat mehrere Vorteile:

1. *Einfachheit.* Jeder weiß, was „gut" und „schlecht" ist. Die Berechnung der defekt-basierten Messung kann schon mit einfachen Mathematik-Kenntnissen erfolgen.
2. *Konsistenz.* Fehlermessungen können auf jeden Prozess angewendet werden, für den es einen Leistungsstandard oder eine Anforderung gibt, ob für kontinuierliche oder diskrete Daten, im Herstellungs- oder Dienstleistungsprozess.
3. *Vergleichbarkeit.* Motorola verwendete die Six Sigma-Messung, um die Verbesse-rungsraten von Prozessen aller Art und die Arbeitsergebnisse in sehr unterschiedli-chen Geschäftsbereichen zu ermitteln.

Es gibt aber auch einige Haken bei der Fehlermessung. Da sie nur auf Gutes und Schlechtes achtet, könnten Schlüsselinformationen oder Feinheiten in den Daten ver-borgen bleiben, besonders bei kontinuierlicher Datenmessung. Wir werden Ihnen beim Aufbau einer Grundlage für Messungen helfen, die als Basis für die Bewertung der Ge-samteffektivität eines Prozesses dienen soll.

Schlüsselkonzepte für fehlerbasierte Messungen

Einige wenige Begriffe müssen klar sein, wenn wir Defektmessung verstehen wollen:

* *Einheit.* Eine einzelne Sache, die verarbeitet, ein Produkt, das geliefert, oder eine Dienstleistung, die erbracht wird: ein Auto, eine Hypothek, ein Hotelaufenthalt, ein Bankauszug etc.
* *Defekt.* Ein Fehler bei der Erfüllung von Kundenanforderungen/Leistungsvorgaben: ein undichtes Kurbelgehäuse, eine Verzögerung des Darlehensabschlusses, eine verlorene Reservierung, ein Fehler im Bankauszug etc.
* *Fehleranteil.* Jede Einheit, die einen Fehler aufweist. Danach ist ein Auto mit einem Defekt genauso ein „Schadensfall" wie eines mit 15 Defekten.
* *Fehlermöglichkeiten.* Da die meisten Produkte oder Dienstleistungen mehreren Kundenanforderungen unterliegen, gibt es verschiedene „Chancen", einen Fehler zu haben. Die Zahl von Fehlermöglichkeiten bei einem Auto kann beispielsweise leicht über 100 liegen.

Denken Sie daran, dass Ihre Daten Informationen über Leistungen im Vergleich zu den Kundenanforderungen enthalten sollen. Wenn also eine wichtige Anforderung die „pünktliche Lieferung" ist und Ihre Daten nur „Kosten pro Auftrag" erfassen, dann be-nötigen Sie noch mehr Daten.

Fehleranteil- und Ausbeutemessung

Wir beginnen mit Messungen, die sich auf „Schadensfälle" konzentrieren, Einheiten, die einen oder zehn Fehler haben. Fehlermessungen sind in Geschäften oder bei Pro-dukten besonders wichtig, wo jeder Defekt schwerwiegend ist. So vermindert jeder

Druckfehler in einem Magazin dessen Glaubwürdigkeit. Oder jeder Fehler in der Naht eines Kleides führt dazu, dass es nicht mehr zum vollen Preis verkauft werden kann. Es gibt zwei Maßzahlen für Defekte:

- *Fehleranteil.* Dies ist der Prozentsatz von Stichprobenanteilen, die einen oder mehrere Defekte haben. Die Formel (und einige Beispiele) für Fehleranteile werden in Abbildung 25 gezeigt. Wir werden die gleichen Beispiele für jeden Typ von Fehlermessung anführen.
- *Endgültige Ausbeute.* Diese wird als 1 minus Fehleranteil berechnet. Das sagt Ihnen, welcher Anteil aller produzierten/angebotenen Einheiten ohne Defekte war. (Die Multiplikation des endgültigen Ertrags mit 100 ergibt den Prozentsatz der „guten" Einheiten.) (Siehe Abbildung 26.)

Fehleranteil

Formel: $\dfrac{\text{Zahl der Fehler}}{\text{Zahl der Einheiten}}$

Dienstleistungsbeispiele:
- 43 von 250 Darlehensanträgen beinhalten Fehler

$\dfrac{43 \text{ Fehler}}{250 \text{ Einheiten}} = 0{,}172$ (oder 17,2 % Fehleranteil)

- 66 von 186 Werbeverträgen enthalten Fehler

$\dfrac{66 \text{ Fehler}}{186 \text{ Einheiten}} = 0{,}354$ (oder 35,4 % Fehleranteil)

Produktionsbeispiele:

- 97 von 750 Mikrochips haben Fehler

$\dfrac{97 \text{ Fehler}}{750 \text{ Einheiten}} = 0{,}129$ (oder 12,9 % Fehleranteil)

- 99 von 1150 Stahlträgern haben Fehler

$\dfrac{99 \text{ Fehler}}{1150 \text{ Einheiten}} = 0{,}86$ (oder 8,6 % Fehleranteil)

Abb. 25: Formel und Beispiele für den Fehleranteil

Endgültige Ausbeute

Formel: 1 – Fehleranteil

Dienstleistungsbeispiele:
- 43 von 250 Darlehensanträgen beinhalten Fehler

  1 – 0,172 = 0,828 oder 82,8 % Ausbeute

- 66 von 186 Werbeverträgen enthalten Fehler

  1 – 0,345 = 0,646 oder 64,6 % Ausbeute

Produktionsbeispiele:

- 97 von 750 Mikrochips haben Fehler

  1 – 0,129 = 0,871 oder 87,1 % Ausbeute

- 99 von 1150 Stahlträgern haben Fehler

  1 – 0,086 = 0,914 oder 91,4 % Ausbeute

Abb. 26: Formel und Beispiele für endgültige Ausbeute

Fehlermessungen

Defects per Unit (Fehler pro Einheit) oder DPU. Dieses Maß gibt die durchschnittliche Anzahl von Fehlern aller Arten im Verhältnis zur Gesamtzahl der in der Stichprobe erfassten Einheiten wieder (siehe Formel und Beispiele in Abbildung 27). Wenn Sie eine DPU von 1,0 berechnet haben, dann zeigt dies die Wahrscheinlichkeit an, dass jede Einheit einen Fehler hat, obwohl einige Einheiten mehr als einen Fehler, andere gar keinen haben werden. Eine DPU von 0,25 heißt, dass eine von vier Einheiten einen Fehler aufweisen wird.

Diese drei Messformen helfen Ihnen zu erkennen, wie viel schlechte Prozesse vorhanden und wie die Fehler in Ihren Arbeitsabläufen verteilt sind.

Bestimmung von Fehlermöglichkeiten

Eine Innovation der Six Sigma-Messung besteht darin, die Messung an die Komplexität oder Anzahl der „Möglichkeiten" für Fehler anzupassen. Sinn ist, eine komplexe Dienstleistung oder ein komplexes Produkt mit der Leistung eines jeweils einfacheren zu vergleichen. Zunächst werden wir die Schritte hin zu einer möglichkeitsbasierten Messung betrachten, dann, wie diese Messung ausgedrückt werden kann.

Fehler pro Einheit oder DPU

Formel: $\dfrac{\text{Zahl der Fehler}}{\text{Zahl der Einheiten}}$

Dienstleistungsbeispiele:
- 52 Fehler bei 250 Darlehensanträgen

$$\frac{52\ \text{Fehler}}{250\ \text{Anwendungen}} = 0{,}208\ (\text{oder}\ 20{,}8\,\%)\ \text{DPU}$$

- 321 Fehler bei 186 Werbeverträgen

$$\frac{321\ \text{Fehler}}{186\ \text{Verträge}} = 1{,}73\ (\text{oder}\ 172\,\%)\ \text{DPU}$$

Produktionsbeispiele:

- 99 Fehler bei 750 Mikrochips

$$\frac{99\ \text{Fehler}}{750\ \text{Mikrochips}} = 0{,}132\ (\text{oder}\ 13{,}2\,\%)\ \text{DPU}$$

- 233 Fehler bei 1150 Stahlträgern

$$\frac{233\ \text{Fehler}}{1150\ \text{Stahlträger}} = 0{,}202\ (\text{oder}\ 20{,}2\,\%)\ \text{DPU}$$

Abb. 27: Formeln und Beispiele: Fehler pro Einheit oder DPU

Es ist einfach, über eine Kaffeetasse zu urteilen, denn das ist kein sehr komplexes Produkt. Aber wenn der Antrag auf ein Hypothekendarlehen eines Ehepaars für ein neues Haus betrachtet wird, dann fällt es viel schwerer, darüber etwas zu sagen. Und wenn man den Laptop in Ihrer Aktentasche nimmt, dann dürfte der noch komplexer als der Antrag für einen Kredit sein. Bei Six Sigma-Messungen bedeutet das Wort komplex mehr Möglichkeiten für Fehler. Die Aufgabe lautet, eine realistische Anzahl von Fehlermöglichkeiten für jedes Produkt oder jede Dienstleistung zu bestimmen. In vielen Fällen ist das ein Ermessensentscheid, aber wir können drei Hauptstufen bei der Bestimmung der Anzahl von Möglichkeiten unterscheiden:

1. Entwicklung einer vorläufigen Liste von Fehlertypen
2. Festlegung, welche davon aktuelle, kundenkritische, spezifische Fehler sind
3. Überprüfung der vorgeschlagenen Zahl von Fehlermöglichkeiten im Vergleich zu anderen Standards

Wirklich komplexe Produkte können viele Fehlermöglichkeiten aufweisen. Ein Beispiel, das Texas Instruments in den frühen 90er Jahren anhand eines elektronischen Geräts gab, zeigte über 4000 Möglichkeiten – verständlich, wenn man an die Zahl von Einzelteilen denkt (von denen jedes wieder Defekte haben kann) und an die Anforderungen an ein solch komplexes Ausrüstungsteil.

Wir fassen zusammen, indem wir Ihnen einige Leitlinien für die Bestimmung von Fehlermöglichkeiten bei Produkten oder Dienstleistungen geben:

* Konzentrieren Sie sich auf „Standard-Problemgebiete". Seltene Fehler sollten nicht in Betracht gezogen werden.
* Gruppieren Sie eng verknüpfte Fehler zu *einer* Möglichkeit. Das vereinfacht die Arbeit und verhindert eine Inflation von Möglichkeiten.
* Stellen Sie sicher, dass der Fehler für den Kunden von Bedeutung ist. Wenn Sie sich auf gültige Anforderungen/Leistungsstandards konzentriert haben, wird das einfacher sein.
* Seien Sie konsistent. Wenn Ihr Unternehmen beabsichtigt, auf Fehlermöglichkeiten beruhende Messungen anzuwenden, dann sollten Sie Standards für die Bestimmung von Fehlermöglichkeiten festlegen.
* Ändern Sie nur, wenn erforderlich. Jedes Mal, wenn Sie die Anzahl der Fehlermöglichkeiten verändern, verschieben Sie den Nenner in Ihrer Sigma-Messung, was bedeutet, dass ein Vergleich mit früheren Ergebnissen weniger genau wird. Sie sollten die Regeln nur ändern, wenn es wirklich notwendig ist.

Einige Organisationen, mit denen wir zusammengearbeitet haben, etwa eine Logistik-Gruppe in der Raumfahrt und eine Leasinggesellschaft, haben das Problem dadurch vereinfacht, dass sie nur eine Möglichkeit definierten und sich damit auf echte Schadensfälle konzentrierten. Das Argument dafür lautete, Kunden wünschen keine Defekte, Möglichkeitsberechnungen können aber die Lage besser erscheinen lassen, als sie ist. Andererseits macht die „Eine-Möglichkeit-Auswahl" einen Vergleich über mehrerer Prozesse hinweg weniger aussagekräftig.

Berechnung der auf Möglichkeiten basierenden Messung

Es gibt mehrere Wege, um Messungen zu berechnen, die auf Fehlermöglichkeiten beruhen:

Defects per Opportunity (Defekte pro Möglichkeit) oder DPO. Dies drückt das Verhältnis von Fehlern gegenüber der Gesamtzahl von Möglichkeiten in einer Gruppe aus. Wenn DPO beispielsweise 0,05 ist, dann bedeutet das eine fünfzigprozentige Chance für einen Fehler in einer Kategorie (siehe Abbildung 28).

Defekte pro Möglichkeit (DPO)

Formel: $\dfrac{\text{Anzahl der Fehler}}{\text{Zahl der Einheiten x Zahl der Möglichkeiten}}$

Dienstleistungsbeispiele:

- 52 Fehler, 250 Kreditanträge, 4 Fehlermöglichkeiten pro Anwendung

$$\frac{52 \text{ Defekte bei Anwendungen}}{250 \text{ Anwendungen x 4 Möglichkeiten/Anw.}} = 0{,}052 \text{ DPO}$$

- 321 Fehler, 186 Werbeverträge, 8 Fehlermöglichkeiten pro Anwendung

$$\frac{321 \text{ Fehler bei Verträgen}}{186 \text{ Anwendungen x jeweils 8 Möglichkeiten}} = 0{,}216 \text{ DPO}$$

Produktionsbeispiele:

- 99 Fehler, 750 Mikrochips, 150 Fehlermöglichkeiten

$$\frac{52 \text{ Fehler bei Mikrochips}}{750 \text{ Chips x 150 Möglichkeiten/Chip}} = 0{,}0046 \text{ DPO}$$

- 319 Fehler, 1150 Stahlträger, 15 Fehlermöglichkeiten

$$\frac{319 \text{ Fehler bei Trägern}}{1150 \text{ Träger x 15 Möglichkeiten/Träger}} = 0{,}018$$

Abb. 28: Formeln und Beispiele: Fehler pro Möglichkeit oder DPO

- Defects per Million Opportunities (Defekt pro 1 Million Möglichkeiten) oder DPMO. Die meisten Möglichkeitsmessungen werden in das DPMO-Format übertragen, das anzeigt, wie viele Fehler entstehen würden, wenn es 1 Million Möglichkeiten gäbe. Im Produktionsbereich wird DPMO oft „PPM" genannt, von „parts per million" (Teile pro Million) (siehe Abbildung 29).
- Sigma-Messung. Die Bestimmung der Sigma-Leistungsäquivalente ist jetzt einfach. Wie wir in Kapitel 2 gezeigt haben, besteht die einfachste Methode darin, eine Umrechnungstabelle zu benutzen. Die Zahlen für unsere in Abbildung 30 gezeigten Beispiele stammen aus der Six Sigma-Umrechnungstabelle (siehe Anhang, Seite 270). Wenn die Daten in jedem Beispiel stimmen, würden wir daraus schließen, dass der Herstellungsprozess für Mikrochips am besten läuft und der Werbevertragsprozess am schlechtesten. In der Realität würde das ein typisches Ergebnis sein.

Fehler pro 1 Million Möglichkeiten (DPMO)

Formel: DPO x 1 000 000 (10^6)

Dienstleistungsbeispiele:
- Kreditanträge

  0,052 x 106 = 52 000 DPMO

- Werbeverträge

  0,216 x 106 = 216 000 DPMO

Produktionsbeispiele:

- Mikrochips

  0,00046 x 106 = 460 DPMO

- Stahlträger

  0,018 x 106 = 18 000 DPMO

Abb. 29: Formeln und Beispiele: Fehler pro 1 Million Möglichkeiten oder DPMO

Sigma

Berechnen Sie DPMO, benutzen Sie die Tabelle S. 270

Dienstleistungsbeispiele:
- Kreditanträge

  52 000 DPMO = 3,1 Sigma

- Werbeverträge

  216 000 DPMO = 2,3 Sigma

Produktionsbeispiele:

- Mikrochips

  460 DPMO = 4,8 Sigma

- Stahlträger

  18 000 DPMO = 3,6 Sigma

Abb. 30: Beispiele für Sigma-Messungen

Der Unterschied zwischen Sigma und Standardabweichung

Es gibt eine Anomalie bei der Sigma-Umrechungstabelle, die vielleicht interessant ist, besonders für statistischen Sachverstand oder aus reiner Neugier. Wir werden versuchen, das kurz in Laiensprache zu erklären, auch wenn Sie meinen, dass bei Nutzung der Sigma-Leistungsziffern dieses Wissen überflüssig sei.

Die Konvention sieht in Übereinstimmung mit den ursprünglichen Arbeiten von Motorola in den 80er Jahren ein Punktesystem vor, das mehr Veränderungen in einem Prozess zulässt, als typischerweise in ein paar Wochen oder selbst Monaten bei der Datensammlung auftreten. Lassen Sie uns annehmen, dass wir in einem Callcenter für Kundendienst arbeiten und herausfinden, dass wir in einem Monat eine Trefferquote von 95,44 Prozent bei Anrufen haben, die sofort zu Lösungen führen. Bei 1 Million Anrufe würden wir 45 600 „Fehler" ermitteln oder Anrufe, die nicht beim ersten Mal zu einer Lösung führen.

Aber was wir in einem einzigen Monat sehen, ist normalerweise nicht repräsentativ für das, was etwa in einem oder zwei Jahren passieren könnte. Über längere Zeit würden wir möglicherweise herausbekommen, dass unsere Leistung sehr unterschiedlich ist und vielleicht gar nicht so gut. Bei realistischerer „Ausbeute" – auf Grundlage von Annahmen, die wir aus der Elektronik-Produktion nehmen, aber jetzt auf alles anwenden – würden wir etwa 69,2 Prozent oder 308 000 Fehler pro 1 Million Anrufe haben. Oh jeh!

Glücklicherweise ist die Art, wie diese Konvention umgesetzt wird, weniger deprimierend. Statt die Sigma-Punktezahl zu senken, wurde die Zählweise selbst „verschoben", so dass für unsere einmonatigen Daten von 95,44 Prozent unser kurzfristiges Sigma-Niveau auf etwa 3,2σ (technisch mit σ_{ST} bezeichnet) steigt. Diese Zählweise spiegelt eine realistischere Erwartung unseres wahrscheinlichen Fehlerniveaus wider. Wenn wir 3,2σ auf lange Sicht erreichen wollten (d. h. ohne „Verschiebung" der Zählweise), dann würden normale statistische Tabellen sagen, dass weniger als 3000 Defekte zu erwarten seien, während diese Tabelle aussagt, dass bei den jetzigen 3,2σ über 45 000 Defekte erwartet werden sollten.

Wenn Sie jetzt meinen, das sei genug, um Sie schwindlig zu machen, dann sind wir auf Ihrer Seite. Diese so genannte „1,5 σ Verschiebung" ist einer der Hauptstreitpunkte unter Statistik-Experten, wenn es darum geht, wie Six Sigma-Messungen definiert werden sollen. Das Gute an Konventionen ist, dass sie immer gültig sind, wenn sie konsistent angewendet werden.

Da dies die Methode ist, nach der alle Unternehmen, die wir kennen, ihre Sigma-Punkte vergeben, können wir Ihnen versichern, dass es gut funktioniert. Das einzige Problem entsteht, wenn Sie versuchen, das akzeptierte Six Sigma-Punktesystem mit Standardabweichungen unter einer normalen Kurve gleichzusetzen.

Leistungsmessung des Gesamtprozesses

Die Fehler- und Sigma-Berechungen, die wir hier dargestellt haben, beruhen auf Ergebnissen oder Messungen am Ende des Prozesses. Wenn Ihr Hauptgewicht auf der Bewertung Ihrer Prozesseffektivität hinsichtlich der Kundenbedürfnisse liegt, dann genügen Ihnen diese Messungen. Andererseits zeigen Messungen der Fehleranteile, DPU oder DPMO/Sigma nicht wirklich, wie die „Innereien" der Prozesse funktionieren.

Messung der internen Ausbeute

Interne oder Prozessmessungen beruhen auf Daten, die innerhalb Ihrer Arbeitsabläufe gewonnen werden. Wie bei den Output-Messungen konzentrieren wir uns hierbei auf interne Fehlermessungen, welche die Ausbeute oder Nacharbeit quantifizieren, die während des Prozesses anfällt. Diese Messungen können aufschlussreich, wenn nicht gar schockierend sein.

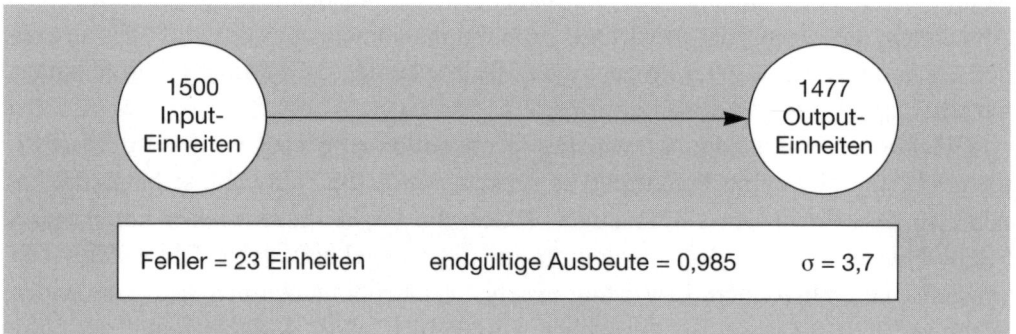

Abb. 31: Endgültige Ausbeute

Wir beginnen mit einem imaginären Prozess (er kann in einem Dienstleistungs- oder Produktionsbetrieb ablaufen). Wie in Abbildung 31 gezeigt, bringen die Daten beim Output eines Prozesses eine endgültige Ausbeute von 0,985 (98,5 Prozent) und ein Sigma von 3,7. Von 1500 Einheiten (Aufträgen, Teilen etc.) waren 1477 am Ende des Prozesses „fehlerfrei".

Sehen wir jetzt in den Prozess hinein. Wir können in Abbildung 32 sehen, dass es drei „Unter-Prozesse" gibt, von denen jeder eine Ausbeute im höheren 90-Prozent-Bereich hat. Das Unternehmen hat die Fehler ermittelt und kann sie beheben, doch im Verlauf des Prozesses mussten 89 Teile überarbeitet werden. Am Ende der internen Datensammlung waren nur 1411 Teile wirklich als „defektfrei" einzustufen, während 89 Nacharbeit erforderten.

In Abbildung 32 haben wir die „Erstausbeute" errechnet, basierend auf der Gesamtzahl der „überarbeiteten" Teile und dem gesamten Input. Hier ist die Ausbeute sehr viel schlechter. Mit anderen Worten verbergen die endgültigen Ausbeute-Zahlen Defekte, die im Prozess behoben wurden.

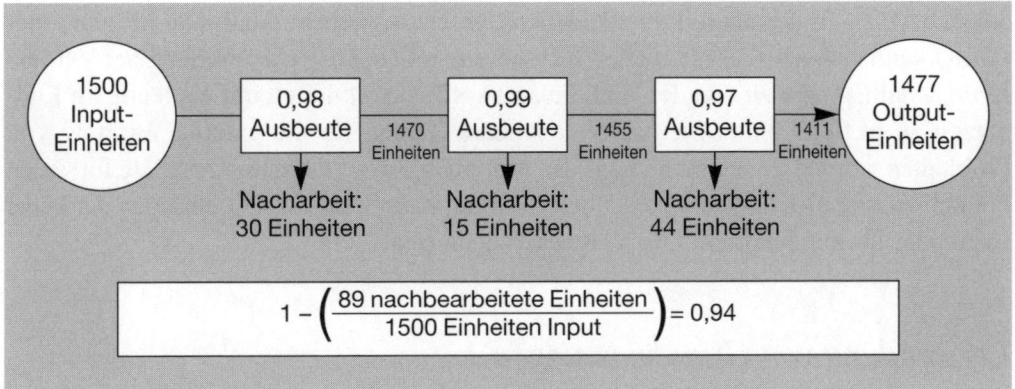

Abb. 32: Anfangsausbeute

Zuletzt können wir die Sigma-Leistungszahlen für jeden Unterabschnitt im Prozess auf Grundlage der Daten ermitteln, die wir geprüft haben. Wir wir anhand sowohl der Ausbeute wie auch der Sigma-Zahlen in Abbildung 33 sehen können, erfordert der dritte Schritt im Prozess die höchste Aufmerksamkeit.

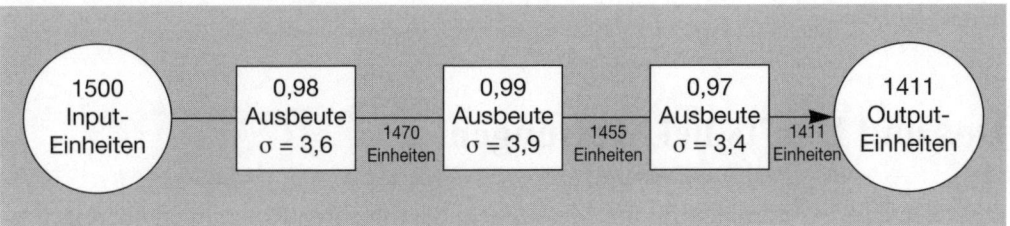

Abb. 33: Unterprozess-Ausbeute und Sigma-Ziffern

Einbeziehung von „Kosten schlechter Qualität"

Eine wichtige Leistungsdimension, die von Fehler- oder Sigma-Messungen nicht erfasst wird, ist die monetäre Wirkung von Fehlern, oft „Cost of Poor Quality" (Kosten für schlechte Qualität) oder „COPQ" genannt. Wenn Sie z. B. zwei Prozesse betrachten, die beide 3,5 Sigma zeigen, dann scheint ihre Leistung gleich zu sein. Wenn Sie jedoch das Geld betrachten, das Sie aufgrund von Fehlern in beiden Prozessen verloren haben, dann könnten Sie sehen, dass die endgültige Ausbeute eines Prozesses wesentlich höher liegt als die des anderen.

Aus diesem Grund drängen wir Teams und Six Sigma-Anwender dazu, COPQ von Beginn an zum wichtigen Element ihrer Mess-Arbeiten zu machen. Das bringt einigen Aufwand beim Umwandeln der Fehler in Kostengrößen pro Einzelfall mit sich, einschließlich Arbeit und Material für Nacharbeit oder Kundenpflege, Opportunitäts- oder Geschäftsverlustkosten. Doch COPQ-Zahlen sind oft aussagekräftiger für Top-Manager oder andere, die keinen Six Sigma-Hintergrund haben, weil sie – anders als Sigma oder DPMO – in der überall verstandenen Sprache sprechen: Geld. Die Messung der CPOQ kann sich als sehr nützlicher Weg herausstellen, Übereinstimmung bei Verbesserungsmaßnahmen zu erzielen und die Auswahl von Aktionen mit eindeutigem Endnutzen zu treffen. Wenn Sie nachvollziehbare Zahlen für die externe Wirkung von Problemen vorweisen können, z.B. das Volumen an verlorenem Geschäft für jeden Punktabzug beim Kundenzufriedenheits-Rating, dann kann COPQ ein noch stärkeres Argument für kundenorientierte Verbesserungen sein.

Verwendung von Grundmessungen

Ihre neuen Messungen und Messfähigkeiten liefern die Grundlage für jene weiterführenden Messsysteme, die viel dazu beitragen können, eine reaktionsschnelle Unternehmung zu schaffen. Das Lernen aus Fehlern sowie die Anwendung guter Datensammlungen und „Messgewohnheiten" kann das langfristige Ziel eines Aufbaus von Messsystemen sehr viel näher rücken. Wir werden das Thema „Messsyteme" nochmals bei Stufe 4 (Kapitel 17) aufnehmen, indem wir überlegen, wie alle Schlüsselelemente des Six Sigma-Systems zum anhaltenden Erfolg und kontinuierlicher Verbesserung beitragen können.

Dos und Don'ts bei Messungen

Do – Setzen Sie Prioritäten für die Messungen, die mit Ihren Ressourcen übereinstimmen.

> *Wenn es Ihnen möglich ist und Sie das Know-how besitzen, um alle Kernprozesse zu messen, dann tun Sie das. Die meisten Unternehmen haben jedoch eher beschränkte Mittel. In dieser Mehrzahl von Fällen wird diejenige Messung angepeilt, deren Erkenntnisse am hilfreichsten sind und am besten erreicht werden können.*

Do – Überlegen Sie Methoden, wie sich Dienstleistungen und auch Output-Faktoren messen lassen.

> *Zur Vereinfachung haben wir unsere Beispiele und die Darstellung auf konkretere Output-Messungen bezogen. Die Messung der Leistungen und Fehler in wichtigen Dienstleistungsbereichen kann jedoch genauso nützlich bei der Ermittlung von Verbesserungsprojekten sein.*

Do – Verbessern Sie kontinuierlich Ihre Messungen.

> *Eine gute Messung der Geschäftsvorgänge ist nicht einfach. Die menschlichen*

Aspekte der Messungen können genauso wichtig und herausfordernd wie die technische Seite sein. Gehen Sie davon aus, dass Sie Fehler machen und lernen, während Sie und Ihre Organisation immer stärkeren „Messverstand" gewinnen.

Do – Beenden Sie Messungen, die nicht erforderlich oder nicht sinnvoll sind.

Wenn es keinen guten Grund für die Beibehaltung einer Messung gibt, geben Sie diese auf. Wenn Sie nicht wachsam sind, kann eine Messbürokratie entstehen, die alle Messungen verteidigt. Dann lautet das Ziel: „Messungen um der Messung willen".

Don't – Wenden Sie nicht alle Messmöglichkeiten an, die existieren.

Sigma, Ausbeute, DPMO, Erstergebnis – alle haben ihre Bedeutung. Doch denken Sie daran, jene Messung anzuwenden, die für Ihr Geschäft und Ihren Prozess am sinnvollsten ist.

Don't – Ignorieren Sie nicht andere Messmöglichkeiten.

Bestehende oder alternative Messmethoden wie Qualitätsregelkarten, Prozessfähigkeit (Cp, Cpk), COPQ etc. besitzen ebenfalls Berechtigung und können Ihnen helfen, Verbesserungsprojekte auszuwählen.

Don't – Erwarten Sie nicht, dass die Daten Ihre Erwartungen erfüllen.

Oft finden Mitarbeiter, dass die gesammelten Grunddaten genau auf der Linie ihrer eigenen Überlegungen liegen. Häufig bringt eine Messung aber auch eine große Überraschung zutage. Wenn das passiert, geben Sie Acht. Graben Sie noch tiefer und schließen Sie Daten nicht als „unmöglich" aus.

Kapitel 15
Six Sigma-Prozessverbesserungen
(Wegweiser Stufe 4 a)

Einleitung und Schlüsselerkenntnisse

In diesem Kapitel kommt die Six Sigma-Maschine richtig auf Touren. Hier und im nächsten Kapitel wollen wir Ihnen zeigen, dass Sie den Gewinn erzielen oder übertreffen können, den wir in Kapitel 1 beschrieben haben.

Unsere Absicht ist, wie schon früher erwähnt, das Procedere von Definition, Messung, Analyse und Verbesserung mithilfe einer Geschichte zu erzählen, die zeigt, wie ein typisches Team normalerweise eine typisches Projekt bearbeitet. Natürlich ist kein Team oder Projekt wirklich „typisch"; jedes ist einmalig und besitzt spezielle Herausforderungen. Trotzdem wird ein Beispiel Ihnen ein besseres „Feeling" für die notwendige Arbeit vermitteln und wie sie gut verrichtet werden kann.

Kontrolle ist das Ende von DMAIC (Control), aber in Wirklichkeit der Anfang der kontinuierlichen Verbesserung und Integration des Six Sigma-Systems. Deshalb werden wir die Kontrollinstrumente und -konzepte in unsere Darstellung der Stufe 5 in Kapitel 17 aufnehmen: Ausweitung und Integration des Six Sigma-Systems.

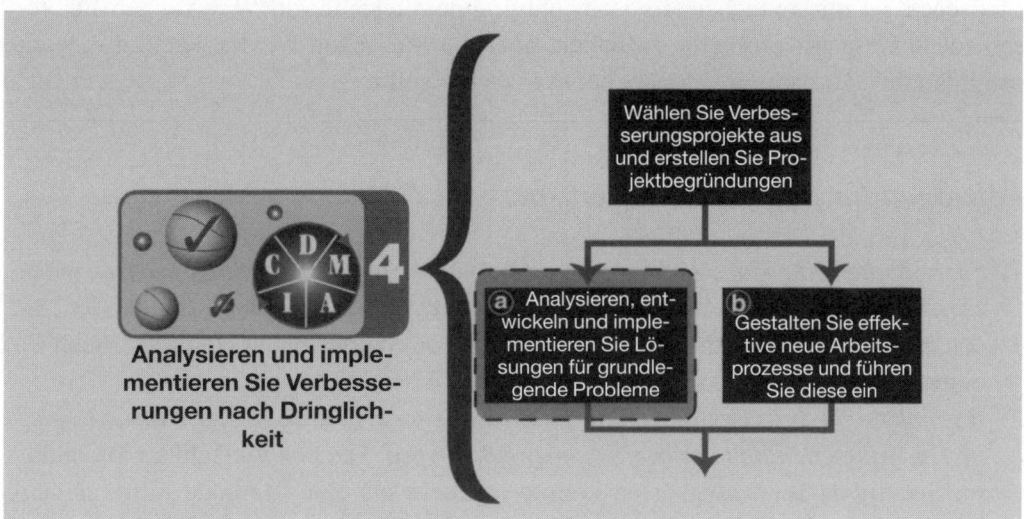

Abb. 34: Six Sigma-Wegweiser Stufe 4a

Konzentration Ihrer Aufmerksamkeit

Viele Grundelemente von DMAIC (etwa die Elemente der Projekt-Charta) werden wir in diesem Kapitel behandeln, während wir auf Variationen im Gestalten/Umgestalten von Projekten in Kapitel 16 eingehen. Wenn Sie in Ihrem Unternehmen einen Gestaltungs- bzw. Umgestaltungsprozess vorhaben, dann sollten Sie beide Kapitel lesen. Wenn Ihr einziges Interesse zunächst der Prozessverbesserung (d. h. dem allmählichen Wandel) gilt, dann können Sie bei diesem Kapitel bleiben. Da wir viele Grundelemente der Messung in Kapitel 14 abgedeckt haben, wird unsere Betrachtung der Messphase darin bestehen, die Anwendung der Konzepte durch ein Team zu betrachten, z. B. die Auswahl der Messmethode und Entwicklung der Grunddaten. Bei der Analyse werden wir zeigen, wie Messungen Anwendung finden, um zu ermitteln, warum Probleme in Prozessen auftauchen.

Werkzeuge: Mit Vorsicht behandeln

Über Beispiele wollen wir eine Reihe von gebräuchlichen und/oder sinnvollen Werkzeugen und Techniken beschreiben, die den DMAIC-Prozess unterstützen. Unser Schwergewicht liegt auf der Frage, welche Werkzeuge wann und warum eingesetzt werden sollten, eine der großen Aufgaben für Organisationen und Teams, die Six Sigma starten wollen.

Wann immer wir Verbesserungsinstrumente vorstellen, haben wir Sorge, dass die Menschen sie missbrauchen. Es ist wichtig, eine Vielzahl von Werkzeugen für verschiedene Geschäftsprobleme zu haben, aber die Menschen werden leicht zu „werkzeuggläubig". Hier einiges, was beherzigt werden sollte:

Leitlinien für den Werkzeugeinsatz

1. *Sie brauchen eine klare Zielsetzung, wann immer Sie ein Werkzeug einsetzen möchten.* Verwenden Sie niemals ein Werkzeug nur, weil es „im Buch steht" oder „wir das hier noch nicht ausprobiert haben". Nehmen Sie nur einen Hammer, wenn Sie einen Nagel einschlagen wollen.
2. *Betrachten Sie Ihre Optionen, dann wählen Sie jene Technik aus, die Ihren Bedürfnissen wahrscheinlich am besten entsprechen wird.* Bei der Vielzahl an Techniken im Six Sigma-Werkzeugkasten könnte oft mehr als eine Methode hilfreich sein. Seien Sie vorsichtig beim Gebrauch.
3. *Keep it simple; die Details und die Komplexität eines Werkzeugs müssen der Situation angemessen sein.* Die grundlegenderen Werkzeuge sollten am häufigsten eingesetzt werden. Wenn Sie detaillierte Statistiken für jedes Problem oder Projekt einsetzen, dann machen Sie die Dinge wahrscheinlich zu kompliziert.

4. *Passen Sie die Methode auf Ihre Bedürfnisse an.* Statt wie einige Organisationen oder Berater „Werkzeug-Polizei" zu spielen, ist es schon in Ordnung, wenn Sie eigene Variationen von Methoden kreieren. Allerdings sollten Sie keine Änderung vornehmen, die niemand sonst verstehen kann oder aus der man letztlich falsche Schlüsse ziehen könnte.

5. *Wenn ein Werkzeug nicht funktioniert, dann stopp.* Betrachten Sie jedes Werkzeug als „Versuchsballon". Wenn Sie damit nicht die Antwort erhalten, die Sie brauchen, oder wenn es nicht funktioniert, dann versuchen Sie etwas anderes.

Eine Geschichte der Prozessverbesserung

Wachstum mit einigen Schmerzen

Der Markt für Handdiktiergeräte und elektronische Taschenorganizer ist wie verrückt gewachsen. Geschäftsleute haben sich so daran gewöhnt, in ihre Handys zu sprechen, während sie im Auto sitzen, die Straße heruntergehen, im Restaurant sind, dass sie sogar nach Ende des Anrufs noch immer sprechen – zu sich selbst. Eine ganz neue Art von Geräten wurde geschaffen, die alle die Vorteile der digitalen Speicherung und Minidiscs nutzen. Im Endergebnis steht eine Vielfalt von Speichergeräten zur Verfügung, die sich alle in einer Produktkategorie zusammenfassen lassen: „Auto-Talk-Geräte". In den vergangenen anderthalb Jahren gelang einem der Führer auf dem Auto-Talk-Markt, nämlich AutoRec, Inc., ein Durchbruch, indem er verschiedene Diktierformate mit der Stimmerkennung verbinden konnte. Jetzt können die Menschen ihre Äußerungen automatisch in Texte umwandeln lassen. Ein neuer Markt hat sich für AutoRec im Bereich der Verkaufsautomatisierung eröffnet. Beispielsweise können Außendienstler viel leichter Notizen über Kundenbesuche und Abschlüsse machen, ebenso Briefe und Vorschläge diktieren – ohne administrative Unterstützung.

Die eigentliche Herausforderung für AutoRec stellt aber die wachsende Gruppe von Firmenkunden mit ihren spezifischen Anforderungen dar. Da die Auto-Talk-Geräte mit der bestehenden Technologie beim Kunden kompatibel sein müssen, mit den Laptops, Netzwerken, Textverarbeitungs- und Kundenkontaktdateien etc., muss jeder Großauftrag für eine Verkaufsmannschaft speziell behandelt und zusammengestellt werden. Leider war die Zahl der Auslieferungen, die den Kundenvorgaben nicht entsprachen, immer hoch und nahm stetig zu. Die Führungskräfte von AutoRec, die von den großen Auswirkungen der Six Sigma-Verbesserungen bei anderen Unternehmen gehört hatten, entschieden sich dafür, diese Methoden daraufhin anzusehen, ob sie für ihre Probleme geeignet seien.

„Uns bleiben nur noch wenige Monate", sagte der CEO von AutoRec, „bis jemand unsere Technologie beherrscht und die Kunden sich neu orientieren. Wir müssen uns endlich zusammenreißen, oder man wird uns AutoWrack nennen!" (Was sie eigentlich schon waren.) Das Management stellte daraufhin folgende Projektbegründung auf:

Fehler bei der Auslieferung an Kunden betreffen fast 40 Prozent unserer Lieferungen. Nachbearbeitungskosten stiegen auf 300 000 Dollar pro Monat und zwei der Top-25-Unternehmen dieses Landes, die größere Bestellungen vorhatten, sagen jetzt, sie bräuchten die Zusicherung, dass wir liefern können. Wenn wir nicht die Effektivität bei Erfüllung von Kundenanforderungen steigern, riskieren wir ein Absinken hinter TalkNBox (Hauptwettbewerber), falls diese im Herbst ihr Stimmenintegrationssytem einführen. Das Team ist verpflichtet herauszufinden, warum wir so viele fehlerhafte Lieferungen haben, und es muss in Kürze Lösungen präsentieren.

Es wurde ein Team mit sieben Mitgliedern aus verschiedenen Bereichen von AutoRec zusammengestellt: zwei von der Montage (Fertigung), jeweils einer von der Auftragsverwaltung, der Beschaffung, der Produktentwicklung, vom Versand und vom Verkauf. Ursprünglich sollte das Team nur aus sechs Personen bestehen, aber der Vice President Verkauf bestand darauf, einen Vertreter zu senden. (Zu den Leitlinien für die Auswahl von Projektteams siehe Kapitel 9.) Der Direktor für Produktentwicklung wurde als Teamleiter ausgewählt. Der Leiter und das Team absolvierten einen einwöchigen Workshop, der ihnen einen Überblick über die wesentlichen Methoden zur Durchführung eines Verbesserungsprojekts auf Grundlage von Six Sigma verschaffte. Der CEO suchte jedes Teammitglied persönlich auf, um seine Unterstützung für das Projekt zuzusichern.

Dem AutoRec-Team wurde im Training ein Überblick über die fünf Phasen des DMAIC-Modells geboten. Da das Team wusste, wie die Zeit drängte, konzentrierte es sich auf die Lösung des Problems im laufenden Prozess. Zeit für eine Neugestaltung der Arbeitsabläufe blieb nicht.

Das Hin und Her bei Prozessverbesserungen

Bevor wir die AutoRec-Geschichte weiter erzählen, sollten wir ein Faktum hervorheben: Der DMAIC-Zyklus ist keine völlig gradlinige Aktivität. Wenn irgendein Team mit dem Ausprobieren, Datensammeln etc. beginnt, macht es unausweichlich Entdeckungen beim Problem und Prozess. Diese Enthüllungen bedeuten, dass das Projektziel bis zum Zeitpunkt der Einführung von Lösungen revidiert werden kann. Es könnte auch passieren, dass ein Team nach dem Testen der Lösung noch mehr Analysen durchführen muss. Im Allgemeinen kann ein Verbesserungsteam seinen Fortschritt nach den D-M-A-I-C-Phasen planen, doch insgesamt ist es ein iteratives Vorgehen.

Abklärung des Problems, Ziels und Prozesses

Die Definitionsphase schafft die Basis für ein erfolgreiches Six Sigma-Projekt, indem sie Antworten auf vier kritische Fragen gibt:

1. Welches ist das Problem oder die Möglichkeit, auf das/die wir uns konzentrieren?
2. Wie heißt unser Ziel? (Welche Ergebnisse wollen wir wann haben?)
3. Wer ist der von diesem Prozess und Problem betroffene Kunde?
4. Welchen Prozess untersuchen wir?

Wenn ein Verbesserungsteam die Projektziele und Parameter zu Beginn dokumentiert – üblicherweise in einer „Projekt-Charta" –, kann es eher erwarten, dass seine Arbeit bei den Chefs und „Sponsoren" Unterstützung findet.

Anfang mit der Projekt-Charta

Beim ersten Treffen der AutoRec-Gruppe stand nur ein Punkt auf der Tagesordnung: „Definition des Projekts". Einige von den Teammitgliedern fragten, warum das eine ganze Sitzung erfordere, die Projektbegründung der Führungskräfte habe die Situation doch ziemlich klar umrissen. Während der ersten fünf Minuten der Diskussion ergaben sich folgende Problempunkte:

* Die Kundenerwartungen an die AutoRec-Einheiten sind zu hoch.
* Die Mitarbeiter in der Montage machen Fehler, die zu Produktabweichungen beim Kunden führen.
* Die Spezifikationen werden irgendwie nicht richtig beachtet, d. h. die Produkte entsprechen letztlich nicht den Kundenwünschen.
* Verspätete Lieferungen schaffen verärgerte Kunden; sie reklamieren bereits, wenn nur eine Kleinigkeit bei einer Einheit nicht in Ordnung ist.
* Die Verkaufsmitarbeiter, also die Endanwender der AutoRec-Produkte, wissen nicht, wie man die Einheiten benutzt.

Angesichts einer solchen Fülle von Problemen entschied das Team, eine allgemeine Problembeschreibung vorzulegen, die es mit mehr Daten verfeinern würde. Das Team erstellte auch eine Zielbeschreibung, die die zu erreichenden Ergebnisse festlegte. Einige Mitglieder fühlten sich nicht wohl bei der Zeitvorgabe, aber sie mussten einsehen, dass ein früher Erfolg notwendig sei. „Nun gut", meinte der Verkaufsleiter, „das sind ziemlich allgemeine Feststellungen. Wir müssen schnell noch einige spezifischere bekommen."

Six Sigma-Projektcharta

Es gibt viele Möglichkeiten für die Entwicklung und Formulierung einer Charta. Das AutoRec-Team hat bisher nur die beiden wichtigsten Charta-Elemente vorgelegt. Im Anschluss finden Sie die wichtigsten Punkte einer Projekt-Charta sowie einige Leitlinien für die Zusammenstellung Ihres eigenen Projektdokuments.

Problemaussage

Das ist eine knappe und konzentrierte Beschreibung dessen, „was falsch ist" – also entweder der schmerzliche Druck, der vom Problem verursacht wird, oder die Möglichkeit, die angepeilt werden muss. In einigen Fällen kann die Problemaussage eine verkürzte Version der Projektbegründung sein. Doch normalerweise muss ein Team seine Problematik genauer beschreiben, denn selbst die besten Projektbegründungen sind ziemlich weit gefasst.

Eine Problemaussage dient dazu:

1. sicherzustellen, dass die Projektbegründung von dem Verbesserungsteam eindeutig verstanden wurde
2. die Zustimmung und Verantwortlichkeit der Teammitglieder zu dem Problem festzuschreiben
3. sicherzustellen, dass das Team ein Problem ins Visier nimmt, das weder zu einfach noch zu kompliziert ist
4. die Klarheit der Daten zu unterstützen und zu bewerten und die Definition des Problems zu erleichtern
5. einen Maßstab aufzustellen, an dem der Fortschritt und die Ergebnisse verfolgt werden können

Dieser letzte Vorteil, der Maßstab, existiert noch nicht, wenn das Team sich zum ersten Mal trifft. Es gibt noch mehr Elemente der Problemaussage, die im Laufe der Zeit geklärt werden müssen. Abbildung 35 fasst die vier Schlüsselfragen zusammen, die Sie stellen sollten, wenn Sie eine Problemaussage entwickeln.

Die Zielaussage

Problemaussage und Zielaussage bilden ein Paar. Während die Problemaussage die Schwierigkeiten oder Symptome beschreibt, definiert die Zielaussage die „Erleichterung" als Ausdruck konkreter Ergebnisse. Die Struktur einer Zielaussage kann recht leicht in drei Elementen zusammengefasst werden:

1. *Eine Beschreibung, was zu erreichen ist.* Die Zielaussage sollte mit einem Verb wie „reduzieren", „vergrößern" oder „beseitigen" beginnen. (Versuchen Sie, das Wort „verbessern" zu vermeiden, es ist zu unbestimmt.)

Struktur der Problemaussage	
Was?	• Welcher Prozess ist betroffen? • Was läuft falsch? • Wo ist die Lücke oder Möglichkeit?

Wo/Wann?	• Wo beobachten wir das Problem/die Lücke?
	   – Abteilung
	   – Region
	     etc.
	• Wann beobachten wir das Problem/die Lücke?
	   – Tageszeit/Monat/Jahr
	   – vor/nach X
	     etc.

Wie groß?	• Wie groß ist das Problem/die Lücke/die Möglichkeit? • Wie können wir das messen?
Wirkung?	• Welche Wirkung hat das Problem/die Möglichkeit? • Welches ist der Nutzen der Aktion, welche Konsequenzen sind zu erwarten, wenn man nichts tut?

Abb. 35: Elemente einer Problemaussage

2. *Ein messbares Ziel für die erwünschten Ergebnisse.* Das Ziel sollte die gewünschte Kostenersparnis, Fehlerbeseitigung, Zeitersparnis etc. in Prozentsätzen oder richtigen Zahlen quantifizieren. Wenn es selbst für Schätzungen zu früh ist, lassen Sie einen „Platzhalter" zurück, um anzuzeigen, wo Sie später ein Ziel hinzufügen wollen. Das messbare Ziel werden Ihr Team und das Top-Management verwenden, um den Projekterfolg zu bestimmen.
3. *Ein Abschlusstermin und/oder Zeitrahmen für die Ergebnisse.* Das im frühen Stadium des Projekts festgelegte Datum kann später revidiert werden, aber die Festlegung eines Abschlusstermins hilft, die Ressourcen und Mitarbeit zu konzentrieren und die Durchlaufzeit des Projekts zu verkürzen.

Ein Vorschlag: Zur Klarstellung könnten Sie zwei Abschlusstermine in einer Zielaussage nennen, das Datum für die Anwendung der Lösungen und ein zweites dafür, wann Sie messbare Ergebnisse erwarten.

Viele Teams sagen, dass die größte Herausforderung eines Six Sigma-Projekts darin besteht, sich über ein Problem und ein Ziel einig zu werden. Personen aus verschiedenen Bereichen Ihres Unternehmens werden ein und dasselbe Thema völlig unterschiedlich betrachten, eine Übereinstimmung ist schwierig zu erreichen. Darüber hinaus beruhen die einzelnen Entwürfe oft mehr auf Schätzungen als auf harten Daten, so dass es noch mehr Diskussionsanlässe gibt. (Es ist üblich, eine Projekt-Charta als „lebendes Dokument" zu beschreiben, das irgendwie an eine schlechte Filmszene erinnert: „Sehen Sie nur, Professor, es atmet!")

Begrenzungen und Annahmen

Dieser Abschnitt einer Charta, der auch „Ressourcen und Erwartungen" genannt werden könnte, unterstützt Sie bei der Abklärung von Begrenzungen und anderen wichtigen Faktoren, die die Bemühungen Ihres Teams u.U. beeinträchtigen. Ein geläufiges Beispiel ist die verfügbare Zeit: Wird erwartet, dass die Mitglieder des Verbesserungsteams 100 Prozent ihrer Zeit auf das Projekt verwenden? Wird es genug Ressourcen geben, um ihre „normalen" Tätigkeiten abzudecken? Einige mögliche Lösungen werden in absehbarer Zeit nicht machbar sein, etwa eine größere Aufrüstung im IT-Bereich. Derartige Dinge sollten am besten gleich geklärt werden, damit Teams nicht die falsche Richtung einschlagen oder übertriebene Erwartungen hegen.

Auch sind nicht alle Elemente, die in diese Kategorie fallen, Begrenzungen. Eine Annahme könnte sein: „Das Team wird alle wesentlichen Entscheidungen über die einzuführenden Lösungen treffen." Oder: „Die Finanzabteilung wird eine Ganztagskraft bereitstellen, um dem Team bei der COPQ-Datensammlung zu helfen."

Ausgangsproblem oder Gelegenheitsdaten

Da Sie die Problemaussage in nicht mehr als zwei oder drei kurze Sätze fassen werden, kann jede Maßnahme oder Tatsache, die nach Ihrer Meinung wichtig für die Bestimmung oder das Verständnis des Problems sein könnte, in einem besonderen Abschnitt der Charta aufgenommen werden. Sie können diese Daten aktualisieren oder sie so lassen „wie sie sind", um einen Bericht über die Fakten zu haben, die beim Beginn des Projekts verfügbar waren.

Team-Leitlinien

Erwartungen über die Zusammenarbeit des Teams können ebenfalls in die Charta aufgenommen werden. Das können Grundregeln des Teams sein, Rollen für die Sitzungen, Entscheidungsprozesse oder andere Aspekte der Teamarbeit.

Vorläufiger Projektplan

Abschlusstermine allein werden die meisten Teams nicht motivieren, während eines ganzen Six Sigma-Projekts bei der Stange zu bleiben. Termine für wichtige „Meilensteine" festzulegen, fördert das Engagement und schafft ein Gefühl der Dringlichkeit. Natürlich ist es besser, wenn die Teammitglieder diese Eckdaten freiwillig akzeptieren, statt sie ihnen aufzuzwingen, aber manchmal ist ein kleiner Anstoß notwendig, vor allem wenn alle Teammitglieder ihre bisherigen Tätigkeiten weiter ausüben.

Anmerkung: Ein zusätzliches Element einer Projekt-Charta, das in einigen Organisationen aufgenommen wird, ist als „Spielraum" bekannt. Wir werden diesen Begriff bis zur Schilderung der Prozessgestaltung/-umgestaltung zurückstellen, da er dort bedeutsamer ist.

Abschluss der Projekt-Charta

Das AutoRec-Team benötigte eine zweistündige Sitzung, nur um die erste Problem- und Zielaussage zu formulieren. Vor der nächsten Sitzung ein paar Tage später stellte der Teamleiter eine Liste der Team- und Projektteilnehmer sowie der Begrenzungen und Annahmen zusammen.

Eine hitzige Diskussion entstand darüber, wie viel Zeit die Teammitglieder für das Projekt opfern müssten: Die Charta zeigte, dass jedes Mitglied zwischen 25 und 50 Prozent seiner Arbeitszeit für das Projekt aufwenden müsste. „Ich habe jede Menge Arbeit auf meinem Schreibtisch", meinte das Mitglied aus dem Beschaffungsbereich. „Ich kann nicht tagelang in Zwei-Stunden-Meetings sitzen, ohne entlastet zu werden." Andere führten ähnliche Klagen. Der Teamleiter war bereit, mit dem Sponsor zu reden, damit die Mitarbeiter Zeit für das Projekt erhielten.

Bis dahin blieb die Problemaussage hinsichtlich des Problemumfangs offen. Dann sagte das Mitglied aus dem Versand: „Ich habe endlich einige Zahlen über schlechte Lieferungen gefunden. Es zeigte sich, dass etwa 8 Prozent der Aufträge zu spät ausgeliefert werden, 30 Prozent entsprechen nicht den Spezifikationen und es gibt noch einige Probleme da und dort."

Aufgrund dieser neuen Daten revidierte das Team die Problemaussage und stellte die erste Charta auf (siehe Abbildung 36).

Projekt-Charta

Problemaussage

40% der ausgelieferten Aufträge an AutoRec-Kunden erfüllen nicht die Kundenanforderungen, davon entsprechen 30% nicht den Spezifikationen und 8% sind verspätete Lieferungen. Diese Unzulänglichkeiten beschädigen unser Image, verursachen Kundenunzufriedenheit und kosten uns grob gerechnet 350 000 Dollar pro Monat, um die zurückgeschickten Teile zu überarbeiten. Unsere Fehlerrate bedroht unsere Position als Marktführer in einer wachsenden Branche.

Zielaussage

Verminderung der Lieferfehler um 70% (auf weniger als 12%) und Senkung der Überarbeitungskosten um 50% bis zum Ende des 3. Quartals dieses Jahres.

Begrenzungen

Teammitglieder sollen 25 bis 50% ihrer Zeit für das Projekt tätig sein. Eine unterstützende Funktion für ihre jetzige Tätigkeit wird .... wahrnehmen (mit dem Sponsor abzusprechen).

Annahmen

Keine vernünftige Lösung wird „außerhalb jeglicher Betrachtung" bleiben. Das Team wird sich aber darauf konzentrieren, bestehende Prozesse zu verbessern, nicht Prozesse neu zu gestalten oder zu verändern.

Team-Leitlinien

Das Team wird sich mindestens einmal pro Woche treffen, Dienstagmorgen von 9 bis 10 Uhr. Entscheidungen werden übereinstimmend getroffen. Wenn keine Übereinstimmung möglich ist, wird der Teamleiter die entscheidende Stimme haben.

Teammitglieder

Das Team setzt sich aus folgenden Mitgliedern zusammen:

- Ravi Gosai, Auftragsverwaltung
- Al Johnson, Produktentwicklung (Teamleiter)
- Daphne Martin, Herstellung
- Mike Mshivitz, Herstellung
- May Yamamoto, Verkauf
- Elena Zarzuela, Beschaffung
- Arnold Ziffle, Versand

Andere wichtige Mitwirkende sind:
- Pat DeLia, Vice President CR-Abteilung – Sponsor
- Martin Wyck, Six Sigma-Coach
- Eleanor Carajota, Finanzkontakte/Support
- Bob Megabyte, IT-Kontakte/Support

Vorläufiger Projektplan

Das Team wird aggressiv und schnell arbeiten, um sein Ziel und seine Zieltermine zu erreichen. Nachfolgend die Meilensteine für den Abschluss jeder einzelnen Phase des DMAIC-Prozesses:

DEFINITION – 15. März
MESSUNG – 15. April
ANALYSE – 15. Mai
VERBESSERUNG – 15. Juni
KONTROLLE – 15. Juli

Abb. 36: Team-Projektcharta von AutoRec

Identifizierung und Anhörung des Kunden

Hier sind einige Vorteile wenn man die „Stimme des Kunden" in die Definitionsphase einbezieht:

1. Bestätigung, dass Problem und Ziel in Begriffen definiert werden, die wirklich mit den wesentlichen Kundenanforderungen verknüpft sind.
2. Vermeidung von Kosten- und Zeiteinsparungslösungen, die eher Leistungen für oder Kontakte zu Kunden beeinträchtigen.
3. Bereitstellung von Informationen zu möglichen „Output"-Messungen, die bei Anwendung der Lösungen beobachtet werden müssen.
4. Die Teammitglieder lernen, sich voll und ganz auf den Kunden zu konzentrieren.

Wenn Ihre Organisation bereits eine wirksame VOC-Strategie besitzt und auf die Daten zugreifen kann (wie in Kapitel 15 beschrieben), dann wird es für ein DMAIC-Team einfach sein, Kundenbedürfnisse und -vorgaben zu bewerten. Ohne gute „Quellen" wird es jedoch Zeit und Geld kosten, den richtigen Kunden-Input zu erhalten. Unter dem Druck, Ergebnisse zu erzielen, wird Ihr Prozessverbesserungsteam zwischen dem Ideal, alle Kundenanforderungen zu erfüllen, und der Notwendigkeit jonglieren müssen, das DMAIC-Projekt weiterlaufen zu lassen.

Kontakte mit dem Kunden

Am Ende ihrer Sitzung zum Abschluss der Projektcharta beschloss das AutoRec-Team „Wir werden liefern" (sein neuer Name), dass May vom Verkauf und Arnold vom Versand mehrere Quellen anzapfen sollten, um mehr darüber zu erfahren, wie die Lieferprobleme auf die Unternehmenskunden wirken.

Wegen des Zeitdrucks entschlossen sie sich, die Arbeit aufzuteilen und jeweils eine Quelle für Kundendaten ins Visier zu nehmen:

1. May würde eine kurze Telefonaktion starten und ungefähr 10 Verkaufsmanager und 10 IT-Manager anrufen, um eine detaillierte Liste von Kundenanforderungen und -prioritäten aufzustellen.
2. Arnold würde indessen Briefe und Reklamationsformulare von Unternehmenskunden durchsehen, um daraus Strukturen zu erkennen und Schlüsse zu ermöglichen.

Nach einer Woche kamen May und Arnold zusammen, um ihre Ergebnisse zu vergleichen. Was sie erfuhren, war überraschend: Unternehmenskunden waren gar nicht so sehr auf schnelle Lieferungen erpicht, wie sie gedacht hatten.

„Alle Kunden sagten mir, dass sie über die Systeme die Produktität ihrer Gruppe steigern wollten", stellte May fest. „Aber ob sie einige Wochen oder einen Monat länger warten mussten, stellte kein großes Problem für sie dar."

Die Daten, die Arnold aus den Reklamationen herausgepickt hatte, waren ebenfalls aufschlussreich. „Es kostete mich allein drei Stunden, die Reklamationen herauszufischen, alles war durcheinander. Aber ich konnte nur sechs Briefe finden, die irgendetwas mit verspäteten Lieferungen zu tun hatten, und die waren recht mild. Die Kunden, deren Systeme nicht sofort funktionierten, waren dagegen fuchsteufelswild – das waren über 150."

May und Arnold stellten eine Übersicht über ihre Ergebnisse zusammen (siehe Abbildung 37). Als die anderen Teammitglieder die Liste mit den Daten sahen, waren sie bass erstaunt. Als höchste Priorität für jeden bei AutoRec galt bisher, die Systeme so schnell wie möglich zu versenden. Die Begründung dafür lautete, dass

AutoRec als der „einzige Spieler auf dem Feld" genötigt war, seine Produkte schnell an den Kunden zu bringen.

„Das Gefühl für Dringlichkeit ist beim Kunden nicht annähernd so stark wie bei uns", erklärte May. „Schnell ist prima, aber nicht so wichtig. Fehlerhafte Lieferungen sind dagegen höchst unerfreulich und ärgerlich." Das Team ging sehr nachdenklich aus dem Meeting.

Kunde: Verkaufsabteilung eines Unternehmens		
Output: „AutoText"-Geräte und Zusatzmaterial		
Gewicht	Kundenanforderung	Typ
10	Kompatibel mit vorhandener Hardware	UM
10	Kompatibel mit vorhandener Software	UM
8	Übereinstimmung der Stimmübertragung (mindestens 95%)	ZM
5	Anwendung nach fünfminütiger Lektüre der Gebrauchsanweisung (oder weniger)	ZM
5	korrekte Qualität	UM
3	ausgeliefert zum Datum auf dem Kaufvertrag	ZM
UM = Unzufrieden-Macher ZM = Zufrieden-Macher		AutoRec

Abb. 37: Gewichtung und Typ von Kundenanforderungen

Identifizierung und Dokumentation des Prozesses

Eine abschließende wichtige Definitionsmaßnahme ist die Entwicklung eines „Bildes" vom Prozess innerhalb des Projekts. Einige Gruppen unterliegen der Versuchung, diesen Schritt zu übergehen, aber es gibt starke Argumente dafür, ihn als ein „Muss" zu Beginn eines DMAIC-Projekts zu betrachten:

• *Das Problem in einen Zusammenhang stellen.* Wenn man den Arbeitsablauf durchschaut, kann man Faktoren, die die Leistung beeinträchtigen könnten, schon vorher erkennen.

• *Das Ausmaß des Projekts einengen oder die Analyse konzentrieren.* Eine Möglichkeit, die Aufmerksamkeit eines Teams zu gewinnen, ist die Aufstellung eines Diagramms von seinem Prozess. Meistens wird dann erkannt, dass der beschriebene Prozess so umfangreich ist, dass eine sofortige Verengung des Fokus notwendig ist.

• *Aufdeckung von „offensichtlichen" Ursachen.* Wir raten nicht dazu, vorschnelle

Schlüsse zu ziehen, aber manchmal kann gerade die Dokumentation darüber, ob der Prozess läuft – oder nicht läuft – das Team an die Wurzeln des Problems bringen.

• *Abklärung von Inputs, Rollen und der Lieferanten-/Kundenbeziehungen.* Das kann einem besseren Rollenverständnis der Teammitglieder dienlich sein und ihr Beitrag zum Projekt wird klar. Dabei wird sich auch herausstellen, ob das Team die richtige Mischung von Mitgliedern aufweist.

• *Auswahl, was und wo zu messen ist.* Mit einem breiten Überblick über den Prozess kann erfasst werden, wo die Schlüsseldaten erforderlich und/oder verfügbar sind.

Dos und Don'ts bei der Projekt-Charta

Do – Gestalten Sie Problemaussagen spezifisch und auf Fakten aufbauend.

> *Konzentrieren Sie sich auf das, was beobachtbar und beweisbar ist und nicht auf Verdacht und Annahmen beruht.*

Do – Verwenden Sie die Charta, um die Richtung vorzugeben und Übereinstimmung hinsichtlich Problem, Zielsetzung und Projektparametern zu schaffen.

> *Nehmen Sie sich Zeit, Fragen oder Ungewissheiten frühzeitig mit dem Team und dem Sponsor zu besprechen. Das wird dem Projekt den Weg ebnen.*

Do – Betonen Sie die Wichtigkeit der Charta und verändern sie diese, wenn nötig.

> *Es ist ein Werkzeug, das die Dinge auf den Punkt bringen und ein „lebendiges Dokument" sein soll.*

Do – Hören Sie auf die Stimmen Ihrer Kunden.

> *Six Sigma umfasst die Gesamtheit der kundenorientierten Verbesserungen. Selbst Projekte, die Effizienzsteigerungen bewirken, müssen auf Werte und Wirkungen für Kunden ausgerichtet sein.*

Don't – Vermeiden Sie suspekte Fälle und Schuldzuweisungen.

> *Ein Schlüssel zur Six Sigma-Verbesserung bildet die Annahme, dass Sie die Ursache des Problems nicht kennen, selbst wenn Sie eine Vermutung haben.*

Don't – Stellen Sie vorläufige Ziele nicht zu stark heraus.

> *Es ist in Ordnung, wenn Sie ehrgeizige Ziele setzen, solange sie nicht zu falschen Erwartungen führen.*

Don't – „Basteln" Sie nicht zu lange an der Charta herum.

> *Leichter gesagt als getan, wenn die Formulierungen „ganz genau" sein sollen. Wenn das zu lange dauert, kann es Begeisterung und Engagement abtöten.*

Don't – Lassen Sie sich nicht in Einzelheiten hineinziehen.

> *Eine ganzheitliche Sichtweise des Projekts ist wesentlich und reicht am Anfang des Projekts aus. Stellen Sie detaillierte Prozessübersichten nur auf, wenn zusätzliche Information sofort nützlich ist.*

Messung: Grundlagen und Verfeinern des Problems

Das Messen stellt eine wichtige Übergangsphase dar, die dazu dient, das Problem zu verifizieren oder zu verfeinern und die Suche nach den Wurzeln zu starten – das Ziel der Analyse. Die Messung spricht zwei Schlüsselfragen an:

1. Wie groß ist das Ausmaß des Problems auf Grundlage der Messungen des Prozesses und/oder der Outputs? (Das wird gemeinhin als „Basis-Messung" bezeichnet.)
2. Welche Schlüsseldaten können das Problem auf seine Hauptfaktoren oder wirklichen Grundursachen einengen?

Anmerkung: Hintergrundinformationen über die Durchführung von Messungen finden Sie in Kapitel 14.

Wahlmöglichkeiten für Messungen

Die Entscheidung darüber, was zu messen ist, fällt oft schwer, weil es viele Möglichkeiten gibt und aufgrund der Schwierigkeit, Daten zu sammeln. Bei Prozessverbesserungsaktivitäten stellt die Notwendigkeit, Daten in verschiedenen Phasen zu sammeln, einen der Hauptgründe dafür dar, dass die Durchführung eines Projekts oft Monate dauert. Jedes Team muss seine Messungen sorgfältig auswählen. Manchmal ist es nicht möglich, eine Messung durchzuführen, die Sie gerne vornehmen würden. Dann müssen Sie die besten Alternativen für die Verwendung jener Daten finden, die Sie erheben können. Mit der Zeit werden Verbesserungsprojekte normalerweise schneller vorankommen, da die Auswahl an Messungen und die Ressourcen zunehmen. Die Kunst von Six Sigma besteht darin, genügend Fakten für Entscheidungen und Lösungen parat zu haben, um effektiv zu arbeiten.

Die Sammlung und Auslegung der AutoRec-Daten

Es nahm einen ganzen Monat in Anspruch, bis das Team die Daten für die drei anvisierten Messungen gesammelt hatte. (Sie wussten, dass die Daten repräsentativ für die Veränderung des Arbeitsniveaus und anderer Faktoren sein mussten.) Hier sind die Schlüsse, die sie aus den Messungen zogen:

- „Lieferdefekte". Die Daten zu diesem wichtigen Output-Maß wurden in einer Tabelle zusammengefasst. Elena von der Beschaffung stellte fest, „dass wir viel aus diesen Daten herauslesen können". Zunächst entwickelten sie jedoch zwei Sichtweisen:

1. Der Leistungsgrad des Prozesses wurde auf DPMO 122800 oder 2,7 sigma festgelegt.

2. Die Fehler wurden nach Typ aufgeteilt und in einem Pareto-Diagramm (wie weiter unten erklärt) dargestellt. Daraus ergab sich, dass die meisten Probleme mit der Inkompatibilität zusammenhingen, wobei die Hardwareprobleme am stärksten waren.

- „Durchlaufzeit". Die durchschnittliche Durchlaufzeit vom Auftrag bis zur Auslieferung wurde mit 17,3 Tagen ermittelt. Die Aufschlüsselung der Zeit auf die wesentlichen Prozessstufen (nach dem SIPOC-Diagramm) zeigte, dass der größte Zeitbedarf bei der Auftragszusammenstellung entstand – 11,6 Tage.

- Abweichungen zwischen Auftrag und Auslieferung. Um dies zu messen, konnte das Team auf die vorhandenen Daten für fehlerhafte Auslieferungen zurückgreifen. Es versuchte zu klären, ob die Aufträge selbst unkorrekt waren oder die Probleme irgendwo später im Prozess entstanden. Die Daten waren schlüssig: Bei etwa 93 Prozent der fehlerhaften Auslieferungen, die sie aus den vergangenen vier Monaten prüften, wichen die Auftragsanforderungsblätter (Bestellformulare) von dem ab, was tatsächlich versandt worden war. Sie prüften auch eine beträchtliche Zahl dieser Formulare und fanden, dass diese fehlerfrei waren, also die darin enthaltenen Vorgaben mit der Kundenkonfiguration übereinstimmten.

Insgesamt machten die Daten dem AutoRec-Team das tatsächliche Problem deutlich. Es konzentrierte sich auf die Suche nach den Grundursachen für die fehlerhaften Auslieferungen.

Der Übergang von der Messung zur Analyse

Die Hauptanforderung, ehe Sie mit der Analyse beginnen, ist eine solide, wiederholbare Messung, die das Problem oder die Möglichkeit bestätigt oder erhellt. Das sollte jene Messung sein, die Sie während und nach der Realisierung der Lösung wiederholen. Aus dieser Messung entsteht ein neuer, differenzierter Fragenkatalog für Ihr Problem. Solche Fragen sind ein gutes Zeichen: Sie zeigen, dass Sie darüber nachdenken, wie Sie Ihr Problem ergründen können, statt mit Lösungen zu kommen, die Sie aus dem Ärmel schütteln.

Dos und Don'ts bei Messungen

Do – Bringen Sie den Output mit der Prozess-/Input-Messung in Einklang.
> *Stellen Sie sicher, dass Sie die Wirkung auf den Kunden im Blickfeld haben, selbst wenn Sie sich auf Effizienzsteigerung konzentrieren.*

Do – Verwenden Sie die Messungen zur Eingrenzung des Problems.

> *Versuchen Sie, die bedeutsamsten Komponenten oder Einflussfaktoren für das Problem zu finden, so dass Ihre Analyse und die Lösungen zielgerichtet sind.*

Do – Nehmen Sie vorweg, was Sie später analysieren wollen.

> *Vermeiden Sie eine inflationäre Datensammlung und sammeln Sie Fakten, die Ihnen das Aufspüren der Grundursachen erleichtern.*

Don't – Versuchen Sie nicht, zu viel zu machen.

> *Selbst wenn Sie „mit einem Sprung" in die Analyse einsteigen wollen: Werden Sie nicht gierig und messen Sie nicht zu viele Dinge auf einmal. Konzentrieren Sie sich auf die Messungen, die Sie mit Sicherheit nutzen werden und die Sie innerhalb eines vernünftigen Zeitrahmens durchführen können (als Daumenregel: eine Woche bis zu einem Monat ist vernünftig).*

Don't – Überspringen Sie keine wichtigen Stufen bei der Messung.

> *Wenn Sie sich bei der Erarbeitung des Projektplans Zeit lassen und Ihre Messverfahren vor dem Einsatz testen, vermeiden Sie nutzlose Daten und frustrierende Neu-Messungen.*

Analyse: Werden Sie ein Detektiv für Prozesse

Die Analyse ist die am wenigsten „vorhersagbare" aller DMAIC-Phasen. Die eingesetzen Werkzeuge und die Reihenfolge, in der sie verwendet werden, hängen sehr stark von Ihrem Problem und vom Prozess und davon ab, wie Sie das Problem angehen. Wie in einem Krimi können Sie versuchen zu raten, was als Nächstes passieren wird, und häufig werden Sie überrascht sein. Eine der wertvollsten Lektionen des Six Sigma-Ansatzes ist tatsächlich, dass die „Verdächtigen" (Gründe, von denen Sie glauben, sie seien die Wurzel des Problems) sich oft als „nicht schuldig" erweisen oder höchstens Komplizen des wirklich Schuldigen sind. (Jetzt sind wir so richtig auf der Krimi-Welle!)

Wenn Ihre Teams – und das Top-Management – ein oder zwei Mal mit ihren Vermutungen fehlgehen, dann lehrt das jeden, mit Annahmen und vorgefassten Meinungen vorsichtig zu sein. Sie brauchen Erfahrung und Intuition nicht zu ignorieren, aber sich allein darauf zu verlassen gewährt den wirklich „Schuldigen" die Freiheit, weitere Probleme zu schaffen (Ende der Krimi-Analogie).

Der Analyse-Zyklus

Wir können die für die Prozessverbesserung eingesetzte Analyse als Zyklus darstellen (siehe Abbildung 38). Der Zyklus wird dadurch vorangetrieben, dass „Hypothesen" (oder „vorgebildete Meinungen") über die Ursachen der Probleme aufgestellt und verifiziert werden. Sie können an jedem Punkt in den Zyklus eintreten, entweder bei (a), indem Sie den Prozess und die Daten auf mögliche Ursachen untersuchen, oder bei (b), wo Sie mit einer unterstellten Ursache beginnen und sie mit der Analyse verifizieren oder zurückweisen werden. Wenn Sie erkennen, dass eine Hypothese nicht zutrifft, müssen Sie wieder an den Anfang des Zyklus gehen, um mit einer neuen Erklärung aufzuwarten. Aber selbst „unzutreffende" Gründe sind eigentlich Möglichkeiten, das Problem einzugrenzen.

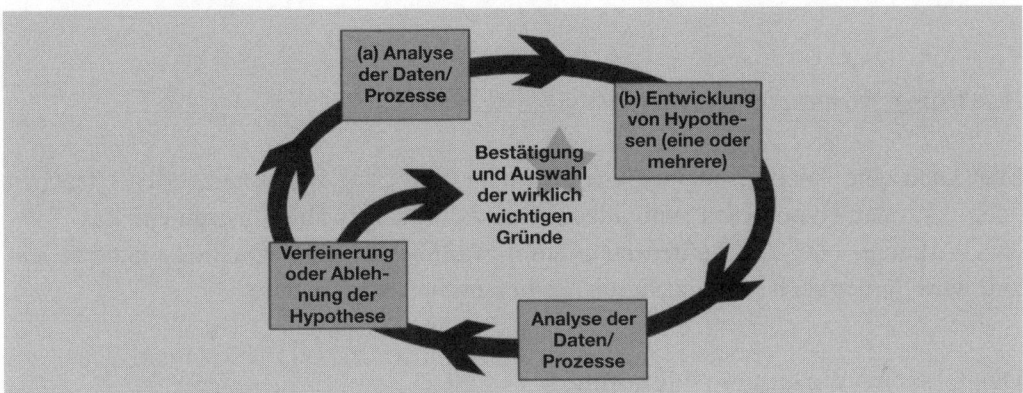

Abb. 38: Analyse-Zyklus

Schlüsselstrategien der Analyse

Wie das Analyse-Zyklus-Diagramm zeigt, gibt es zwei Quellen für den Input, um die wirklichen Gründe für Probleme zu bestimmen:

- *Datenanalyse.* Die Verwendung von Maßen und Daten, bereits gesammelt oder in der Analysephase neu erhoben, um Strukturen, Tendenzen oder andere Faktoren zu erkennen, die mögliche Ursachen beweisen oder widerlegen.
- *Prozessanalyse.* Tiefer gehende Untersuchung und Einsicht in den Arbeitsablauf, um Ungereimtheiten zu ermitteln: „Unterbrechungen" oder Faktoren, die ein Problem verursachen oder dazu beitragen.

Diese beiden Strategien bilden in der Kombination die eigentliche Stärke der Six Sigma-Analyse. Unabhängig voneinander kann jede allein schon eine Vorstellung von der Grundursache vermitteln, aber Ihre Kenntnis wird immer lückenhaft bleiben, wenn Sie nicht die Daten und Prozessergebnisse zusammenbringen.

Die zwei größten Fehler, die Prozessverbesserungsteams bei der Analyse machen, sind folgende:

1. Eine vorschnelle Verkürzung des Zyklus, indem eine vermutete Ursache als „schuldig" erklärt und Lösungen ohne genügende Abklärung eingeführt werden; man hat die „falsche Person" überführt.

2. Im Zyklus hängen bleiben, weil Sie nicht überzeugt sind, genug Daten zu haben, geschweige denn die Hauptursache bzw. die Lösung gefunden zu haben.

Vor allem im Frühstadium von Six Sigma ist es wichtig, diese beiden Extreme zu vermeiden. Mit zunehmender Erfahrung kann ein Team gut abschätzen, was genug, aber nicht zu viel, an Analyseaufwand ist. Während wir die Analyse durcharbeiten und die Geschichte des AutoRec-Teams betrachten, werden wir erklären, wie Sie und Ihre Teams diese Fallen vermeiden können.

Ausgangspunkt für den Analyse-Zyklus

Man kann eine Analyse beginnen, indem man eine Liste von potenziellen Ursachen oder „kausalen Hypothesen" entwickelt. Das dafür ausgewählte Instrument, das Ursache-Wirkungs- oder Fischgräten-Diagramm, war über Jahre bei Qualitätsteams beliebt und wird immer noch von Six Sigma-Verbesserungsteams benutzt.

Das Ursache-Wirkungs-Diagramm

Die Ursache-Wirkungs-Analyse beginnt mit einer „Wirkung" – einem Problem oder in einigen Fällen mit einem gewünschten Effekt oder Resultat – und endet mit den möglichen Ursachen. Der Vorteil des Ursache-Wirkungs-Diagramms liegt in Folgendem:

- Es ist ein hervorragendes Werkzeug für die Sammlung von Ideen und Input aus der Gruppe, eigentlich ein „strukturiertes Brainstorming".
- Durch die Bildung von Kategorien für potenzielle Ursachen gewährleistet das Diagramm, dass die Gruppe viele Möglichkeiten einbezieht, statt sich auf einige typische Gebiete (z.B. Mitarbeiter, schlechtes Material) zu konzentrieren.
- Es verhilft der Analysephase zum Start. Bei Anwendung eines Ursache-Wirkungs-Diagramms zur Ermittlung von „zuerst verdächtigen" Ursachen, wie vom AutoRec-Team getan, wächst die Motivation, den Prozess und die Datenanalyse zu beginnen.

Wie in Abbildung 39 (S. 182) gezeigt, werden normalerweise sechs wesentliche Faktoren dargestellt, die Abweichungen im Geschäftsprozess verursachen, manchmal als „5 Ms und 1P" bezeichnet:

- Material – die Verbrauchs- oder Rohstoffe, die im Prozess verwendet werden
- Methode – Prozeduren, Prozesse, Arbeitsanweisungen
- Maschine – Ausrüstung, einschließlich Computer und nicht verbrauchte Werkzeuge
- Messungen – Techniken zur Bewertung der Qualität/Quantität der Arbeit, einschließlich Inspektion
- Mutter Natur – die Umgebung, in der die Arbeit geleistet wird und die alle Variablen

beeinflusst; kann auch „Einrichtungen" umfassen, nicht nur die natürliche Umgebung
- Personen – zweifüßige, in den meisten Erdteilen vorkommende Primaten, die Anzeichen von Intelligenz zeigen

Wenn wir uns intensiver mit der Ursachenanalyse befassen, werden wir jede dieser potenziellen Ursachen für Variationen untersuchen, um den so genannten „wirklich wichtigen" Xs oder Gründen, die zu den meisten Problemen führen, näher zu kommen.

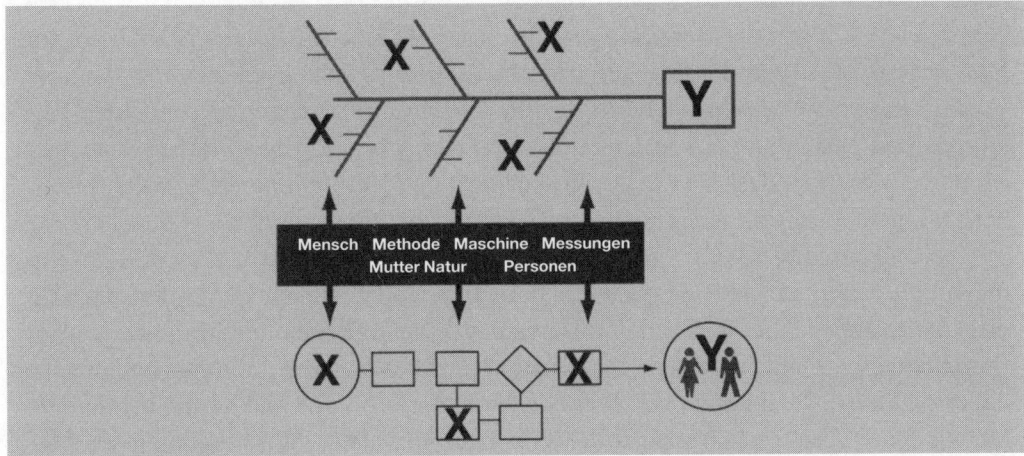

Abb. 39: Prozessablauf und Ursache-Wirkungs-Diagramm: Gründe für Abweichungen bei vor- (X) oder rückläufigen (Y) Faktoren

Der AutoRec-Prozess

Neun Mitarbeiter saßen eines Morgens im Konferenzraum zusammen, um eine Übersicht für den Ablauf des AutoRec-Prozesses zusammenzustellen, von der Beschaffung bis zum Versand. Ein oder zwei Vertreter von jedem betroffenen Bereich waren eingeladen worden, um möglichst viel Input zu erhalten.

„Wir wollen den Prozess so betrachten, wie er ist", erklärte Teamleiter Al. „Wir werden das noch mit anderen Mitarbeitern überprüfen, also muss es nicht perfekt sein. Aber wir werden definitiv den Prozess nicht so beschreiben, wie er sein sollte oder wie die Führungskräfte ihn haben wollen."

Ein interessanter Teil des Prozesses betraf die Verbindung zwischen Beschaffung und Montage. Die Strategie der Beschaffungsabteilung bestand darin, kleinere Einzelteile wie Verbindungsstecker und Adapter wie auch Softwarepakete für einen Monat und mehr auf Vorrat zu halten, weil sie nicht teuer sind und somit kaum Kapital binden. Das verschaffte Zeit, sich auf die Bestellung komplexerer Teile zu konzentrieren.

In der Montage wird für jeden Auftrag auf Grundlage eines Materialscheins ein „Ausrüstungswagen" mit Behältern für die benötigten Einzelteilen bereitgestellt. Zwei Mitarbeiter sind dafür verantwortlich, dass das Material pünktlich geliefert wird. Sie holen alle im Lager verfügbaren Komponenten für den Auftrag und erteilen an die Beschaffung einen Auftrag für jedes Einzelteil, das nicht vorrätig ist. Da das Volumen derart gewachsen ist und noch weiter wächst, erfordert fast jeder Auftrag einen besonderen Einkauf von Teilen.

Bei kleineren Teilen wie Verbindungssteckern und Adaptern, die in größeren Mengen vorrätig sind, erfolgt jede Woche eine Prüfung im Montagelager, was noch benötigt wird. Wenn der Bestand zu niedrig ist, geht eine E-Mail mit einer Liste der fehlenden Bestände an die Beschaffungsabteilung zur Nachbestellung.

Die Gruppe erkannte den Unterschied in den Bestellvorgängen dieser beiden Teiletypen und entschloss sich zu einer näheren Betrachtung. Ein Mitarbeiter aus der Montage bemerkte, dass für einige der Adapter- und Verbindungsteile immer Nachbestellungen vorlagen, während andere Teile nur selten ausgingen.

Die andere „Entdeckung" in diesem Meeting betraf die Pünktlichkeit und Zusammenarbeit. Jeder bei AutoRec kennt die hohe Bedeutung pünktlicher Lieferungen für das Unternehmen, aber die Leute im Versand waren augenscheinlich am meisten auf Pünktlichkeit erpicht und überprüften Aufträge mit der Montage, wenn Endtermine näher rückten. „Dann gehen wir ziemlich oft in die Montage und helfen bei der Beladung der Wagen", erklärte einer der Versandmitarbeiter. „Wir erhalten jeden Monat einen Bonus, der von der Zahl der pünktlichen Lieferungen abhängt, so dass wir diese vielleicht etwas wichtiger nehmen."

Die Teammitglieder tauschten Blicke aus, als sie diese Bemerkung hörten, und nach der Sitzung kamen sie überein, dass dies vielleicht ein Wink mit dem Zaunpfahl sei: Die Versandmitarbeiter machten die Jobs der Montageabteilung.

Ein Ausschnitt aus der Prozessdarstellung wird in Abbildung 40 wiedergegeben.

Darstellung und Analyse des Prozesses

Zu den wichtigsten Instrumenten von Six Sigma gehören Prozessabbildungen, die sich auf Verbesserung, Gestaltung, Messung und Leitung von Prozessen konzentrieren. Die Grundlagen einer Prozessdarstellung sind einfach: eine Folge von Aufgaben und Entscheidungen/Überprüfungen, verbunden durch Pfeile, die den Arbeitsfluss zeigen. Das Beispiel von AutoRec ist eine Standardabbildung eines Teilprozesses.

Wenn Sie Prozessabbildungen für Ihre Six Sigma-Projekte erstellen, werden Sie wahrscheinlich bemerken, dass die wichtigsten Informationen ausgerechnet in den Sitzungen auftauchen, in denen die Darstellungen kreiert werden. Denn dann hören die

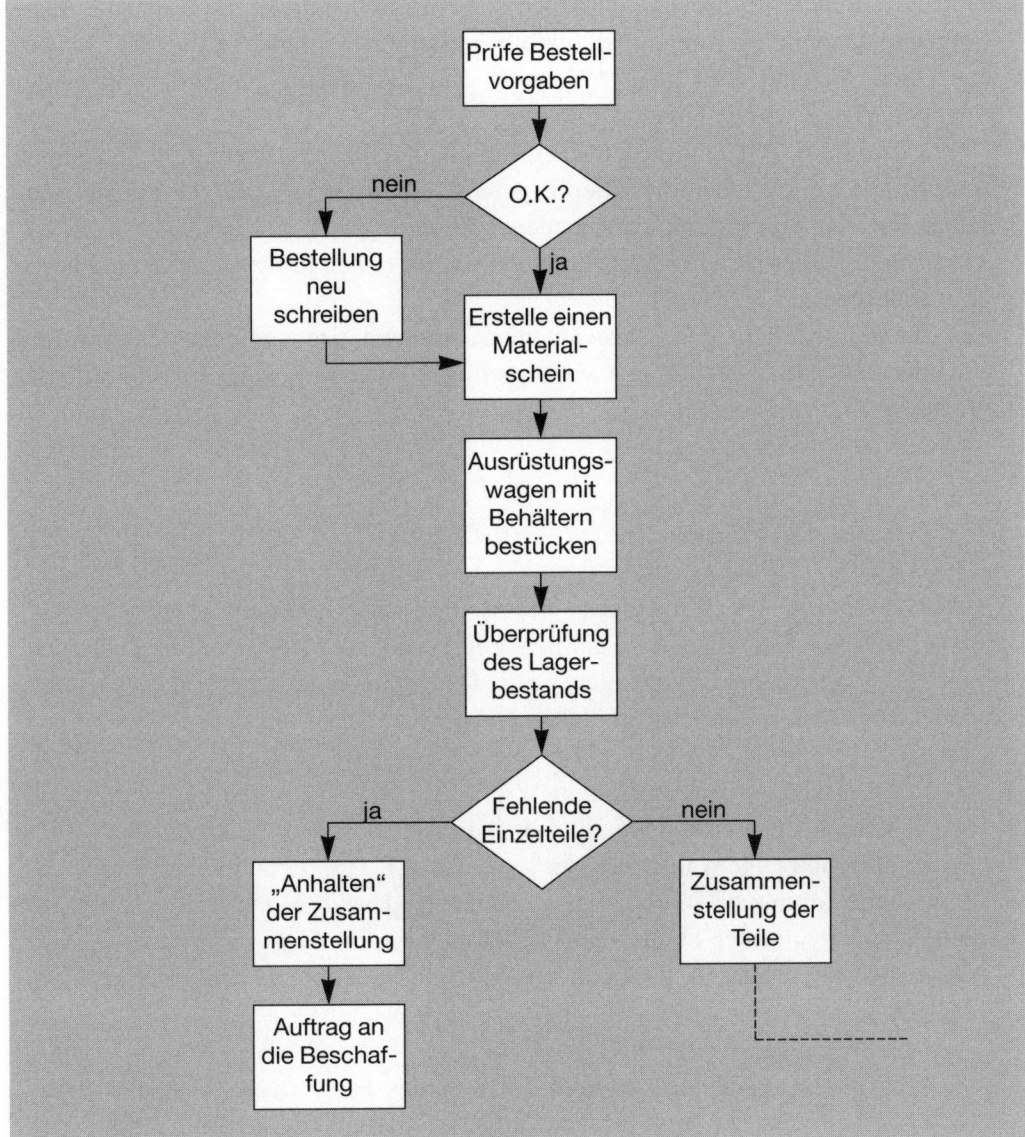

Abb. 40: Zusammenstellungsprozess bei AutoRec (Ausschnitt)

Mitarbeiter, wie die Arbeit abläuft und wie die Prozesse in anderen Teilen des Betriebs gehandhabt werden. Wenn ein Prozess dokumentiert und für richtig erachtet wurde (d.h. durch andere, die darin arbeiten, auf seinen „Realitätsgehalt" überprüft wurde), können Sie ihn im Hinblick auf folgende Problemgebiete analysieren:

* *Unterbrechungen.* Punkte, an denen die Weitergabe von Teilen oder Informationen von einer Gruppe zur anderen schlecht funktioniert oder Lieferanten und Kunden nicht klar genug über die Anforderungen des jeweils anderen kommuniziert haben.

- *Engpässe.* Punkte im Prozess, an denen das Auftragsvolumen die Kapazität übersteigt und damit den gesamten Arbeitsfluss verlangsamt. Engpässe sind das „schwache Glied" bei der Bemühung, Produkte und Leistungen pünktlich und in der richtigen Menge an den Kunden zu liefern.
- *Doppelarbeit.* Aktivitäten werden an zwei Stellen im Prozess wiederholt. Es können auch parallele Aktivitäten dieselben Ergebnisse duplizieren (z. B. die Eingabe derselben Daten in die Systeme verschiedener Abteilungen).
- *Nacharbeit.* Fehlerhafte Produkte kommen wieder in den Prozess zurück, um korrigiert oder repariert zu werden.
- *Entscheidungen/Prüfungen.* Auswahlentscheidungen, Bewertungen, Überprüfungen oder Abschätzungen können Verzögerungen bewirken, wenn sie im Laufe des Prozesses überhandnehmen.

Spaß mit der Datenanalyse bei AutoRec

Als die Untergruppe des „Wir-liefern"-Teams, die an der Datenanalyse arbeitete, zur Abstimmung ihres Vorgehens zusammenkam, betrachtete sie zuerst die Liste der möglichen Ursachen, um festzustellen, ob die Daten ihre Ergebnisse bestätigten oder ihnen widersprachen. Ihre ursprünglichen Hypothesen lauteten ja:

- falsch ausgefüllte Auftragsformulare
- falsch bezeichnete Verbindungsstecker und Adapter in den Lieferungen
- Fehler aufgrund enger Liefertermine
- untrainierte Montage-Mitarbeiter, die zu Dutzenden im Monat eingestellt wurden. Sie verwechselten Digital- und Tonband-Recorder.
- falsch ausgezeichnete Lieferungen am Warenausgang, die an die falschen Kunden gingen

Da die Mengen normalerweise stimmten, schloss das Team „falsch ausgezeichnete Lieferungen" als Ursache aus. „Dann wären die Mengen insgesamt falsch", bemerkte Ravi vom Auftragseingang. „Ich glaube nicht, dass wir jemals zwei Aufträge mit genau der gleichen Menge von Einheiten hatten."

Die Gruppe kam überein, sich die wichtigste Fehlerkategorie genauer anzusehen: die Hardware-Inkompatibilität.

„Ich weiß, dass wir Adapter und Verbindungsstecker liefern", sagte Arnold vom Versand. „Das erklärt noch nicht, warum sie falsch sind."

Das Problem, das sie untersuchten, erforderte eine statistische Analyse. Eine Hypothese behauptete, dass die Eile beim Ausfertigen der Aufträge das Problem verursachte. Sie erstellten ein Histogramm, das die Verteilung der fehlerhaften Lieferungen zeigte. Offensichtlich schien die Hastigkeit ein Problem zu sein. Doch als sie die Daten nach dem Typ der aufgetretenen Defekte schichteten, fanden sie heraus, dass das Muster dieser Hastigkeit bei der Hardware-Inkompatibilität nicht anders war als bei anderen Fehlertypen. Zwar schien „Hast" eine allgemeine Ursache für Fehler zu sein, aber das traf nicht speziell auf das Hauptproblem zu, das sie behandelten.

Logische Ursachenanalyse

Die Untersuchung von Daten im Umfeld eines Prozessverbesserungsproblems erfordert Disziplin, Offenheit und eine Mischung (so seltsam das klingen mag) von logischem und kreativem Denken. Ausgestattet mit einer Sammlung von (genauen) Daten jener Art, die das AutoRec-Team zusammengestellt hatte, sollten Sie die Daten und andere verfügbare Fakten nutzen, um neue Hypothesen zu Ursachen aufzustellen oder bestehende Hypothesen daraufhin zu „testen", ob sie mit den Daten übereinstimmen.

Die Methode der logischen Ursachenanalyse ist ein Ansatz, den jeder von uns intuitiv verwendet, zumindest eine Zeit lang. Wenn etwa ein kleines Kind Ihnen sagt „Hundchen hat gefressen" und Sie Krümel in seinem ganzen Gesicht sehen, dann bezweifeln sie die „Hypothese" des Kindes. Oder wenn Ihr Autoanlasser nicht geht, der Motor keinen Mucks macht, aber Licht, Radio, Scheibenwischer etc. normal funktionieren, dann stellt offensichtlich die Batterie nicht das Problem dar. In beiden Fällen stimmt das, was Sie beobachten (die Fakten) nicht mit der Hypothese überein.

Der Charme des auf Logik beruhenden Ansatzes (einer „deduktiven" Logik) besteht darin, dass Sie kein „Experte" für ein Thema oder eine Technologie sein müssen, um die möglichen Ursachen einzugrenzen. Ein weiterer Vorteil dieser logischen Ursachenanalyse ist ihre Objektivität und Betonung der Fakten. Die Verfahrensweise (es ist auch eine Haltung) besteht aus Fragen und wird in den meisten Fällen von „geschichteten" Daten über den Prozess, das Problem oder das Produkt gestützt. (Wir haben schon über die Sammlung von geschichteten Daten in Kapitel 14 gesprochen – jetzt können wir sie nutzen.) Typische Fragen während der logischen Analyse in einem DMAIC-Projekt, die Sie stellen können, sind:

* Welche Arten oder Kategorien von Problemen kommen häufig vor? Was unterscheidet die einzelnen Kategorien?
* Gibt es Orte (Regionen, Stellen am Produkt selbst), wo die Probleme größer sind? Wie sind die Orte beschaffen, an denen die Probleme eher weniger auftreten?
* In welchen Zeiten, Tagen, Wochen oder Zuständen tritt das Problem am stärksten auf? Geschieht während dieser Zeiten etwas Außergewöhnliches?
* Welche Faktoren oder Variablen ändern sich, wenn sich das Problem verändert (oder korrelieren mit dem Problem)?

Diese und andere Fragen stützen den Analysezyklus durch Zuspitzung des Problems, indem mögliche Ursachen eliminiert (ein wichtiger Schritt beim Herausfinden der wirklichen Ursache) und/oder Hypothesen für gültig erklärt werden. Wenn Ihr Team keine Schichtungsfaktoren bei der ursprünglichen Datensammlung berücksichtigt hat, dann wird es sich bei einer solchen Analyse schwer tun. Aber wir wissen ja, dass eine Datensammlung mehrere Erhebungen benötigt.

Sichtbare Werkzeuge für die Datenanalyse

Am besten lernen Sie aus Ihren Daten, wenn Sie buchstäblich die Antworten auf Ihre Fragen „sehen" können. Wir haben bereits einige visuelle Datenanalyse-Werkzeuge im AutoRec-Fall gesehen. Hier möchten wir den Hintergrund und Beispiele für die vier gebräuchlichsten Techniken und ihre Anwendung zeigen.

Pareto-Chart oder Pareto-Analyse

Das Pareto-Chart dient dazu, Faktoren nach ihrem relativen Einfluss anzuordnen. Als besondere Form des Säulendiagramms hilft Ihnen das Chart dabei, die häufigsten Vorfälle oder Ursachen eines Problems zu erkennen. Wenn Sie ein Pareto-Chart verwenden wollen, müssen Sie jedoch sicherstellen, dass Sie unterscheidbare oder Daten nach Kategorien haben. Das Chart funktioniert nicht mit Maßen wie Gewicht oder Temperatur (also kontinuierlichen Daten). Die Pareto-Analyse fußt auf der „80/20-Regel", der Erkenntnis, dass 80 Prozent der Kosten oder Schwierigkeiten in einer Organisation von nur 20 Prozent der Probleme verursacht werden. Die Zahlen sind nicht immer genau 80 und 20, aber die Effekte sind oft dieselben. Sie können ein Pareto-Chart verwenden, um

* Problemdaten nach Regionen zu sortieren und dadurch zu ermitteln, welche Region die meisten Probleme hat,
* die Fehlerdaten nach Typ zu vergleichen und zu erkennen, welcher Fehler der verbreitetste ist,
* die Probleme nach Wochentagen (oder Monat, Tageszeit) zu vergleichen und zu sehen, während welcher Zeitspanne die Probleme am häufigsten auftreten,
* die Kundenreklamationen nach Typ einzustufen und zu erkennen, welche Reklamationen am häufigsten sind.

Histogramm oder Diagramm der Häufigkeitsverteilung

Histogramme werden verwendet, um das Ausmaß und die Tiefe der Variation in einer Datengruppe (also „Population") zu zeigen. Ein Histogramm zeigt nur kontinuierliche Daten, während das Diagramm der Häufigkeitsverteilung diskrete „zählbare" Daten (z. B. Anzahl der Defekte) wiedergibt. Beide zeigen Daten entlang eines Kontinuums oder einer wachsenden Menge auf der horizontalen x-Achse und die Anzahl der Häufigkeit von Vorkommnissen/Beobachtungen auf der vertikalen y-Achse. Bei Prozessverbesserungen werden Datengruppen am Kontinuum als Säulendiagramm zusammengestellt und wiedergegeben. Die eher „klassische" Form des Histogramms ist dagegen als „glockenförmige Kurve" bekannt. Sie können ein Histogramm oder ein Diagramm der Häufigkeitsverteilung verwenden, um

- das Ausmaß und die Verteilung von kontinuierlichen Faktoren (z. B. Gewicht einer Lieferung, ausgegebener Geldbetrag pro Kauf, Durchmesser je Loch, Wiederstartzeit für jeden Computer) zu bestimmen,
- die Variation und Leistung rund um eine Kundenvorgabe/-anforderung (z. B. Größe, Durchlaufzeit, Temperatur, Kosten) zu erkennen (nur für kontinuierliche Faktoren),
- zu sehen, wie viele Defekte in jeder Einheit einer Gruppe von fehlerhaften Einzelteilen vorkommen (wenn es verschiedene Möglichkeiten für Irrtümer gibt; diese können auch diskrete Eigenschaften umfassen),
- zu erkennen, wie die „zählbaren" Eigenschaften in einer Gruppe oder Population verteilt sind (z. B. Kunden nach Zahl der Käufe im Jahr, Lieferanten nach Erfüllungsgrad bei Qualitätsprüfungen).

Verlaufs- oder Zeitreihen-Diagramm

Ein Verlaufsdiagramm zeigt die Variation in einem Prozess, bei einem Produkt oder bei anderen Faktoren über die Zeit, ein sehr wertvolles Instrument zum Verstehen von Prozessen, die sich von Natur aus immer verändern. Das Verlaufsdiagramm (auch „Trenddiagramm" oder „Linien-Chart" genannt) und sein Vetter, das Kontrolldiagramm, zeigen, wie sich Dinge von einem Moment zum anderen, von Tag zu Tag usw. ändern. Damit sind sie die besten Werkzeuge, um fortlaufende Aktivitäten oder Leistungen zu verfolgen. Beim Aufstellen eines Verlaufsdiagramms bildet die horizontale oder x-Achse immer die Zeit oder Folge von Ereignissen von links nach rechts ab. Die vertikale y-Achse kann jede kontinuierliche oder zählbare Maßeinheit wiedergeben, einschließlich Prozentsätze, Zahl der Fehler und Temperatur. Jede Beobachtung oder jede Stichprobe aus der Beobachtung wird nach der jeweiligen Zeitrangfolge mit dem beobachteten Wert angegeben. Sie können ein Verlaufs- oder Zeitreihendiagramm verwenden, um

- die zeitliche graduelle Entwicklung oder Variation in einem Prozess oder Produkt zu beobachten; etwa wie sich die Testdaten Tag für Tag verändern oder wie viele Abweichungen bei jedem Einzelteil in der Durchlaufzeit vorkommen,
- mögliche Veränderungsmuster zu ermitteln; etwa: Gibt es einen Wochenzyklus? Scheinen manche Ereignisse mit Änderungen im Prozess übereinzustimmen?
- zu erkennen, wie ein Prozess oder Schlüsselfaktor auf Änderungen reagiert; etwa wie Prozessverbesserungen die Leistung beeinflussen; wie ein neues Telefonsystem die Gesprächsdauer verändert.

Streu- oder Korrelationsdiagramm

Das Streudiagramm zeigt die Beziehung oder „Korrelation" zwischen zwei Faktoren, die nach Zahl oder kontinuierlich variieren. Streudiagramme geben potenzielle Kausalzusammenhänge zwischen zwei Faktoren wieder. Ein einfaches Beispiel: Hohe Tagestemperaturen und Eisverkauf korrelieren gewöhnlich. Es ist vernünftig anzunehmen, dass wärmeres Wetter die Menschen veranlasst, mehr Eis zu kaufen. Es ist allerdings gefährlich anzunehmen, dass eine Korrelation die Garantie dafür bietet, dass ein Faktor den anderen verursacht. Der Chlor-Verkauf für Schwimmbäder kann beispielsweise wie die Eisverkäufe steigen (d. h. sie sind „positiv korreliert"), aber wir sind uns ziemlich sicher, dass das eine nicht das andere verursacht. Eine andere Ursache – vielleicht das Wetter? – kann beide beeinflussen.

Nichtsdestoweniger können Streudiagramme ein hervorragendes Instrument für Sie sein, um die Beziehungen zwischen vermuteten Ursachen eines Problems zu prüfen. Eine starke Korrelation kann ein ziemlich guter Indikator dafür sein, dass Ihre Hypothese stimmt, solange Sie gesunden Menschenverstand bei Ihren Rückschlüssen walten lassen. Es gibt verschiedene Arten von Korrelationen, wie Sie feststellen werden:

- *Positive Korrelation.* Wie bereits erwähnt, ist das eine Beziehung, in der der Zuwachs eines Faktors einen Zuwachs eines anderen nach sich zieht.
- *Negative Korrelation.* In diesem Fall hat der Zuwachs oder die Abnahme eines Faktors den gegenteiligen Effekt bei einem anderen.
- *Nichtlineare Korrelation.* Das ist die Version von „Was steigt, muss auch fallen" für Streudiagramme. Bei einigen Faktoren kann eine positive oder negative Korrelation bis zu einem bestimmten Punkt gegeben sein, von dem sie dann aber ins Gegenteil umschlägt.

Wenn es keine Korrelation gibt, dann werden alle Punkte auf dem Diagramm buchstäblich wie eine Wolke verstreut sein, was bedeutet, dass eine Änderung bei einem Faktor nichts mit der Änderung eines anderen zu tun hat. Sie können die Stärke einer Beziehung zwischen zwei Faktoren statistisch mit den in Spreadsheet-Programmen enthaltenen Formeln messen, was sehr einfach ist. Sie können ein Streu- oder Korrelationsdiagramm verwenden, um

- zu sehen, in welchem Ausmaß der Zuwachs eines Faktors im Wert oder in der Leistung mit dem Zuwachs oder der Abnahme bei einem anderen zusammenhängt,
- die Beziehung zwischen einer unterstellten Ursache eines Problems und der Problemebene (Defekte, Kosten usw.) zu prüfen.

Daten und Prozesswissen zusammenführen

Wieder zurück zu AutoRec: Zwei Untergruppen hatten an Prozess- und Datenanalysen für das Lieferfehlerproblem gearbeitet. Dann kam das ganze Team zusammen, um die Ergebnisse gemeinsam zu betrachten. Auch wenn die Teammitglieder erkannten, dass sie noch nicht zu der Grundursache des Problems vorgedrungen waren, konnten sie doch einige verbesserte Hypothesen formulieren. Sie stellten die offenkundigsten Tatsachen wie folgt zusammen:

1. Die häufigsten Fehler bei Lieferungen waren imkompatible Stecker und Adapter. Sie trugen zu ungefähr 60 Prozent der schlechten Lieferungen bei.
2. Stecker und Adapter wurden im Bestand gehalten und nicht auf „Just-in-Time"-Basis bestellt. Die Bestellung dieser Teile wurde ausgelöst, wenn im Lager der Montageabteilung die untere Bestandsmenge festgestellt wurde.
3. Fehlerhafte Lieferungen passierten meistens kurz vor dem Liefertermin. Doch alle Fehler weisen dasselbe Muster auf. Das bedeutet, dass die Eile alleine kein Grund für den hohen Grad von Inkompatibilität bei Steckern und Adaptern ist.

Ein paar unterstellte Ursachen – Fehler beim Auftragseingang und bei Auszeichnen der Lieferungen – waren eliminiert worden.

Es gab eine hitzige Diskussion darüber, was als Nächstes zu tun sei. Einige Mitglieder wollten einfach den Kunden mitteilen, dass sie ihre Bestellungen später erhalten würden, und die Vorlaufzeit verlängern, die der Verkauf für die Auslieferung angegeben hatte.

Al, der Teamleiter, war anderer Ansicht. Er meinte, dass ein Unternehmen langfristig noch stärker beschädigt würde, wenn es die Lieferzeit nur verlängerte, um Defekte auszumerzen. „Wenn TalkNBox die Aufträge schneller ausführen kann, dann werden die Kunden uns bald vergessen haben." Schließlich wurden zwei weitere Schritte vereinbart:

1. Al würde mit dem Sponsor, Pat DeLia, sprechen, um die Meinung der Führungskräfte zum Problem Lieferzeit zu erhalten.
2. Das Team würde nochmals über das Problem nachdenken und in einem halbstündigen „Aktualisierungsmeeting" am nächsten Tag weitere Ideen vorbringen, wohin die Analyse jetzt gehen sollte.

Am kommenden Tag brachte Al Feeback vom Sponsor. „Pat bestand eisern darauf, dass wir die Lieferzeiten nicht verlängern", sagte er. „Das würde unsere Kapazität auf lange Sicht reduzieren und wir rechnen auch weiterhin mit beträchtlichem Wachstum, wenn wir die Führung vor TalkNBox behalten. Also müssen wir herausbekommen, warum die Stecker und Adapter so häufig fehlerhaft sind."

Als Nächste sprach Elena von der Beschaffung: „Wir haben viel überlegt. Woran wir bisher jedoch noch nicht gedacht haben, ist, dass wir ein so hohes Niveau an zurückgewiesenen Lieferungen erst seit anderthalb Jahren haben, seit die AutoTalk-Systeme herauskamen."

„Und was ist jetzt anders als damals?", fragte Al. „Wir haben mehr Mitarbeiter und Kunden und sind in sechs Monaten vielleicht aus dem Geschäft, wenn wir dieses Problem nicht finden." „Das ist einfach", sagte May vom Verkauf, „der Produkt-Mix." „Richtig!", sagten andere sofort. May holte eine Broschüre heraus und zeigte eine Grafik, in der die AutoRec-Verkäufe nach Band- und Digitalgeräten getrennt gezeigt wurden. Es wurde deutlich, dass die Bandgeräte von einem Umsatzanteil von fast 80 Prozent auf ungefähr 30 Prozent abgesunken waren. „Wenn sich das also geändert hat", fragte Ravi von der Auftragsverwaltung, „wie kann es unser Problem verursachen?"

Daphne und Mike von der Montage erklärten, dass die Stecker und Adapter für die beiden Produkttypen unterschiedlich sind, jedoch in einer Plastikhülle kaum voneinander unterschieden werden können. Nach einigen Diskussionen kamen sie mit einer neuen Hypothese für die Ursache: *Die Verbindungsstecker und Adapter für die Bandgeräte sind fälschlicherweise mit den Digitalgeräten versandt worden. Dadurch sind sie mit den Recordern inkompatibel und werden von den Kunden als fehlerhafte Lieferungen betrachtet.*

„Würden wir das nicht wissen?", fragte Ravi ein wenig ungläubig. Daphne und Mike erläuterten dem Team nochmals, dass sie sofort, wenn eine Lieferung als „fehlerhaft" gemeldet wird, den Auftrag neu zusammenstellen und einwandfrei versenden. „Um ehrlich zu sein, hatten wir nicht die Zeit, nachträglich festzustellen, welches das wirkliche Problem war", erklärte Mike. „Wenn Teile vom Kunden zurückkommen, schicken wir alles, was noch verwendungsfähig ist, wieder ins Lager."

„Wie können wir diese Ursache prüfen?", fragte Al die Gruppe. „Leicht", meinte Arnold, „wenn die falschen Stecker mit den Digitalgeräten herausgehen, dann sollten sie bei den schlechten Lieferungen dabei sein." Arnold erklärte sich bereit, das Spreadsheet zu nutzen, um einen Vergleich nach Produkttypen vorzunehmen. Elena von der Beschaffung, die einige Zeit still geblieben war, sagte dagegen, dass sie einer Ahnung nachgehen wolle.

Arnolds Grafik fand die Zustimmung des Teams (siehe Abbildung 41). „Ich denke, das erklärt alles", sagte Al. „Oder nicht? Mir ist aber immer noch nicht klar, warum die falschen Adapter in die Lieferungen kommen." „Ich sagte Ihnen, dass ich eine Ahnung hatte", meinte nun Elena von der Beschaffung, „und ich hatte Recht. Wir erledigen die Aufträge für Verbindungsstecker und Adapter über unser Softwaresystem – wir nennen es ein ‚MRP'-System, gestützt auf Lagerbestandsprognosen. Es zeigte sich, dass wir die Prognosen seit 13 Monaten nicht aktualisiert haben, so dass wir immer viel mehr Teile für Bandrecorder als für Digitalgeräte bestellen."

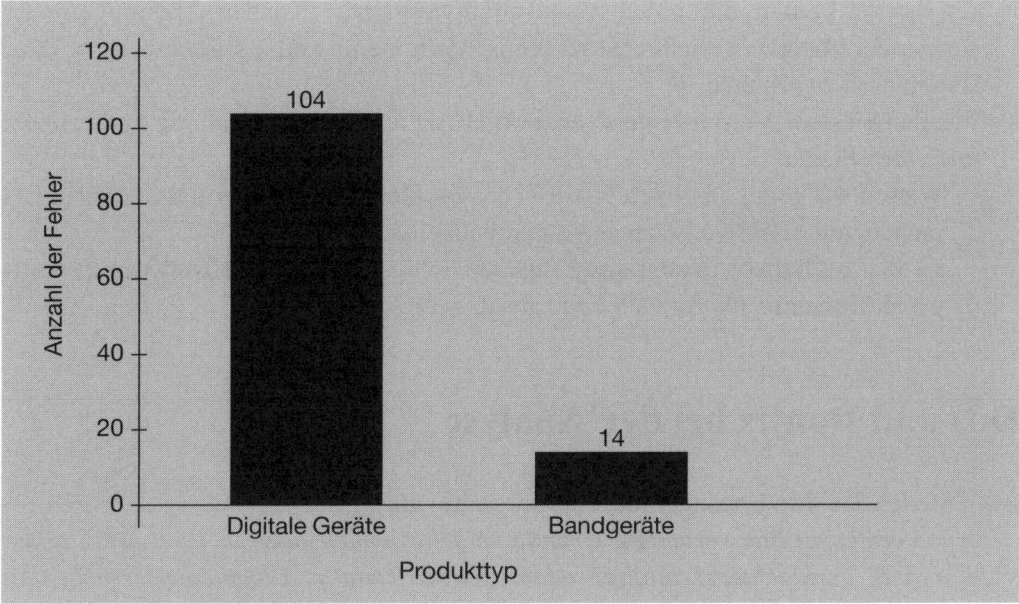

Abb. 41: Fehlerhafte Lieferungen bei AutoRec nach Produkttypen (Pareto)

Nach weiterer Diskussion passte alles zusammen. Dabei kam heraus, dass viele Bestellungen von Digitalgeräten in der Montage zurückgehalten wurden, weil Knappheit an passenden Steckern und Adaptern herrschte. Wenn die Liefertermine näher kamen und der Versand immer heftiger darauf bestand, die Aufträge auszuführen, „halfen" sie in der Montage und packten – unschuldig, aber unwissend – die falschen Teile ein, um die Sendung zu vervollständigen. Und schon gingen die Lieferungen heraus: pünktlich, aber fehlerhaft.

Abschluss der Analysephase

Es gibt keine absolute Sicherheit für grundlegende Ursachen. Hier einige abschließende Schritte, die die Bestätigung Ihrer Ursachenhypothese erleichtern und Sie in die Verbesserungsphase geleiten sollen:

1. Verifizieren Sie die Ursache mit logischer Analyse. Prüfen Sie die Ursache anhand der Daten und fragen Sie: „Stimmt diese Erklärung mit den Fakten überein, einschließlich der Vorgänge, die wir sehen und nicht sehen?"
2. Überprüfen Sie die Ursache durch Beobachtung. Sehen Sie sich den Prozess oder Ort genau an, von dem Sie annehmen, dass dort die Ursache liegt, um zu erfahren, ob es tatsächlich so ist.
3. Lassen Sie sich Ihre Vermutungen von Leuten bestätigen, die sich auskennen. Re-

den Sie mit Leuten, die in den Ablauf involviert sind – Kunden, Lieferanten oder Kenner der Materie –, um ihre Bestätigung, Verfeinerung oder Zurückweisung Ihrer Hypothesen zu erhalten.

4. Wenden Sie den „Vertrauenstest" an. Sorgen Sie für Übereinstimmung im Team bei folgenden Fragen:

- Wissen wir genug über den Prozess, das Problem und seine grundsätzlichen Ursachen, um effektive Lösungen zu entwickeln?
- Ist die zusätzliche Bestätigung unserer Schlussfolgerungen weiteren Zeitaufwand, Ressourcenverbrauch und Einsatz wert?

Dos und Don'ts bei der Analyse

Do – Stellen Sie Ihre Kausalhypothesen sorgfältig auf.

> *Vermeiden Sie, vermutete Gründe verschwommen oder zu kurz darzustellen (z. B. „schlechtes Training" oder „defekte Teile"). Allgemeine Ursachenbeschreibungen werden selten von Mitarbeitern verstanden und sie können schwer widerlegt werden. Erläutern Sie eindeutig, welche Faktoren Sie für die Probleme verantwortlich machen.*

Do – Bleiben Sie Ihren Hypothesen gegenüber skeptisch.

> *Die wirklichen Ursachen sollten mit den Daten und dem Prozess zusammenpassen. Wenn das nicht der Fall ist, verbiegen Sie nicht die Daten, bis sie passen – sondern beziehen Sie weitere mögliche Ursachen oder Fakten ein.*

Do – Wenden Sie gesunden Menschenverstand und Kreativität an.

> *Statistische Techniken haben ihren Stellenwert, aber keinen so großen wie die Fähigkeit, gute Fragen zu stellen, Strukturen und Trends zu erkennen und Annahmen über Ursachen durch logische Prüfungen zu hinterfragen, was erhebliche Kreativität erfordert.*

Don't – Analysieren Sie nicht zu viel.

> *Der Grad und die Tiefe der Analyse sollten sich an Nutzen und Risiken orientieren.*

Don't – Analysieren Sie nicht zu wenig.

> *Zu viele Abkürzungen oder fehlendes Verständnis für den Prozess können zu Lösungen führen, die entweder die Grundursache verfehlen oder neue Probleme verursachen, während sie eines lösen. Wenn Sie den Prozess und das Problem wirklich verstehen, dann können Sie zur Lösung übergehen. Wenn nicht, erwägen Sie weitere Untersuchungen.*

Verbesserung: Lösungen finden, auswählen und einführen

Die ganze Arbeit des Definitions-, Mess- und Analyseprozesses zahlt sich in der Verbesserungsphase aus, wenn Ihr Team und Ihre Organisation richtig damit umgehen. Mangel an Kreativität, Versagen beim sorgfältigen Durchdenken der Lösungen, Einführung aufs Geratewohl, Widerstand in der Organisation – das sind alles Faktoren, die den Nutzen eines Six Sigma-Projekts schmälern können. Glücklicherweise finden die meisten Teams nach der „Kleinarbeit" der Erforschung eines Problems neue Energie, wenn sie Fragen zu den Verbesserungsaktionen stellen:

- Welche möglichen Aktionen oder Ideen können uns helfen, an die Wurzeln des Problems zu gelangen und unser Ziel zu erreichen?
- Welche dieser Ideen bilden die Grundlage für potenzielle Lösungen?
- Welche Lösung wird aller Wahrscheinlichkeit nach unser Ziel mit den geringsten Kosten und Störungen ermöglichen?
- Wie können wir unsere gewählte Lösung testen, um ihre Wirksamkeit sicherzustellen und sie dann auf Dauer zu installieren?

Wir halten es für wichtig, während der Verbesserung nach Wegen Ausschau zu halten, den Nutzen Ihrer Bemühungen zu maximieren. Wenn es Wege gibt, auf denen Ihre begrenzte Lösung andere Probleme lösen kann, dann sollten Sie diesen Vorteil nutzen, soweit die Risiken akzeptabel sind. Sehr oft wenden Teams schmalspurige Lösungen an, obwohl sie mit etwas mehr Kreativität und einer breiteren Perspektive mehr erreicht hätten.

Der Sturm über AutoRec

„In unserem Arbeitshandbuch steht", sagte Ravi von der Auftragsbearbeitung beim nächsten Meeting des Teams, „dass der beste Weg zum Beginn der Verbesserungsphase darin besteht, mit einer Menge Ideen zur Problemlösung zu kommen, um diese dann zu arbeitsfähigen Lösungen zu entwickeln." (Ravi war zu einer Art DMAIC-Prozess-Expertin geworden und hatte das Team schon verschiedene Male durch Erinnerung an wichtige Stufen auf der Spur gehalten.)

Nach einem 20-minütigen Brainstorming hatte das Team etwa 40 Ideen, darunter einige recht gute Möglichkeiten. Aber sie wollten noch mehr Input. Daphne von der Montage empfahl, es mit einer „Anschlagtafel" zu probieren, um Vorschläge anderer Mitarbeiter zu bekommen. „Wir waren einige Zeit so nahe am Problem, dass ich mir nicht sicher bin, ob meine Kreativität noch etwas taugt." Martin, der Coach, war bereit, an strategischen Punkten der drei AutoRec-Gebäude Flipcharts aufzustellen, um Ideen von anderen AutoReckers (wie sich die Angestellten selbst nennen) einzuholen. In die oberste Zeile jeder Seite schrieb er: „Wie können wir die Auslieferung falscher Verbindungsstecker und Adapter bei Kundenlieferungen vermeiden? Helfen Sie mit Ihren Ideen!" Es funktionierte. Nach drei Wochen hatten sie weitere 40 Vorschläge.

Ideenfindung, Ziele und Methoden

Eine Six Sigma-Organisation, die auf Kundenpflege und Prozessmessung ausgerichtet ist, kann ein großartiger Platz für kreatives Denken sein. Neue Ideen vergrößern den Spielraum, eröffnen Perspektiven und fordern heraus. Und sie können eine Menge Spaß machen.

Die meisten Mitarbeiter sind gewohnt, ziemlich praktisch zu denken. Das ist in Ordnung, wenn Sie eine Lösung einführen wollen, aber nicht so toll, wenn Sie versuchen, einmal außerhalb des „Kästchen-Denkens" zu operieren. Im Folgenden erhalten Sie Vorschläge für effektive Ideenfindung und Wege zur Erweiterung Ihres Denkens – selbst in dem praktischen Umfeld eines DMAIC-Projekts.

Schlüssel zum Brainstorming-Erfolg

1. *Klären Sie das Ziel Ihres Brainstormings.* Solange nicht jeder denselben Zweck im Kopf hat, werden die Ideen wirr sein. „Quantität" ist genauso wichtig wie „Qualität". Die Ansage: „Lassen Sie uns 30 Ideen in den nächsten fünf Minuten finden" kann die Zahl der Ideen steigern und damit die Chancen für einen Durchbruch erhöhen.
2. *Hören Sie auf die Vorschläge anderer und bauen Sie darauf auf.* Brainstormer müssen auf die Ideen anderer Leute achten, anstatt sich im eigenen Gedankengut zu sonnen. Der „kreative Funke" kann nur dann eine Flamme entzünden, wenn jeder zuhört.
3. *Beurteilen, kritisieren oder kommentieren Sie nicht die vorgestellten Ideen.* Die typische Brainstorming-Sitzung – eine Idee, gefolgt von fünf Minuten Diskussion – neigt dazu, die wirklich neuen Ideen zu unterdrücken.
4. *Vermeiden Sie Selbst-Zensur.* Die heimtückischste Form der Beurteilung von Ideen findet in Ihrem eigenen Kopf statt. Die meisten von uns sind sich bewusst, wie unsere Ideen bei den anderen „ankommen". Denken Sie aber daran, dass Ihre „blöde Idee" der Funke für weitere Ideen einer anderen Person sein kann (in Brainstorming-Statistiken nennen wir das „Helfer").
5. *Vergessen Sie Annahmen und bleiben Sie spontan.* Das lässt sich natürlich viel leichter sagen als tun. Es besteht immer genug Zeit für praktische und analytische Betrachtungen in der Verbesserungsphase. Immer dasselbe tun, wird Sie nicht zu Six Sigma führen.

Nachdem Sie mit Ideen bepackt sind, davon einige großartige und einige nicht so tolle, besteht die nächste Aufgabe darin, sie in Lösungen umzuwandeln.

Die Ruhe nach dem Sturm

Ein wahrer Schneesturm von Klebezetteln war über das Sitzungszimmer des „Wir-liefern"-Teams gegangen – Ideen aus den Brainstorming-Sitzungen und von den „Anschlagtafeln", die über die Gänge verteilt waren. Das Team holte zuerst redundante Ideen heraus und wendete dann die Affinitätsmethode an, um die restlichen zusammenzustellen. Was herauskam, waren fünf große Kategorien von Ideen:

1. Änderung des MRP-Systems (dies, da stimmten alle überein, war kein besonderer Einfall)
2. Änderung der Leistungsanreize für pünktliche Lieferung
3. Erweiterung der Verantwortung für die Vorbereitung des Versands
4. Reorganisation des Montage-Lagerraums
5. Verbesserung für das leichtere Unterscheiden von Teilen für Band- und Digitalgeräte

Mit einer Runde von „Multi-Wahlvorschlägen", in der jede Person ihre Ideenfavoriten niederschrieb, wurde die Liste auf ungefähr 12 Ideen verkürzt. „Ich denke nicht, dass wir alle davon durchführen können", sagte May vom Verkauf. „Absolut nicht", stimmte Al zu. „Wenn wir mit einer solchen Wunschliste zum Management kommen, werden wir hinausgeworfen." Ravi, wie immer auf den DMAIC-Prozess bedacht, schlug vor, dass sie die Ideen mit sinnvollen Lösungen kombinieren sollten. Die Gruppe war einverstanden, einige Tage darüber nachzudenken und zu diskutieren, um dann gemeinsam eine Lösung zu finden.

Zu dieser nächsten Sitzung brachten alle Teammitglieder neue Gedanken zu den verschiedenen Ideen mit, die sich noch in der engeren Auswahl befanden. Diese wurden schließlich auf zwei „Lösungsaussagen" heruntergebrochen:

1. Veränderung der MRP-Formeln für die Nachbestellung von Verbindungssteckern und Adaptern zur Abstimmung mit dem laufenden Produkt-Mix, außerdem genaue Kennzeichnung der Teile.
2. Aufnahme aller Teile – inklusive Stecker und Adapter – in das Just-in-Time-Bestellsystem, dadurch Herausnahme aller Produktteile aus dem Lager der Montage, um die Hardware-Inkompatibilität bei Lieferungen an Unternehmenskunden auszuschließen.
Wechsel der Leistungskriterien, so dass Beschaffungs-, Montage- und Versandmitarbeiter alle danach bewertet werden, ob sie den Lieferplan korrekt einhalten.

Das Team fing schon bald an, die zwei Lösungen als „sichere Option" und „riskante Option" zu betrachten, da die zweite Wahl offensichtlich größere substanzielle Änderungen umfasste. Sie stellten folgende Liste von Auswahlkriterien auf, um die Wahl der besten Lösung zu erleichtern:

- Kosten der Einführung
- Kosten der Durchführung
- Erleichterung der Einführung
- Wahrscheinlichkeit der Zielerfüllung
- zusätzliche/langfristige Vorteile
- Annahmebereitschaft der Organisation

Nach Aufstellung einer Kriterien-Matrix verglich das Team die beiden Lösungen. Die Einführungs- und Durchführungskosten waren bei beiden etwa gleich. Während Lösung 1 – die sichere Option – ganz offensichtlich leichter umgesetzt werden konnte, war das Team nicht davon überzeugt, ob sie ihr Ziel erfüllen oder den Vorteil bieten würde, einige andere fehlerhafte Liefervorgänge zu verbessern, etwa die Software-Inkompatibilität. Und wenn auch die Änderung der Leistungskriterien auf gewissen Widerstand stoßen würde, so meinten sie doch, dass sie bei den Mitarbeitern in der Beschaffung, Montage und Versandabteilung Verständnis für den notwendigen Wandel erreichen könnten.

„Wir werden sehr viel härter arbeiten müssen, um Lösung 2 umzusetzen", sagte Elena von der Beschaffung. „Aber grundsätzlich ist es eine viel bessere Lösung. Lösung 1 ist mehr ein Notpflaster." Da das AutoRec-Führungsteam am nächsten Tag zusammenkam, blieben die meisten Teammitglieder lange im Büro und bereiteten den ersten Einführungsplan vor, während Al die Arbeit an der Präsentation ihrer empfohlenen Lösung vor dem Top-Management beendete. Gegen 10 Uhr am folgenden Tag mussten sie darangehen, die Just-in-Time-Bestellungen umzuwandeln und neue Leistungskriterien für die drei wesentlichen Auftragsdurchführungsfunktionen auszuarbeiten.

Synthese und Auswahl der Lösungen

Die in der Verbesserungsphase gefundenen Ideen sind wie Rohmaterial: Sie müssen verfeinert werden, um einen wirklichen Wert für das Unternehmen zu haben. Gewöhnlich stellen Six Sigma-Lösungen eine Kombination von Ideen dar, die zusammen den Maßnahmenplan ergeben, der die Verminderung von Fehlern, schnellere Durchlaufzeiten oder gesteigerten Wert für Kunden anpeilt. Wichtig ist, dass die Lösungsauswahl keine Entweder-oder-Wahl sein sollte. Andererseits kann eine „Gießkannen-Lösung", die viele Kleinreparaturen am Problem durchführt, eine große Ressourcenverschwendung bedeuten.

Lösungsaussage

Die „Lösungsaussage" ist die klare Beschreibung einer vorgeschlagenen Verbesserung. Der Nutzen der Lösungsaussage besteht darin, dass sie eine eindeutige Definition und das gründliche Durchdenken der vorgeschlagenen Idee garantiert. Die Lösungsaussage wird zum Projektziel, wenn Sie den Lösungsweg formulieren. Sie wird damit auch zur letzten der vier Kernaussagen eines DMAIC-Teams im Verlauf eines Prozessverbesserungsprojekts (Problemaussage, Zielaussage, Hypothesenaussage, Lösungsaussage).

Eine auf Kriterien beruhende Wahl ist notwendig für die Begründung einer empfohlenen Lösung, weshalb auch Al von AutoRec die Zustimmung des Top-Managements so schnell bekommen konnte. Ebenso kann eine Kosten-Nutzen-Analyse in den Entscheidungsprozess aufgenommen werden. Lassen Sie uns jetzt kurz die Hauptschritte betrachten, die zu einer endgültigen DMAIC-Lösung führen:

1. *Schaffen Sie Lösungsideen.* Verwenden Sie Brainstorming, gesunden Menschenverstand und andere Ansätze wie Best-Practice-Analysen, Expertenvorschläge usw., um eine große Anzahl von Möglichkeiten zur Bekämpfung der Fehlerursachen zu gewinnen.
2. *Vemindern Sie die Optionen und machen Sie eine „Lösungsaussage".* Verdichten Sie die Ideen zu umsetzbaren Lösungen, die in den Prozess/das Unternehmen eingeführt werden können. Beschreiben Sie diese in einer formellen „Aussage".
3. *Wählen Sie jene Lösung aus, die empfohlen/eingeführt werden soll.* Prüfen Sie die Endauswahl Ihrer Optionen und bestimmen Sie jene Lösung, die zur Erreichung Ihres Ziels umgesetzt werden soll. Andere hervorragende Lösungen können später auf den Plan gesetzt werden, um dann verwirklicht zu werden.

Die Einführung der Prozessverbesserungen

Dieser Punkt mitten in der Verbesserungsphase stellt eine wichtige Schwelle für ein Team dar. Nachdem es wochenlang geredet, gemessen und analysiert hat, kann es jetzt endlich etwas tun. Je nach Art der Lösung wird ein Team u.U. zusätzliche Kenntnisse und Mittel benötigen. Damit die Implementierung gelingt, sollten Sie auf die „drei Ps" achten: Planung, Pilotphase und Problemprävention:

- *Planung.* Die Veränderung oder Ausrichtung eines Prozesses erfordert Projektmanagement-Fähigkeiten. Wesentlich ist ein solider Einführungsplan, der Aktionen, Ressourcen und Kommunikation abdeckt. Er wird umso schwieriger, je komplexer die Lösung ist.
- *Pilotphase.* Das Ausprobieren der Lösung in begrenztem Maßstab ist zwingend erforderlich. Das Risiko unvorhergesehener Probleme ist groß und die „Lernkurve" ist steil, wenn alles ganz anders gemacht werden soll.

- *Problemprävention.* Die harte Frage „Könnte das Projekt abstürzen?" hat nichts mit negativem Denken zu tun, sondern ist wichtig, damit Ihr Team so viele Schwierigkeiten wie nur möglich durchdenkt und darauf vorbereitet ist, mit diesen proaktiv umzugehen.

Die Installation der Lösung

Das AutoRec-Team ging sofort daran, einen Plan für die Lösung aufzustellen. Da man von zwei Hauptelementen ausging – Umschalten auf das Just-in-Time-Lager (JIT) und Entwicklung neuer Leistungskriterien –, setzte man zwei Einführungsteams ein. Die ursprüngliche Projekt-Charta hatte eine IT-Unterstützungsfunktion vorgesehen, aber die Änderung der Leistungskriterien erforderte klar eine Hilfe aus der Personalabteilung. Der Leiter der Personalabteilung stimmte zu, dass Bonnie Fitz Teil des Einführungsteams werden sollte.

Jedes Einführungsteam stellte einen Plan für die Pilotphase auf. Für die JIT-Arbeit wurde ein Lieferant ausgewählt, mit dem die neue Bestell- und Lieferprozedur während zweier Wochen ausprobiert werden konnte. Es gab einige Problemstellen, aber es funktionierte. Die Hauptaufgabe bestand darin, die Mitarbeiter in der Montage und Beschaffung sowie die Lieferanten an die neue Art des Umgehens mit den Adaptern zu gewöhnen. Nachdem aber mit einem Lieferanten diese Änderung geglückt war, fühlte sich das AutoRec-Team in der Lage, auch die anderen Lieferanten umzustellen.

Da die größte Sorge darin bestand, dass ein Lieferant seine kurzfristigen Lieferverpflichtungen nicht einhalten könnte, kamen Beschaffung und Montage überein, ein Ausweichlager für Stecker zu schaffen, damit das neue System keine zusätzlichen verspäteten oder fehlerhaften Lieferungen verursachen würde, falls es schief ging.

Bei den neuen Leistungskriterien bestand ein Teil der „Problemprävention" darin, die Leute von AutoRec selbst in das neue System Eingaben machen zu lassen. Da viele Mitarbeiter bereits von dem Ärger gehört hatten, den die schlechten Lieferungen verursacht hatten, waren sie den Änderungen gegenüber offen. Einer schlug vor, nicht nur die Pünktlichkeit zu überprüfen, sondern auch die tatsächliche Geschwindigkeit der Auftragserfüllung zu messen. Zuerst wurde der Plan in der Montage eingeführt und lief gut. Innerhalb eines Monats waren die neuen Leitlinien und Leistungskriterien in allen drei Gruppen eingeführt.

Das „Wir-liefern"-Team maß auch weiterhin Lieferfehler während der Planungs- und Pilotphase. Es war interessant festzustellen, dass – nachdem einmal die Ursache des Problems aufgedeckt war – sofort einige Verbesserungen eintraten. Nachdem alle Teile der Lösung funktionierten, sank die Zahl der fehlerhaften Lieferungen stark ab, wie das Verlaufsdiagramm zeigte (siehe Abbildung 42).

Andere Gründe für Lieferdefekte wurden ebenfalls eingeschränkt. Die Zusammenarbeit zwischen Beschaffung, Montage und Versand wurde enger, da allen ein klarer gemeinschaftlicher Leistungsstandard vorgegeben war: Schicken Sie die Aufträge so früh wie möglich raus, aber erfüllen Sie sie korrekt. Informelle „Teams" begannen, mithilfe der vom „Wir-liefern"-Team entwickelten Daten andere Ursachenbereiche für schlechte Lieferungen zu untersuchen. Es gelangen ihnen einige Verbesserungen und die Zahl der „Schnellschüsse" wurde ebenfalls reduziert. Der DPMO des Prozesses wurde von 122 000 und 39 000 gesenkt, ein Sigma-Niveau von ungefähr 3,3.

Auf ihr Ergebnis, das noch über ihrem ehrgeizigen Ziel lag, waren die Mitglieder des „Wir-liefern"-Teams stolz. Sie hatten mit den Managern in jenen Schlüsselfunktionen zusammengearbeitet, die durch das Projekt betroffen waren, und ihnen damit die Verantwortung für die Verbesserungsprojekte übertragen.

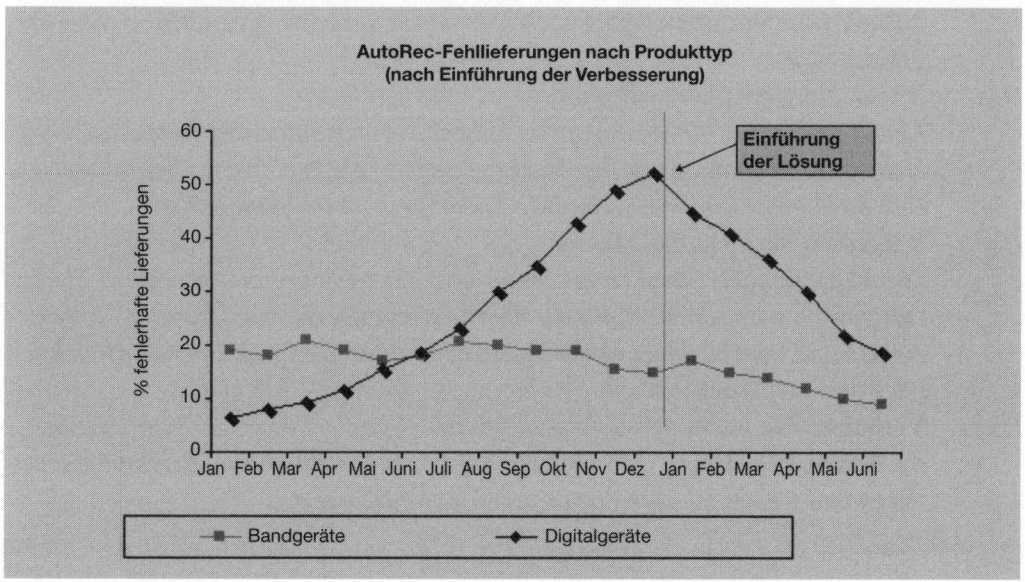

Abb. 42: AutoRec-Verlaufsdiagramm mit Fehlern vor/nach DMAIC-Lösung

Abschluss der Verbesserungsphase

Es kann einige Zeit in Anspruch nehmen, die Lösungen zu testen, die Ergebnisse zu messen und den Erfolg eines DMAIC-Projekts sicherzustellen. Ein letztes kritisches Element der Einführung stellt die Erfassung jener Daten dar, mit denen die Wirkung der Veränderungen bei ihrer Umsetzung ermittelt werden soll. Damit sollen sowohl die Ergebnisse abgeglichen als auch mögliche Probleme erfasst und verarbeitet werden.

Dos und Don'ts bei Verbesserungen

Do – Halten Sie nach wirklich innovativen Lösungen Ausschau.

> *Jedes Six Sigma-Projekt stellt eine Chance dar, Ihre Unternehmensperformance zu verbessern. Während die Veränderung oder Umgestaltung eines Prozesses der Ansatz für „exponentielle" Erträge sein wird, stellt jede Lösung schon einen Gewinn dar.*

Do – Steuern Sie auf Lösungen zu.

> *Behalten Sie Ihr Ziel immer im Auge. Lassen Sie sich von der Begeisterung im Brainstorming und bei der Lösungssuche nicht hinreißen, Veränderungen vorzunehmen, die nichts mit dem Problem zu tun haben, das Sie anvisiert haben.*

Do – Planen sie sorgfältig und proaktiv.

> *Hastig die Umsetzung eines Problems anzugehen kann all Ihre Bemühungen untergraben. Prozesse sind beharrlich und Menschen Gewohnheitstiere. Eine Lösung kann nur dann erfolgreich sein, wenn sie beim ersten Mal richtig umgesetzt wird.*

Don't – Setzen Sie nicht gleich alles um.

> *Ein Scheitern bei Pilotlösungen ist nahezu vorprammiert. Sie können sich von kleinen Rückschlägen erholen und begrenzte Probleme lösen. Aber Sie werden sich nicht mehr erholen, wenn Ihre Lösung ein „Blindgänger" ist.*

Don't – Vergessen Sie nicht das Messen.

> *Messungen helfen Ihnen zu erkennen, was funktioniert und was nicht. Sie bestätigen Ihre Ergebnisse und sie überzeugen andere, dass dieses „Verbesserungsgetue" etwas taugt. Ohne Messungen sind Ihre Resultate nur Anekdoten oder Meinungssache.*

Don't – Vergessen Sie nicht, den Erfolg zu feiern.

> *Six Sigma-Verbesserungen sind spannend. Teilen Sie dieses Erlebnis mit anderen und freuen Sie sich daran, wenn es funktioniert.*

Kapitel 16
Entwurf und Änderung des Six Sigma-Prozesses (Wegweiser Stufe 4 b)

Einleitung und Hauptergebnisse

Die Fähigkeit, neue oder völlig veränderte Prozesse hervorzubringen, beschrieben wir in Kapitel 2 als wesentliche „Kernkompetenz" für Organisationen im 21. Jahrhundert. Wer ein Six Sigma-Niveau in der Leistung anstrebt und mit den Veränderungen auf den Märkten und in der Technologie Schritt halten möchte, braucht beide Six Sigma-Verbesserungsstrategien – Verbesserungen und Neugestaltung/Umgestaltung. Dieser Aktvität des „Neuerfindens", die sich auf eine exponentielle statt nur auf eine schrittweise Verbesserung konzentriert, gilt in diesem Kapitel unser Interesse (siehe Abbildung 43).

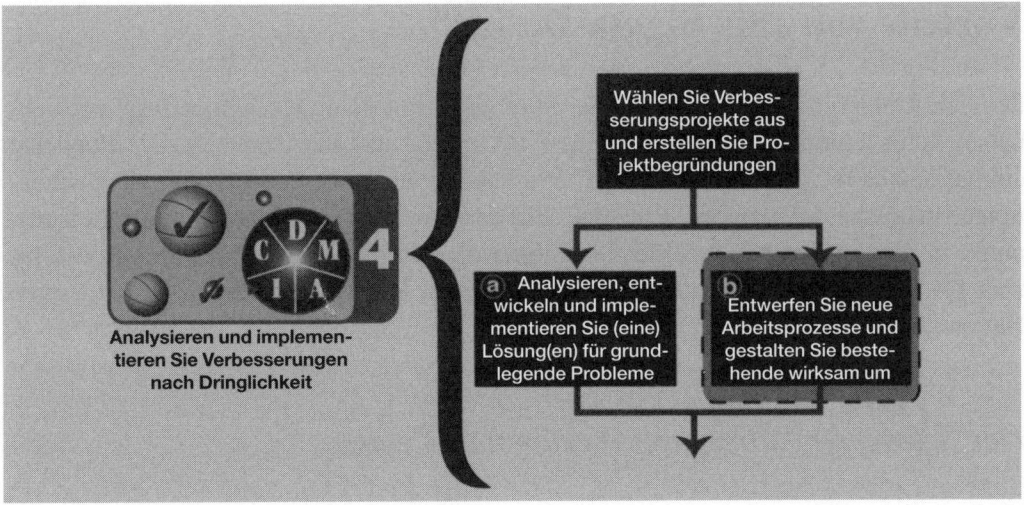

Abb. 43: Six Sigma-Wegweiser Stufe 4 b

Kritische Stufen während der Prozessgestaltung/-umgestaltung

Der DMAIC-Prozess kann, wenn er zur Gestaltung oder Umgestaltung eingesetzt wird, mit einigen Kernfragen erschlossen werden:

- Welcher Umfang oder „Einzugsbereich" wird von unserer Prozessgestaltung erfasst?
- Welches sind die kritischen Ergebnisse, Leistungs- und Serviceanforderungen, die der neue Prozess erreichen muss? Welche neuen Standards soll der Prozess in Zukunft erfüllen können?
- Welche internen Leistungsziele sind für den Erfolg des neuen Prozesses wesentlich (Schnelligkeit, Kosten, leichte Benutzung, Flexibilität usw.)?
- Wie werden der neue Arbeitsfluss und die Zuweisung von Verantwortung aussehen? Wie können wir unsere zuerst erfolgte Umgestaltung verbessern?
- Wie werden wir den neuen Arbeitsprozess testen, verfeinern und die Einführung bewerkstelligen?
- Wie werden wir die organisatorischen Auswirkungen einer wesentlichen Veränderung bei der Durchführung dieser Arbeit verkraften?

Bevor wir diese Fragen beantworten, lassen Sie uns untersuchen, warum und wann eine Prozessgestaltung/-umgestaltung erforderlich ist.

Vorteile von „Six Sigma-Design"

Da viele Unternehmen es während der 90er Jahre mit dem „Reengineering" versucht haben, ist es legitim, die Frage zu stellen: „Worin besteht der Unterschied?" Zunächst einmal beinhaltet „Six Sigma-Design" Werkzeuge, um neue Produkte und Dienstleistungen zu gestalten, nicht nur Prozesse. Für das Prozess-Design und -Redesign, Kernpunkt in diesem Kapitel, eröffnet Six Sigma die Möglichkeit, einiges zu verbessern, was bei der letzten Reengineering-Kampagne zu kurz gekommen ist. Hier einige Hauptunterschiede.

Der Schwerpunkt liegt auf Werten und Kunden

Viele umfassende Reengineering-Initiativen der Vergangenheit waren nichts anderes als Kampagnen zum Verschlanken einer Organisation. Diese Reengineering-Aktionen wurden oft ohne genügend Rücksicht auf die Wünsche von Kunden durchgeführt, ganz zu schweigen von den Wirkungen auf die „Überlebenden" des Reengineering. Der Schwerpunkt für eine Prozessgestaltung/-umgestaltung in der „Six Sigma-Generation" liegt auf der Wertsteigerung für Kunden und wesentlichen Fortschritten in der Produktivität, Geschwindigkeit und Effizienz.

Eine bewertbare, konzentrierte Methode

Umgestaltungsaktivitäten im Zeichen von Six Sigma werden sich auf spezifische Segmente eines Unternehmens oder auf wesentliche Veränderungsmöglichkeiten konzentrieren. Ergebnis werden kleinere, überschaubarere Design- und Redesign-Projekte sein, wieder im starkem Kontrast zu den weit reichenden Bemühungen in den 90er Jahren. Rich Lynch, Koautor des Buches *Corporate Renaissance*, eine „Arbeitsanweisung" für Reengineering, stellt fest, dass die langen Umsetzungszeiten der vergangenen Reengineering-Projekte einen wesentlichen Grund dafür bildeten, dass die Top-Manager ihr Engagement für diese Aktivitäten verloren. Konzentrierte Design-Projekte können einfacher gehandhabt und schneller durchgeführt werden, obwohl sie fast immer länger dauern werden als Verbesserungsprojekte.

Breitere Anwendung von Design-/Redesign-Arbeiten

Die Prozessgestaltung/-umgestaltung als Standardelement des Six Sigma-Systems bedeutet eine größere Beteiligung sowie eine bessere Nutzung von Ideen und Fähigkeiten. Viele frühere Reengineering-Projekte blieben auf eine Elitemannschaft beschränkt oder eine größere Beratungsfirma – mit der Begründung, dass solche kritischen Entscheidungen von Top-Leuten getragen werden müssten. Aber Ideen, die aus 10 000 Meter Höhe unglaublich gut aussehen, sind u.U. nicht praktikabel, wenn sie umgesetzt werden sollen. Die Mitarbeiter im laufenden Prozess sind gewohnt, Dinge nach bestimmten Mustern zu tun, und vielleicht nicht fähig oder willens, ihr Denkschema zu verlassen, um neue Wege zur Gestaltung ihrer Arbeit zu suchen.

Der Erfolg von Prozessgestaltung/-umgestaltung hängt von der Balance zwischen umstürzlerischer Kreativität und praktischer Verwirklichung ab. Die Einbeziehung einer größeren Zahl von Mitarbeitern in Ihre Design-/Redesign-Arbeit kann zu der Erkenntnis führen, dass nicht nur ein Problem gelöst, sondern ein Prozess gefunden werden muss, der funktioniert.

Kluge Anwendung der Technologie

Eine der oft zitierten „Triebkräfte" des Reengineering ist die Verbesserung der Informationstechnologie (IT). Doch Veränderungen der IT haben sich als scharfes zweischneidiges Schwert erwiesen, wenn die Verschlankung von Prozessen und die Verbesserung der Leistungen für Kunden ansteht. Internet, Database-Methoden, Customer Relationship Management (CRM) und die steigende Computerleistung haben viele Unternehmen in die Lage versetzt, Lagerbestände besser zu managen, schneller zu reagieren, ihre Angebote maßgeschneidert zu erstellen und so weiter. In vielen Fällen wurden Geschäftsprozesse vollständig verändert, um die Vorteile der technologischen Möglichkeiten zu nutzen.

Die zweite Schneide des Technologie-Schwertes bestand jedoch darin, gigantische Systemerweiterungen vorzunehmen und von ihnen zu erwarten, dass sie auf magische Weise dramatisch bessere Geschäftsprozesse schaffen würden, eine Sicht, die sich jetzt als zu optimistisch erweist. Komplexe unternehmensweite IT-Lösungen sind auf jeden Fall sehr kompliziert (ebenso teuer, riskant und herausfordernd). Die vielen Geschichten von Verzögerungen, Enttäuschungen, Flickwerk und unerfüllten Bedürfnissen bei größeren IT-Projekten zeigen an, dass Systemänderungen besser heruntergestuft werden sollten, genauso wie Reengineering-Aktivitäten.

Die Verbindung zwischen Six Sigma-Prozessgestaltung und IT-Veränderung wird enger, wenn Unternehmen die beiden auf natürliche Weise zusammenwachsen lassen. Bei General Electric ist das Six Sigma-Design inzwischen ein wesentlicher Teil vieler IT-Aktivitäten: Seit 1998 besteht die Vorgabe, dass jede bedeutende System- oder Softwareeinführung vom GE-Prozessdesign-/Redesign-Modell begleitet wird. Leiter der unternehmensweiten Six Sigma-Initiative von GE war in den ersten zwei Jahren Gary Reiner, IT-Chef des Unternehmens.

Wesentliche Bedingungen für eine Prozessgestaltung/ -umgestaltung

Wir wurden von Unternehmenschefs gefragt, ob es nicht eine Formel gäbe, nach der man entscheiden könne, wann eine Umgestaltungsaktivität notwendig sei. Unsere ehrliche Antwort lautet „Nein". Es gibt nämlich einfach zu viele zu berücksichtigende Variablen, vom Einzugsbereich des Prozesses, den Sie ändern wollen, über Ihre Bereitschaft, einen Umbruch hinzunehmen, bis zur Dringlichkeit des Bedürfnisses nach größeren Leistungserfolgen. Wir können jedoch ein Bewertungsmodell anbieten, das auf zwei wesentlichen Bedingungen beruht, die beide erfüllt werden müssen, wenn die Prozessgestaltung/-umgestaltung funktionieren soll.

Bedingung Nr. 1: Sie sehen einen erheblichen Bedarf, eine Bedrohung oder Möglichkeit

Die „vorteilhafte" Seite der Gleichung vom Design/Redesign kann sich aus verschiedenen Quellen oder Bedrohungen ergeben. Wenn auch manche Überschneidungen in der folgenden Liste auftreten, so nennt sie Ihnen doch einige Situationen, in denen neue Prozesse erforderlich sind:

- Verlagerungen bei Kundenbedürfnissen/-anforderungen
- Bedürfnis nach größerer Flexibilität
- Neue Technologien
- Neue oder veränderte Regeln und Vorschriften
- Wandlung des Wettbewerbs
- Alte Annahmen (oder Paradigmen) sind ungültig.
- Der gegenwärtige Prozess ist ein „Wirrwarr".

Bedingung Nr. 2: Sie sind zur Risikoübernahme bereit

Die „Gefahren" des Design/Redesign sind nicht zu unterschätzen. Aber sie lassen sich natürlich beherrschen, so dass die entscheidende Frage lautet: „Sind wir bereit und fähig, dieses Projekt bis zum Ende durchzuführen?" Nachfolgend einige Bemerkungen zu den Risiken einer Redesign-Aktivität:

- *Eine längere Laufzeit bei Änderungen ist akzeptabel.* In vielen Fällen benötigt die Gestaltung oder Änderung eines Prozesses mehr Zeit, als Sie erwartet haben.
- *Mittel und Talent sind vorhanden.* Sie können nicht davon ausgehen, einen alten Prozess einfach gegen einen neuen zu tauschen. Sie brauchen Mitarbeiter im Redesign-Team, die die Kunden, Dienstleistungen/Produkte, Prozesse, Technologie und Menschen verstehen.Wann immer Sie ein völliges „Überdenken" Ihrer Arbeit vornehmen, steigt die Wahrscheinlichkeit, dass Kapitalinvestitionen, neue IT-Systeme und sogar geeignete neue Mitarbeiter gebraucht werden.
- *Die Top-Manager und die Organisation insgesamt werden die Aktivitäten unterstützen.* Die Zustimmung muss nicht total sein, da irgendwelcher Widerstand immer kommt. Wenn Sie hervorragende Überzeugungsarbeit leisten, wird das Top-Management auch bereit sein, schmerzliche Entscheidungen zu treffen, da neue Prozesse u.U. weniger Mitarbeiter bedeuten.
- *Das „Risikoprofil" ist akzeptabel.* Ein bedeutender Wandel birgt viele Möglichkeiten an Fehlern, Widerständen, technischen Problemen und so weiter. Sie sollten überlegen, ob eine beschränktere Vorgehensweise (z. B. ein Prozessverbesserungsprojekt) die bessere Alternative ist.

Projekt-Charta, Reichweite und Anforderungen

Die Charta zur Gestaltung und Umgestaltung

Der grundlegende Zweck einer Projekt-Charta in einer Prozessveränderung ist derselbe wie bei einem Verbesserungsprojekt: die Richtung vorzugeben und Projektparameter zu definieren. Aber während die Arbeit eines Prozessverbesserungsteams darin besteht, Probleme zu analysieren und zu beseitigen, geht die Absicht beim Redesign weiter: neue Methoden für Schlüsselprozesse innerhalb einer Organisation zu entwickeln und zu verwirklichen. Das mag für Außenstehende nicht besonders beeindruckend sein, aber für die Menschen im Unternehmen sollte es eine hohe Bedeutung besitzen. Ohne eine – jetzt passt das Wort – „Vision" wird das Team weniger Kreativität und Energie aufbringen und der neue Prozess wird nur geringfügig besser sein als der alte.

Die Reichweite bzw. der Umfang eines Projekts/Prozesses

Der Begriff „Reichweite" beschreibt allgemein den Umfang eines Problems oder das Blickfeld eines Teams. In Six Sigma-Projekten besitzt der Ausdruck eine spezifischere Bedeutung: Mit „Reichweite" meinen wir die Grenzen, die ein Projektteam für die Gestaltung oder Umgestaltung ziehen wird. Die Reichweite beschreibt also das „Spielfeld" oder die Grenzlinien, innerhalb deren alle Prozessaktivitäten als faires Spiel für Umgestaltung betrachtet werden. Die Bestimmung der Reichweite kann auch in Prozessverbesserungsprojekten sinnvoll sein, weil es einem Team Leitlinien dafür gibt, wo es seine Lösungen anbringen kann.

Die Wahl der Projektreichweite

Die Wahl des richtigen Umfangs für ein Projekt stellt häufig eine große Herausforderung dar. Eine Reichweite wird definiert, indem der betroffene Prozess benannt wird und die Anfangs- und Endpunkte jener Stufen festgelegt werden, die umgestaltet werden sollen:

- „Wir wollen den Prozess der Bezahlung eingehender Rechnungen verändern, vom Empfang der Rechnung bis zum Abbuchen des Schecks von unserem Konto."
- „Der neue Verpackungsprozess wird mit dem Auszeichnen der gefüllten Produkt-Container beginnen und mit der Palettierung für den Versand enden."

Beide Beispiele könnten weiter oder enger gefasst werden und trotzdem „korrekt" sein. Der Umfang kann und wird oft im Verlauf eines Design-Projekts angepasst werden. Die folgenden Punkte helfen Ihnen, die Reichweite Ihres Projekts zu klären:

1. *Bezeichnen Sie den Prozess.* Es ist besser, Abteilungsnamen (z. B. „Der Verkaufsprozess") zu vermeiden. Unterscheiden Sie deutlich Umgestaltung (Änderung der Arbeitsabläufe) von der Reorganisation (Änderung der Berichtsstruktur in einer Gruppe oder Funktion). Beispielsweise machen Sie daraus
   - den „Rechnungsabwicklungsprozess", nicht „Ausstehende Rechnungen" oder
   - den „Service-Abruf-Prozess", nicht den „Kundendienst-Prozess".

2. *Bestimmen Sie die Endpunkte.* Das wichtigste Element eines Prozesses ist sein letztes Produkt, seine letzte Dienstleistung oder der Output. Bestimmen Sie den Endpunkt, d. h. den Punkt, an dem die „Sache" im Prozess abgeschlossen bzw. zum Kunden oder nächsten Prozess weitergeleitet wird. Fragen Sie:
Welches ist der wesentliche Output des Prozesses? Wer ist der Kunde? Wie sieht das beste Ergebnis innerhalb unserer Reichweite aus? Können wir realistischerweise hoffen, den Prozess bis zu diesem Punkt umzugestalten?

3. *Bestimmen Sie den Startpunkt.* Der nächste Schritt besteht darin, den Beginn der Umgestaltung oder Neugestaltung zu definieren. Wenn es einen klaren Auslöser oder Ausgangspunkt für den Prozess gibt, z. B. einen Kundenanruf, einen Arbeitsauftrag, den Empfang von Rohmaterial oder Teilen, kann der Anfangspunkt einfach beschrieben werden. In anderen Fällen, besonders bei internen Prozessaktivitäten, kann er eher subjektiv sein. Fragen Sie:
An welchem Punkt oder mit welcher Tätigkeit beginnt der Prozess? Welcher wesentliche Input oder Übergang könnte einen sinnvollen Startpunkt darstellen?

4. *Prüfen Sie die Reichweite.* Bei der Festlegung der Grenzen des Prozesses muss das Team darauf achten, kein zu umfangreiches oder zu geringes „Bündel von Tätigkeiten" zu beschreiben. Fragen Sie:
Erfassen die von uns festgelegten Grenzen alle Aktivitäten, die für die Erfüllung unseres Ziels notwendig sind? Können wir alle Aktivitäten innerhalb unserer jetzigen Reichweite effektiv gestalten und managen? Wenn wir diese Schritte verändern oder verbessern, sind wir dann wirklich in der Lage, die „Messlatte" für Leistung, Effizienz, Wettbewerbsfähigkeit, Werte usw. höher zu legen?

Ein Lösungsansatz, der gut zu dem heutigen Bedürfnis nach Schnelligkeit und dem sich laufend ändernden Geschäftsumfeld passt, ist die „abschnittsweise" Umgestaltung eines Prozesses. Wenn es beispielsweise in Ihrem Unternehmen notwendig war, den Prozess im Kundendienst umzugestalten, dann könnte die gesamte Arbeit in drei Abschnitte aufgeteilt werden: 1. Auftrag an den Kundendienst, 2. Vorbereitung des Auftrags, 3. Auftragsausführung.

Wann immer Sie in Versuchung geraten sollten, eine größere Reichweite zu wählen, denken Sie an folgende Regel: Mit wachsendem Umfang nimmt auch die Komplexität zu. – Denn Sie ändern nicht nur die Reichweite, sondern möglicherweise alle laufenden Inputs und Schnittstellen im Projekt.

Prozess-Outputs und -Anforderungen

Die aufregendsten und inspirierendsten Geschichten über Prozessgestaltung/-umgestaltung stammen von Gruppen, die ihre Projekte genutzt haben, Kundenanforderungen neu zu definieren. Bei diesem Schritt besteht, wie bei vielen Aktivitäten der Prozessgestaltung und -umgestaltung, ein grundlegendes Ziel darin, bestehende Annahmen in

Frage zu stellen: Was ist wichtig, warum wird es gebraucht und wie kann es erreicht werden? Leider lassen sich Annahmen nur schwer revidieren.

Schritte zur Klärung des Output und der Anforderungen

Output und Anforderungen bilden den „Grund für das Sein" (oder in Französisch die *raison d'être*) eines Prozesses. Im Verlauf der Design-Arbeit werden Ihnen die folgenden Statements und Fragen helfen:

1. Definieren und überprüfen Sie den Prozess-Output. Fragen Sie:
   * Welches ist das jetzige Ergebnis oder Endprodukt des Prozesses?
   * Ist dieses Ergebnis immer noch optimal, um die Bedürfnisse und Ziele der Kunden zu erfüllen?
   * Welche anderen Alternativen – Produkte oder Dienstleistungen – können wir stattdessen anbieten oder wie kann der Output verändert werden?
2. Klären und prüfen Sie genau die wesentlichen Anforderungen des Output. Fragen Sie:
   * Welche Merkmale oder Eigenschaften des Output machen ihn für Kunden verwendbar oder wirksam?
   * Welche anderen Merkmale oder Eigenschaften werden nicht erfüllt?
   * Welches sind die Bedürfnisse oder Anforderungen der Kunden unserer Kunden, zu deren besserer Erfüllung wir beitragen können?
   * Welche anderen Möglichkeiten gibt es, die Produkte/Dienstleistungen wertvoller, nutzbarer und angenehmer für den Kunden zu machen?
   * Welche Erkenntnisse oder anderen Bedürfnisse können wir daraus gewinnen, wie der Kunde unseren Output nutzt?
3. Erneute Überprüfung von Output und Annahmen über Anforderungen. Fragen Sie:
   * Wie können wir die Gültigkeit unserer Annahmen oder der Kundenannahmen hinsichtlich dessen prüfen, was erforderlich ist?
   * Welche neueren Daten bestätigen diese Anforderungen? Welche Einzeldaten können hinterfragt werden?
   * Gibt es verschiedene Gruppen innerhalb der „Kundenbasis", die getrennt angesprochen werden sollten?

All diese Fragen spiegeln unsere Ansicht wider, dass jetzt die Zeit gekommen ist, mit den Paradigmen zu brechen, auf denen Ihr Prozess beruht, wenn Sie das je vorhatten. Einer unserer Kollegen lässt die in Umgestaltungsaktivitäten steckenden Teams alle ihre Annahmen über einen Prozess auf ein Blatt Papier schreiben und zerreißt es dann, um damit den Bruch mit der Vergangenheit zu symbolisieren.

Dos und Don'ts der Prozessgestaltung/-umgestaltung

Do – Denken Sie in großen Dimensionen bei Output, Nutzen und Ausmaß der Verbesserungen.

> *Inspirierte und begeisterte Mitarbeiter sind normalerweise kreativer und beständiger gegenüber Widerständen. Die Mitglieder des Design-Teams sollten sich als „Change Agents" betrachten.*

Do – Legen Sie einen vernünftigen Umfang fest.

> *Sie können mit einer größeren Reichweite mehr gewinnen, aber die Komplexität nimmt rapide zu. Passen Sie die Reichweite während des Projekts bedarfsgerecht an.*

Don't – Gehen Sie nicht davon aus, dass Output und Anforderungen „statisch" sind.

> *Nutzen Sie die Gestaltung/Umgestaltung als Chance, um neue Standards einzubringen oder sogar die dem Kunden gebotene „Lösung" zu verändern.*

Don't – Zögern Sie nicht, die Organisation auf Änderungen vorzubereiten.

> *Ein Plan zur Durchführung der Änderung sollte Teil der Anfangsarbeit eines Design/Redesign-Teams bilden in Zusammenarbeit mit dem Projektsponsor und dem Teamleiter.*

Messung: Leistungsmaßstäbe schaffen

Überblick über Messung und Design/Redesign

Es gibt keine wesentlichen Unterschiede zwischen der Arbeit eines Teams in der Messphase einer Prozessgestaltung/-umgestaltung und der eines Teams für Prozessverbesserungsprojekte. Wenn überhaupt, dann kann die Messung einfacher sein, da das Ziel einer Prozessgestaltung nicht darin besteht, Grundursachen aufzuspüren, sondern nur genug über den laufenden Prozess zu wissen, damit der neue Prozess eine optimale Leistung garantiert. Wie auch immer: Jede Messung muss einem klaren Ziel und dem Nutzen für das übergeordnete Projektziel dienen.

Benchmarking und externe Messung

Externe Messungen sind von besonderem Nutzen für die Design/Redesign-Arbeit. (Prozess-Benchmarking ist ebenfalls eine Option für Verbesserungsprojekte, aber macht gewöhnlich mehr Sinn, wenn ein Prozess selbst umgestaltet wird.) Mithilfe von Benchmark-Messungen können Sie Ihre Leistung mit der Leistung anderer ähnlicher Prozesse vergleichen.

Festlegung zukünftiger Messungen

Eine Aufgabe am Anfang der Messphase in einem Six Sigma-Design-Prozess ist das Entwickeln von Maßstäben, die später bei der Prüfung von Gestaltungsoptionen angewendet werden. Aus den Anforderungen, die auf Seite 208 festgelegt wurden, lassen sich spezifische Messfaktoren als Maßstab ableiten. Das frühe Festlegen von Messlatten bedeutet kein Festnageln, sondern soll dazu beitragen, dass wesentliche Anforderungen während des gesamten Designverfahrens beachtet werden.

Dos und Don'ts für Messungen und Maßstäbe

Do – Stellen Sie sicher, dass Sie solide Leistungsmaßstäbe für alle wichtigen Anforderungen im Prozess besitzen.

> *Wenn Sie Ergebnisse bestätigen und die Leistung des neuen Prozesses verfolgen wollen, benötigen Sie einen Vergleich mit den Ausgangsdaten.*

Do – Halten Sie nach Informationen Ausschau, die Ihnen bei der Identifizierung von Umgestaltungsmöglichkeiten helfen, sowohl innerhalb des Prozesses als auch außerhalb der Organisation.

> *Sie werden mithilfe von Messungen auf Best Practices stoßen, die Sie in Ihre Prozessabläufe einbauen können.*

Don't – Gehen Sie nicht auf die Jagd nach Daten über Ursachen, wenn Sie den Prozess umgestalten wollen.

> *Unnötige Messungen werden nicht nur Ihre Zeit verschwenden, sondern auch die Kreativität einschränken, weil die Mitarbeiter mit zu vielen Daten vom laufenden Prozess überschüttet werden.*

Analyse: Grundlagen für die Umgestaltung

Prozess-Design und Analyse

Bei der *Verbesserung* eines Prozesses stellt die Analyse oder Ursachenforschung einen Dreh- und Angelpunkt des Vorgehens dar. Wenn dagegen Ihre Organisation oder ein Team entschieden hat, die *Umgestaltung* eines Prozesses vorzunehmen, dann ist die Ursachenforschung nicht mehr wesentlich. Ziel wird stattdessen, einen neuen Prozess zu schaffen, in dem Arbeitsabläufe, Prozeduren, Technologien usw. ein deutlich höheres Leistungsniveau erreichen. Eine übertriebene Analyse kann eigentlich die Umgestaltung nur behindern, weil eine auszumerzende Methode u.U. in den Köpfen der Mitarbeiter zementiert wird.

Prozesswertanalyse

Wenn Prozesse komplexer werden, vergessen Mitarbeiter gewöhnlich, dass Kunden die Quelle des Geschäfts bilden. Die „Wertanalyse" stellt einen Weg dar, diese entscheidende „Raison d'être" eines Geschäfts oder Prozesses wieder in den Vordergrund zu rücken, indem die Arbeit aus der Sicht eines externen Kunden beleuchtet wird. Während der Analyse ordnen wir jede Prozessstufe einer von drei Kategorien zu:

1. *Schaffen Werte.* Das sind Arbeiten oder Aktivitäten, die *aus Sicht des externen Kunden* wertvoll sind. Diese Sicht ist wesentlich, denn jeder Schritt kann aus *irgendeinem* Grund gerechtfertigt sein. „Wir machen das, weil der Chef es wünscht" bedeutet nicht, dass eine Arbeit Werte für den Kunden schafft. Hier sind drei Kriterien, die Sie bei wertschöpfenden Maßnahmen beachten sollten:
   * Der Kunde interessiert sich für diese Aktivität und würde uns dafür bezahlen, wenn er wüsste, dass wir sie bieten.
   * Dienstleistungen oder Produkte werden irgendwie verändert. Doch Dinge nur irgendwie zu bewegen ist gewöhnlich *nicht* wertschöpfend.
   * Das ist das erste und einzige Mal, dass wir etwas tun. (Reparaturen, Überarbeitungen, Ersatzleistungen usw. korrigieren nur früher begangene Fehler, schaffen aber keinen *zusätzlichen* Wert.)
2. *Ermöglichen Werte.* Es gibt eine Gruppe von Aktivitäten, die es Ihnen ermöglichen, Arbeiten für den Kunden schneller oder effektiver durchzuführen, was bedeutet, dass Sie Produkte oder Leistungen früher, billiger, mit höherer Genauigkeit usw. anbieten können. Sie müssen aber darauf achten, dass nicht alle Arbeitsschritte, die aus der Kategorie „Werte schaffend" herausfallen, als „Werte ermöglichend" eingestuft werden. Normalerweise gehören nur sehr wenige in diese Gruppe.
3. *Schaffen keine Werte.* Das ist das „unsanfte Erwachen" bei einem Prozess, weil es in jeder Organisation eine Menge von Arbeitsschritten gibt, die nicht wertschöpfend sind. Dazu gehören:
   * Verzögerungen
   * Inspektionen
   * Überprüfungen
   * Transport (von einer Stelle oder Stufe im Prozess zu einer anderen)
   * Interne Berichte und Rechtfertigungen
   * Aufbau und Vorbereitung

Die Kategorie „Schaffen keine Werte" mag ziemlich brutal erscheinen. Denn wenn man den Abläufen auf den Grund geht, schafft das meiste, was in einer typischen Organisation geschieht, aus Sicht des Kunden keine Werte. Sie als Leser (unser Kunde) werden sich wahrscheinlich nicht dafür interessieren, dass wir eine besondere Autoren-Software gekauft haben, die uns nach soundso viel Worten daran erinnert, dass wir etwas Witziges sagen müssen. Soweit Sie betroffen sind, zahlen Sie für den Wert, den wir Ihnen bieten, nicht für die Kosten, die wir für eine Verbesserung aufgewendet haben, richtig? Es würde uns wehtun, wenn wir zugeben müssten, dass wir mit dieser Software Geld verschwendet haben, aber das ist die harte Wirklichkeit bei Aktivitäten, die keine Werte schaffen. Sie können darauf wetten, dass in Ihrem Unternehmen *viele* Dinge „im Interesse des Kunden" getan werden, auf die der Kunde pfeifen würde.

Der Ausgleich von wertschöpfenden und nicht wertschöpfenden Arbeitsschritten

Natürlich wäre es eine *schlechte* Idee, jeden nicht wertschöpfenden Arbeitsschritt zu eliminieren. Die Einreichung von Steuererklärungen etwa; oder die Gewährung von Zusatzleistungen an Ihre Mitarbeiter; oder die Absicherung Ihrer Computerdateien. Das alles ist aus Sicht der Kunden „nicht wertschöpfend", aber trotzdem im besten Interesse Ihres Unternehmens, wenn Sie im Geschäft bleiben wollen.

Nehmen wir als anderes Beispiel die Überprüfung der Kreditwürdigkeit von Kunden. Das ist eine sehr kluge Praxis, um Sie vor Schmarotzern und säumigen Zahlern zu schützen. Auch wenn das aus Sicht des Kunden keine Werte schafft, werden Sie wohl kaum darauf verzichten wollen.

Schritte zur Wertanalyse

Für eine effektive Wertanalyse benötigen Sie eine klare Kenntnis vom Prozess. Ansonsten ist die Technik recht einfach:

1. Identifizieren Sie den zu analysierenden Prozess und zeichnen Sie ihn auf.
2. Unterteilen Sie jeden Schritt gemäß den oben gegebenen Kriterien nach „Werte schaffend", „keine Werte schaffend" und „Werte ermöglichend".
3. Berechnen Sie den Anteil der Aktivitäten, die in jede Kategorie fallen, und überprüfen Sie den „Ausgleich" zwischen wertschöpfenden und nicht wertschöpfenden Arbeiten.

Prozesszeitanalyse

Zu den drei Kategorien der Wertanalyse können Sie noch zwei zusätzliche Aspekte der Zeitanalyse zum besseren Verständnis des Prozesses hinzufügen:

1. *Arbeitszeit.* Die Zeit, in der tatsächlich etwas für das Produkt oder die Dienstleistung *getan* wird, während es/sie auf dem Weg zum Kunden ist.
2. *Wartezeit.* Die Zeit, in der das Produkt oder die Dienstleistung darauf wartet, dass etwas getan wird. Stellen Sie sich ein Bündel von Teilen, einen Stapel von Unterlagen oder einen Lastwagen mit Produkten vor, die alle herumsitzen und an ihren Nä-

geln kauen (wenn sie welche hätten), während sie darauf warten, dass jemand kommt, der sie bearbeitet oder bewegt. Das wird auch „Warteschlange", „Übergangszeit" oder einfach „Verzögerung" genannt.

Die Zeitanalyse kann ein weiterer Schock sein, wenn sich bisher niemand darum gekümmert hat. Es wird für Sie nicht neu sein, aber in den Geschäftsprozessen steckt eine *Menge* nutzloser Zeit. Wo die Durchlaufzeit Priorität hatte, konnte die Zeitanalyse einen enormen Nutzen durch die Verkürzung der Prozessabläufe von Stunden auf Minuten, von Monaten auf Tage bringen. Die Notwendigkeit der Beschleunigung, von der „Just-in-Time"-Lieferung über die schnellen Produktzyklen bis zum zeitlichen Wettbewerb, hat in den letzten 15 Jahren höchst eindrucksvolle Verbesserungen in der Industrie bewirkt.

Wert- und Zeitanalysen können hilfreiche Werkzeuge sein für Prozessgestaltungsprojekte. Diese Techniken können auch bei Aktivitäten zur Prozessverbesserung nützlich sein oder wenn ein Team unsicher ist, ob es einen Prozess nur verbessern oder umgestalten sollte.

Dos und Don'ts beim Prozess-Design/-Redesign

Do – Verwenden Sie die Prozessanalyse, um das Gewinnpotenzial einer Umgestaltung abzuklären.

> *Suchen Sie nach Daten, die Ihren Entschluss untermauern, dass eine Umgestaltung notwendig ist, oder nach Wegen, wie Sie Ihr Ziel erreichen können.*

Do – Seien Sie bereit, Ihre Pläne zu revidieren.

> *Wenn Sie z. B. herausfinden, dass eine einzige Lösung große Erträge ohne völlige Umgestaltung ermöglicht, dann konzentrieren Sie sich darauf. Gestalten Sie nichts um, wenn Sie nicht müssen.*

Don't – Fangen Sie nicht an, jedes Problem bis ins Detail zu analysieren.

> *Behalten Sie den Überblick über den Prozess. Je mehr Sie ergründen, umso schwieriger wird es sein, ihn zu gestalten, ohne die alten Annahmen hervorzukramen.*

Verbesserung: Gestaltung und Einführung des neuen Prozesses

Die geistige Vorstellung, die Gestaltung und die Umsetzung eines neuen Arbeitsprozesses, kann eine fast schizophrene Bemühung sein. Das Team muss verschiedene „Persönlichkeiten" annehmen, wenn es akzeptierte Normen und Befürchtungen abbauen, neue Arbeitsabläufe und Prozeduren identifizieren und dann einen Prozess konstruieren will, der praktikabel und kostenwirksam ist, keine Probleme oder Nacharbeit bereitet und ein gehöriges Maß an Leistungssteigerung bringt. Eine besondere Herausforderung besteht darin, die existierenden Prozesse „angenehm" für die Mitarbeiter zu gestalten, die jeden Tag damit befasst sind.

Schritte bei der Verbesserungsphase

Der beste Weg zu einer Prozessgestaltung angesichts dieser normalen Ängste und erforderlichen „multiplen Persönlichkeiten" ist, zwischen dem Kreativen und Analytischen zu wechseln und Details sowie Verbesserungen laufend hinzuzufügen. Dieser Phase des ersten „Designs" folgt die Phase der „Verfeinerung", in der man sich darauf konzentriert, die Prozessabläufe zu überprüfen und idiotensicher zu machen, und schließlich die Phase der „Einführung". Abbildung 44 zeigt die Schritte vom Design bis zur Einführung.

Wesentliche Bestandteile der Prozessgestaltung

Wenn ein Team beginnt, einen neuen Prozess „aufzubauen", dann muss geprüft werden, ob die richtigen Bestandteile vorhanden sind. Einige davon leuchten sofort ein, während andere nicht so offensichtlich erscheinen:

* *Klare Ziele, Vorstellungen und/oder Visionen.* Sie können dem Team dazu verhelfen, den Prozess so zu sehen, wie Sie ihn haben wollen. Sie dienen als Leuchtfeuer – wie das Signallicht eines entfernten Flughafens.
* *Ein vernünftiger Umfang.* Jede bedeutende Änderung der Prozess-/Projektreichweite sollte mit dem Sponsor und/oder dem Top-Management abgeklärt werden.
* *Bereitschaft, Regeln zu ändern.* Unglücklicherweise sind Widerstände gegen neue Prozesse häufig *unbewusste* Annahmen oder Überzeugungen, wie Dinge sind oder getan werden sollten. Es bedarf oft einer konzertierten Aktion der Teammitglieder und ihrer Kollegen, die mit dem neuen Prozess leben müssen, um diese alten Annahmen zu überwinden.
* *Technisches Wissen/Umsetzungskompetenz.* Wenn Ideen in den Brennpunkt geraten, dann sind Wissen und Kompetenz gefragt, damit man ihre Praktikabilität bewerten und sie umsetzen kann.
* *Bewertung/operationale Kriterien.* Wenn das Ziel der Umgestaltung wie ein Flughafen-Leuchtfeuer ist, dann stellen die Bewertung und operationalen Kriterien des neuen Prozesses die Landebahnlichter dar: Sie führen Sie auf den richtigen Pfad für eine „sanfte Landung". Wenn diese Kriterien im Voraus festgelegt wurden, werden die Mitarbeiter kreativer sein, weil sie dadurch Leitlinien erhalten und außerdem die Gewissheit, bei der Bewertung von Ideen auf dem „richtigen" Weg zu sein.

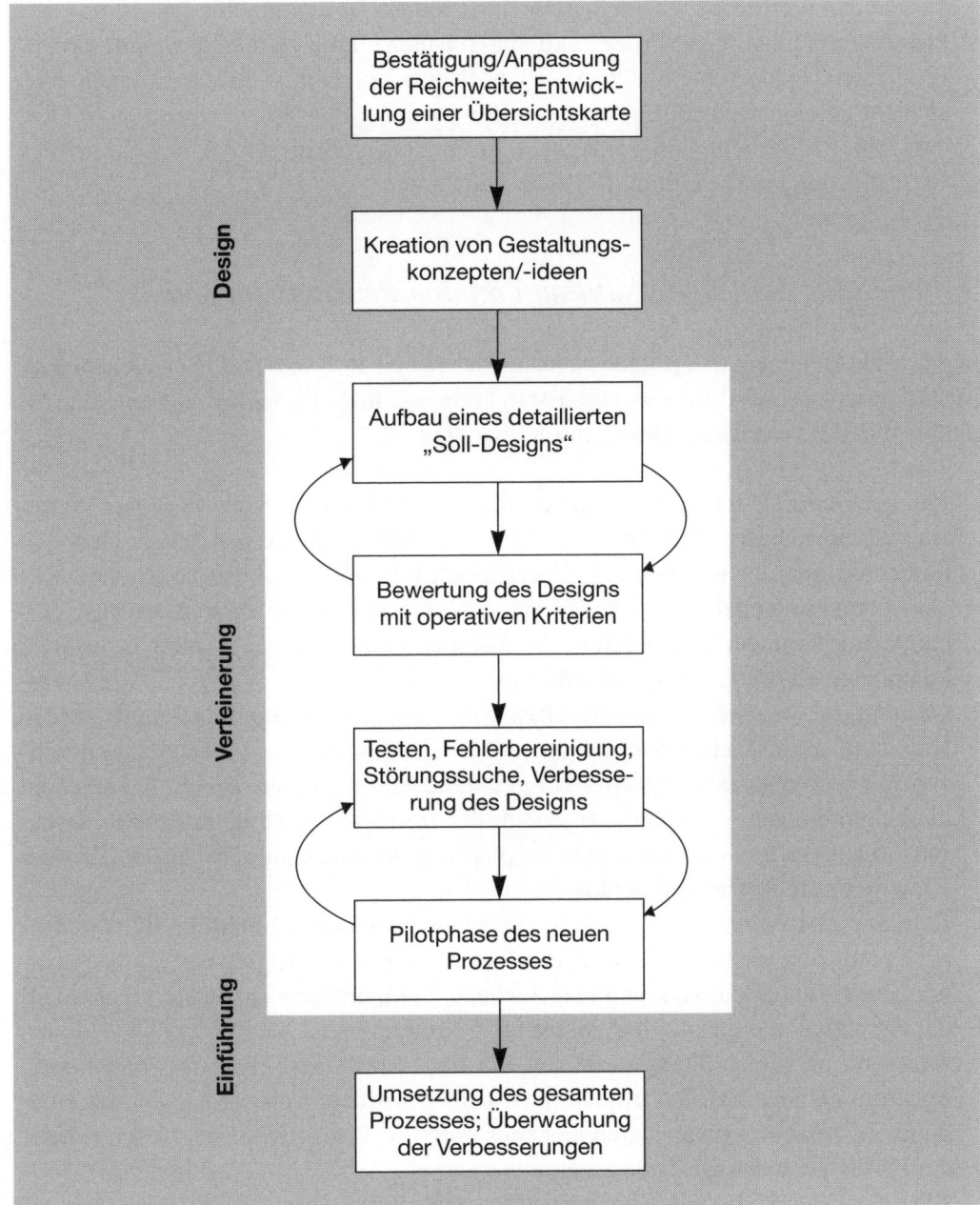

Abb. 44: Übergeordnete Stufen der Prozessgestaltung/-umgestaltung

- *Zeit.* Um Thomas Paine zu zitieren: „Die Zeit bekehrt mehr Menschen als der Verstand." Wenn man Zeit hat, über etwas nachzudenken und sich mit neuen Lösungsansätzen vertraut zu machen, dann schafft das Kreativität und „Übernahmebereitschaft".

* *Vertrauen.* „Vertrauen" ist ein Schlüsselprinzip und Bestandteil für den Erfolg einer Prozessgestaltung. Viele Prozessaktivitäten bauen auf der *Möglichkeit* auf, dass irgendjemand einen Fehler machen wird, weil wir nicht darauf vertrauen können, dass es nicht geschieht. Die Grundprämisse für einen sanften Prozessablauf ist jedoch, dass fähige Mitarbeiter, die verstehen, was von ihnen erwartet wird, und die richtige Unterstützung erhalten, ihren Job auch *tun* werden.

Optionen für den Prozessablauf und das Prozessmanagement

Es gibt viele Optionen, die, je nach zu leistender Arbeit an Produkten/Dienstleistungen, die Performance eines Prozesses verbessern können. Einige Prinzipien, die auf viele Situationen in der Prozessgestaltung anwendbar sind:

* *Vereinfachung.* Je weniger Schritte es gibt und je größer die Konsistenz des Vorgehens ist, umso besser können Sie Defekte ausschalten und Abweichungen kontrollieren. Sie kommen mit weniger „Übergaben", weniger Mitarbeitern („zu viele Köche…" und so weiter) und weniger „nicht Wert schaffenden" Aktivitäten aus. Vereinfachung kann ein Grund dafür sein, Automation zu *vermeiden*, wenn es weniger kompliziert ist, mit der Hand zu arbeiten.
* *Gradliniges Vorgehen.* Wenn Arbeitsschritte folgerichtig angeordnet sind, werden Kommunikations- und Koordinationsprobleme weitgehend vermieden. Der gradlinige Weg kann am einfachsten verfolgt und bewältigt werden. Ein großer Nachteil dieses gradlinigen Vorgehens ist jedoch die zusätzliche Zeit beim Prozess insgesamt, die durch die Verzögerung beim Beginn jeder Einzelaufgabe entsteht, bis der vorhergehende Schritt abgeschlossen ist.
* *Parallele Bearbeitung.* Die parallele oder konkurrierende Durchführung von Aufgaben reduziert die Gesamtdurchlaufzeit des Prozesses. Zum Beispiel können in einer neuen Produktentwicklung verschiedene Komponenten unabhängig voneinander entworfen und dann in das vollständige Produkt integriert werden. Die Herausforderung paralleler Stränge könnten Sie das „Links-weiß-nicht-was-rechts-tut"-Syndrom nennen: Erfolgte Änderungen oder getroffene Entscheidungen auf einer Seite des Prozesses sind anderen nicht bekannt. Das Ergebnis ist ein „Anschwellen" der Probleme, wenn die Teile zusammenkommen.
* *Alternierende Wege.* Eine vorausgeplante Flexibilität der Arbeitsweise, die auf Kundenbedürfnisse, Produkttypus, Technologie usw. aufbaut, ist umso mehr in einem Umfeld notwendig, in dem jedes Produkt oder jeder Auftrag einzigartig ist. Alternierende Wege erlauben Ihnen, die Arbeit unabhängig von der Zahl der Faktoren durchzuführen. Wenn Sie etwa ins Krankenhaus gehen, dann gibt es dort verschiedene Möglichkeiten, wie Sie empfangen werden, je nachdem, in welchem Zustand Sie sich befinden. Das Risiko bei alternierenden Wegen besteht darin, dass Sie unterschiedliche Arten von „Behandlung" im Prozess verfolgen und managen müssen.

- *Engpass-Management.* In fast jedem Prozess gibt es Punkte, wo die Kapazität oder Durchlaufzeit eine Verlangsamung oder einen Stau hervorruft. Im Engpass-Management wird der Prozessfluss „ausgeweitet", so dass der gesamte Prozess stromlinienförmig abläuft. Doch *Achtung*! Zusätzliche Mitarbeiter oder Ausrüstung müssen *nicht* der beste Weg zur Beteiligung des Engpasses sein. Überlegen Sie ebenso, wie das Produkt, die Dienstleistung oder die Aufgabe/Prozedur geändert werden kann, um den Stau zu beseitigen. Denken Sie aber auch daran, dass die Beseitigung eines Engpasses einen anderen weiter vorne im Prozess schaffen kann. Engpass-Management muss immer den gesamten Prozess einbeziehen.
- *Vorgezogene Entscheidungsfindung.* Da viele Entscheidungen Probleme aufwerfen, verschiebt man sie gerne auf später. Doch diese Verzögerung verleitet zu Arbeitsabläufen, die auf Annahmen beruhen, welche sich später als falsch herausstellen. Eine rechtzeitig im Prozess gefällte Entscheidung trägt dazu bei, „Eilverfahren" und spätere Nachbesserungen zu vermeiden.
- *Standardisierte Optionen.* Sie vereinfachen Entscheidungen und bieten doch Flexibilität. Eine bestimmte Anzahl von Optionen wird festgelegt, die dann im Prozess abgearbeitet werden. Das Ergebnis dieser Gestaltung wird dann ein „halb kundenspezifisches" Produkt oder Dienstleistungsangebot sein. Je nach Anzahl der auszuwählenden Elemente kann es immer noch eine große Zahl von möglichen Endprodukten geben.
- *Einzelkontakt oder Vielfach-Kontakte.* Das sind die beiden Enden des Spektrums der Kundenschnittstellen. Bei der Option „Einzelkontakt" wird ein Kunde und/oder ein Auftrag einer Person oder Gruppe zugeordnet, die die Verantwortung für den Auftrag trägt, während er bearbeitet wird. Wenn Sie eine Kundendienstnummer anrufen und Ihnen gesagt wird, „Fragen Sie immer nach Amy", dann haben Sie es mit einem Einzelkontakt-Prozess zu tun. (Es sei denn, sie haben mehrere Amys...). „Vielfach-Kontakt"-Prozesse werden normalerweise von einem starken Kunden- und/oder Auftragsüberwachungssystem gestützt. Sie ermöglichen es jeder Person im System, auf Bitten und Fragen von Kunden zu reagieren.

Das sind die gebräuchlichen Optionen, die Sie in Betracht ziehen sollten, wenn Sie Prozessgestaltungen für Ihre Organisation erkunden.

Überprüfung und Verfeinerung des Designs

Es gibt eine Fülle von nützlichen Techniken, die Sie bei der Bewertung und Verbesserung der ursprünglichen Prozessgestaltung unterstützen. Während dieser Arbeit können auch weitere Details und Zusatzelemente entwickelt werden. Effektive Methoden für die Verfeinerungsphase:

- *Prozessfluss und Simulation.* Selbst das „Durchsprechen" von Prozessen hilft bei der Überprüfung, wie Dinge funktionieren werden. Bringen Sie mögliche Probleme an Tageslicht, legen Sie fest, wo mehr Details notwendig sind, usw. Eine Prozessfluss-Software stellt Szenarios mit verschiedenen Optionen bereit, um die Wirkung auf Kosten, Durchlaufzeit etc. zu erkennen. Ausgefeiltere Simulationen lassen sich auch auf Großrechnern durchführen, natürlich sind die Kosten dafür dementsprechend hoch.

- *Der „Augenblick der Wahrheit".* Die Ermittlung und Bewertung der Schnittstellen zum Kunden in einem Prozess sollten höchste Priorität haben. Sie können einen phantastischen neuen Ansatz finden, der schneller funktioniert oder bessere Produkte für den Kunden liefert. Wenn die Kunden aber während des Prozesses schlecht behandelt oder ignoriert werden, dann werden sie am Ende ziemlich ärgerlich reagieren.

- *Fokus-Gruppen und Feedback-Sitzungen.* Umfangreiches Feedback, besonders von Kunden und/oder Mitarbeitern, die mit dem Prozess vertraut sind, kann Sorgen oder Probleme ans Tageslicht bringen, von denen Sie nicht einmal geträumt haben. Da Sie es bestimmt nicht gerne haben, wenn die Leute Kritik üben an Ihrem brillant gestalteten neuen Prozess, wäre es besser, Feedback früher einzuholen als an dem Tag, an dem der Prozess anläuft. Wenn Sie die Mitarbeiter nach ihrem Input fragen, werden sie Sie unterstützen, weil sie wissen, dass ihre Meinung geschätzt wird. Tun Sie eines nicht: nur höflich zuhören und dann das Feedback völlig ignorieren.

- *Analyse potenzieller Probleme.* Jeder Prozess birgt eine Fülle potenzieller Probleme. Ein Prozessgestaltungsteam kann nicht jedes mögliche Problem behandeln, aber es kann versuchen, die großen zu ermitteln und proaktive Schritte vorzubereiten, um sie auszuräumen oder um sie zu mildern. Bei der Analyse potenzieller Probleme besteht die Grundstrategie darin, sich auf kritische Schritte oder Meilensteine im Prozess zu konzentrieren und zu fragen: „Was kann schief laufen?" Wenn Sie sich dann auf die erkannten Probleme beschränken, können Sie *Präventiv*maßnahmen entwickeln oder *Verbund*maßnahmen, die die Folgen der Probleme abbremsen oder überwinden sollen.

- *Analyse unbeabsichtigter Folgen.* Dieser Ansatz rückt das „große Bild" ins Blickfeld, indem er die Wirkungen eines neuen Prozesses mit seinen vielfältigen Prozeduren, Formularen, Systemen usw. untersucht, die er mit sich bringt. Die Einführung eines neuen Prozesses gleicht dem Werfen eines Steins in einen Teich: Die Wellen bzw. Wirkungen breiten sich in alle Richtungen (d. h. auf Menschen und Prozesse) aus. Solche Wellenbewegungen können Probleme auslösen, die Sie niemals vorausgesehen haben. Die Interdependenz von Prozessen zu begreifen ist wesentliche Voraussetzung für eine gute Analyse potenzieller Folgen.

Die Einführung des neuen Prozesses

Sie sollten *immer* mit einer „Pilotphase" beginnen statt mit dem gesamten Umfang des Projekts. Dieser Probelauf gibt Ihnen die Möglichkeit, die Annahmen, Prozeduren und Mitarbeiterprobleme des neuen Prozesses zu testen, Ihr Messsystem auszuprobieren und den Schaden zu begrenzen, der bei einem nicht so perfekten Ablauf auftreten kann – was wahrscheinlich passieren wird.

Der Probelauf

Es stehen Ihnen verschiedene Optionen zur Verfügung, wenn Sie einen Probelauf vorbereiten:

* *Isolierte Pilotphase.* Wie in einem Labor läuft dieser Ansatz als „Blindtest", der die wirkliche Welt simuliert. Das Ergebnis dieses Verfahrens wird möglicherweise nicht verkauft oder dem Kunden angeboten, doch seine „Qualität" kann schon bewertet werden, um die Wirksamkeit des Prozesses zu prüfen.
* *Festgelegte Zeiten.* Ein Probelauf mit festgelegten Zeiten bietet eine Reihe von Vorteilen:
  1. Die Teilnehmer wissen, dass der Test einen definierten Schlusspunkt hat, das fördert ihr Engagement.
  2. Die Nachtestphase bietet genug Zeit, um Korrekturen oder Verfeinerungen vorzunehmen.
  3. Vergleichende Messungen können noch aufschlussreicher sein. Wenn beispielsweise Verbesserungen während der Pilotphase auftreten und danach verschwinden, stützt das die Erkenntnis, dass diese Lösung (und nicht ein unbekannter Faktor) den Gewinn erbrachte.
* *Ausgewählte Einzelteile oder Kunden.* Im Kern schafft dieser Ansatz einen „alternativen Weg", auf dem ein bestimmter Typ oder eine Anzahl von konkreten Einzelteilen durch den Prozess geschickt wird. Diese Pilotstrategie eignet sich auch gut für eine „parallele" Einführung, bei der mehr und mehr Arbeit auf den neuen Prozess übertragen wird.
* *Auswählte Plätze.* Wenn Sie verschiedene Regionen oder Standorte haben, dann können Sie einen davon für den Pilottest auswählen, Daten sammeln und den Ablauf verfeinern und dann die anderen Standorte bei Eignung umgestalten.
* *Ausgewählte Lösungsbestandteile.* Statt den gesamten Prozess zu testen, werden verschiedene Teile der Veränderung unabhängig voneinander ausprobiert.

Diese Pilotstrategien können alle „gemischt und gekoppelt" werden. Vielleicht möchten Sie einen isolierten Probelauf eines Bestandteils des neuen Prozesses durchführen oder einen zeitlich begrenzten Test an einem Standort. Abhängig von der Reichweite, Komplexität und möglichen Risiken Ihres neuen Projekts sollte eine Pilotaktion in verschiedenen Dimensionen und/oder Phasen garantieren, dass die volle Umsetzung so reibungslos wie möglich abläuft.

Der endgültige Prozessbeginn

Ein erfolgreicher Probelauf ist noch kein Grund zum Jubeln. Der Test stellt gewöhnlich eine viel stärker kontrollierte Situation dar als das wirkliche Leben – mit weniger zu beherrschenden Variablen und weniger eingebundenen Mitarbeitern. Weitere Probleme werden mit Sicherheit beim Wechsel vom Test zum endgültigen Prozessbeginn auftreten. Wesentliche Voraussetzungen für einen erfolgreichen Start eines umgestalteten Prozesses:

- *Training.* Neue Verfahren müssen gelernt, alte Verhaltensweisen über Bord geworfen werden.
- *Dokumentation.* Hinweise auf Verfahrensweisen, Antworten auf häufig gestellte Fragen, Prozessabbildungen usw. – das alles ist wichtig.
- *Troubleshooter.* Die Verantwortung dafür, wer bei entstehenden Problemen zuständig ist, muss klar festgelegt werden.
- *Performance Management.* Halten Sie Ihre Augen offen für die Notwendigkeit/ Möglichkeiten, Stellenbeschreibungen, Anreize und Leistungbeurteilungskriterien zu überarbeiten.
- *Messungen.* Ergebnisse müssen dokumentiert werden.

Dos und Don'ts für den Erfolg der Prozessgestaltung/ -umgestaltung

Do – Betrachten Sie den Prozess von einer höheren Warte.
  Versuchen Sie herauszubekommen, welche Regeln oder Annahmen den heutigen Prozess beherrschen, und fragen Sie: „Gelten sie noch? Warum? Können wir sie für ungültig erklären? "
Do – Setzen Sie Leistungskriterien fest, um das Design zu analysieren.
  Geben Sie dem Team einen Rahmen vor, damit seine kreativen Ideen mit der Realität des Prozesses verglichen werden können.
Do – Verfeinern und vervollkommnen Sie den Prozess schrittweise.
  Holen Sie Feedback ein, verwenden Sie Simulationen, gehen Sie den Prozess durch und fügen Sie dabei weitere Einzelheiten hinzu.
Do – Machen Sie einen Probelauf, wenn es gerechtfertigt sein sollte, in verschiedenen Phasen.
  Das mag länger dauern, aber der Hauptnutzen wird eine reibungslose Einführung sein.

Don't – Vermeiden Sie Tests in Störungs- oder Stillstandsphasen.

Prüfen Sie den Prozess unter einer Reihe von Bedingungen, wenn „alles läuft".

Don't – Nehmen Sie nicht an, dass jeder den neuen Prozess akzeptieren wird.

Es wird Widerstand geben, wenn auch nur unbewusst. Gehen Sie darauf ein und lernen Sie davon. Aber zögern Sie nicht, neue Prozeduren durchzusetzen, wenn die Mitarbeiter aus Prinzip streitsüchtig sind.

Don't – Verlieren Sie den Prozess nicht aus den Augen.

Erwarten Sie Probleme und seien Sie darauf vorbereitet. Bleiben Sie während des Prozessdurchlaufs wachsam. Bereiten Sie den Übergang zur „Kontrollphase" vor.

Kapitel 17
Ausweitung und Integration des Six Sigma-Systems (Wegweiser Stufe 5)

Einleitung und Schlüsselerkenntnisse

Stellen Sie sich vor, Sie haben beschlossen, mit dem Six Sigma-Diätplan einige Kilogramm abzunehmen. Mithilfe eines gut definierten Problems („Ich liege 15 Kilo über meinem optimalen Gewicht"), einiger sorgfältig aufgezeichneter, gültiger Messungen, einer Prüfung Ihrer Ernährung und Bewegungsprozesse sowie der Beratung eines Doktors und einiger Fitness-Trainer führen Sie eine Lösung mit einer auf Sie abgestimmten Diät und viel körperlicher Bewegung ein. Sie sind so erfolgreich, dass Sie Ihr Ziel übertreffen und 16 Kilo abnehmen. Und das gerade noch rechtzeitig vor Weihnachten! Wie wird diese Erfolgsgeschichte enden? Wie bei Six Sigma, so auch bei Diätplänen: Es kommt darauf an.

Alte Gewohnheiten sind schwer zu verändern. Vielleicht stopfen Sie sich mit Extra-Portionen voll, lassen das Jogging an Regentagen ausfallen und bestellen Cappuccino mit Sahne statt Milch. Und ehe Sie sich versehen, zeigt die Waage wieder das Gewicht an, mit dem Sie begannen. Die Alternative verlangt mehr Disziplin: Sie entschließen sich, Ihr Gewicht dadurch in den Griff zu bekommen, dass Sie Ihre Ess- und Bewegungsprozesse kontrollieren sowie Aufzeichnungen über Ihr Gewicht und Ihre Essgewohnheiten machen. Sie erreichen es sogar, Ihren Cholesterinspiegel zu senken, und die Leute sagen, dass Sie großartig aussehen.

Six Sigma-Unternehmen sehen sich derselben Herausforderung gegenüber wie Abnehmende. Wenn die Prozessverbesserungs- oder Gestaltungsprojekte ihr Ziel der Reduzierung von Fehlern erreicht haben, benötigt man Disziplin, um das Ergebnis zu halten. Das ist natürlich komplizierter als abzunehmen, weil ein Prozess viele Menschen einbezieht, nicht nur den Abnehmenden. Werden die Six Sigma-Erträge jemals geringer, wenn die Lösungen auf die Abläufe übertragen sind? Nehmen Diät-Anwender jemals wieder zu?

Selbst wenn die Verbesserung „greift", ist die Six Sigma-Unternehmung in einer ähnlichen Situation wie der Abnehmende: Die ersten paar Kilo gehen leicht herunter, aber es fällt schwer, weiter abzunehmen. Ohne anhaltende, konzentrierte Bemühungen wird der anfängliche Schwung für Verbesserungen an Kraft verlieren und Ihr Unternehmen wird zu einer *ehemaligen* Six Sigma-Organisation werden.

Überblick Stufe 5

In diesem Kapitel erkunden wir sowohl die kurz- wie auch die langfristigen Herausforderungen, die zur Aufrechthaltung der Six Sigma-Verbesserungen und beim Einbau aller Konzepte und Methoden der Stufen 1 bis 4 in einen fortlaufenden, funktionsübergreifenden Managementansatz entstehen. Die wichtigsten Aktivitäten, die beim Management der Prozesse für die Six Sigma-Leistung (siehe Abbildung 45) erfolgen müssen, sind diese drei:

1. Führen Sie kontinuierliche Maßnahmen und Aktionen ein, um die Verbesserung zu erhalten (die „Kontroll"-Phase von DMAIC).
2. Legen Sie die Verantwortung für Prozess-Eigentümer und Manager fest.
3. Führen Sie einen geschlossenen Regelkreis ein und streben Sie Six Sigma-Leistungen an.

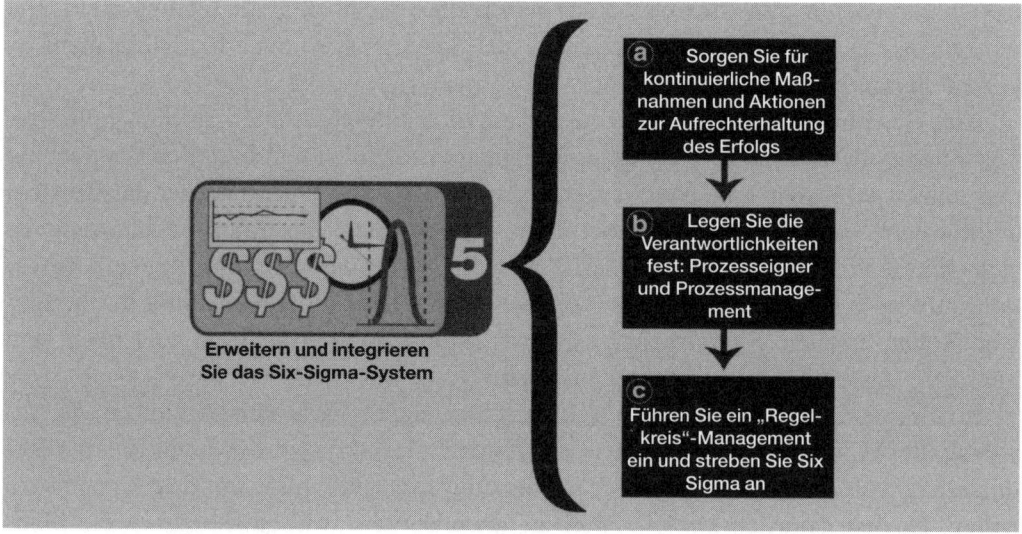

Abb. 45: Six Sigma-Stufe 5

Stufe 5 a: Einführung kontinuierlicher Maßnahmen und Aktionen zur Aufrechterhaltung des Erfolgs (Kontrolle)

Unser erster Blick gilt der Möglichkeit, wie die unmittelbaren Erträge aus den Six Sigma-Aktivitäten gesichert werden können. Vor allem am Ende einer Prozessverbesserung oder einer Prozessgestaltung/-umgestaltung sind die erreichten Erfolge am meisten gefährdet. Die folgenden Unterabschnitte vermitteln Ihnen die wesentlichen Punkte für nachhaltige Verbesserung.

Bauen Sie eine solide Unterstützung für die Lösung auf

Wie Sie andere auf kluge Art dazu bringen, Ihre Lösungen zu verstehen und anzunehmen, ist ein Dauerthema für Six Sigma. Und die Notwendigkeit, die Lösung zu „verkaufen", besteht immer. Hier die wichtigsten Überlegungen dazu:

- *Arbeiten Sie mit jenen, die den Prozess betreiben.* Es ist gut, wenn diejenigen, die mit neuen oder verbesserten Prozessen arbeiten müssen, auch an deren Entstehung beteiligt waren. Wenn das nicht der Fall ist, müssen Teams und Sponsoren den Nutzen der Verbesserung genau erklären. Wenn es einen Prozess-„Eigentümer" gibt, der die Verantwortung für Ihren Prozess übernimmt, kann das die Aufgabe erleichtern.
- *Verwenden Sie ein „Storyboard" (Bildergeschichte) mit Fakten und Daten.* Das Projekt-Storyboard erzählt den Hintergrund, den Plan und das Ergebnis Ihres Verbesserungsprojekts in Worten und Bildern. Es leistet Überzeugungsarbeit, wenn Sie in der Lage sind, den Mitarbeitern zu zeigen, warum und wie die von Ihnen entwickelte Veränderung einen Sinn für Ihre Kunden ergibt.
- *Behandeln Sie die Mitarbeiter, die den neuen Prozess managen und nutzen, wie Ihre Kunden.* Schneidern Sie Ihr Konzept und Produkt auf die internen Gruppen zu, denen Sie beides „verkaufen" wollen. Ergebnisse müssen so definiert werden, dass jede Gruppe sie versteht. So wird die Kundenbetreuung glücklich sein, wenn sie „weniger Kundenbeschwerden" hört, sich aber nicht viel um „zusätzliche Empfehlungen" kümmern. Wenn Sie Mitarbeiter bitten, neue oder zusätzliche Leistung als Teil der Lösung zu erbringen, legen Sie deutlich dar, warum.

Aufzeichnung der Veränderungen und neuen Methoden

In der Vorstellung vieler Leute ist der Gedanke an die Dokumentation eines Ablaufs oder eines Prozesses, selbst wenn sie ihn kreiert haben, so aufregend wie eine Zahnbehandlung oder das Ausfüllen der Einkommensteuererklärung. Aber Dokumentation ist ein notwendiges Übel und sie kann sogar ein kreatives Unterfangen sein. Eine erfolgreiche Six Sigma-Organisation sollte nach neuen und besseren Wegen Ausschau halten, Aufzeichnungen nützlich und zugänglich zu machen, um von den Schrecken all jener umfangreichen Arbeitsablauf-Handbücher und Prozessbeschreibungen wegzukommen, die wie Schlaftabletten wirken. Es folgen einige allgemeine Richtlinien, die Mitarbeitern helfen können, Ihre Anweisungen und/oder Aufzeichnungen zu beachten:

1. *Halten Sie die Dokumentation einfach.* Schreiben Sie möglichst eindeutig und ohne Fachchinesisch. Wenn Sie spezifische Ausdrücke verwenden müssen, die ein Neuling nicht verstehen könnte, dann definieren Sie diese oder verweisen auf das Glossar.

2. *Gestalten Sie die Dokumentation klar und einladend.* Durch die Verwendung von Bildern und Flussdiagrammen wird Ihre Botschaft verständlicher und eindeutiger. Nutzen Sie Leerräume, Markierungen, verschiedene Hintergründe und Hervorhebungen, um die Dokumentation zu strukturieren.

3. *Nehmen Sie Optionen und Anweisungen für „Notfälle" auf.* Um sicherzustellen, dass Ihre neuen Prozesse und Abläufe bei Pannen nicht abgebrochen werden, sollten Sie festlegen, was in derartigen Fällen zu geschehen hat.

4. *Halten Sie die Dokumentation knapp.* Wenn Sie einen guten Führer für knappe Anleitungen suchen, dann lesen Sie Backrezepte. Gewöhnlich sind sie ein Muster an Klarheit und Kürze. Betrachten Sie dagegen die Bedienungsanleitungen für Videorecorder. Je länger und umständlicher sie sind, desto weniger werden die Menschen sich die Zeit nehmen, sie zu lesen, geschweige denn zu verstehen.

5. *Halten Sie die Dokumentation griffbereit.* Wenn in einem Unternehmen Aufzeichnungen schwer zu finden sind, z.B. in Papierform oder im Computer, dann ist das ein Zeichen dafür, dass man die Kontrolle nicht ernst genug nimmt. Das vermittelt die unterschwellige Botschaft, dass jeder im Verlauf des Prozesses so verfahren kann, wie es ihm gerade passt.

6. *Installieren Sie einen Prozess für Aktualisierung und Überarbeitung.* Es reicht nicht, nur zu sagen: „Wir müssen das up-to-date halten." Die Aufzeichnung, wie die Messung, ist ein Prozess, der gestaltet und gemanagt werden muss, und dazu gehört auch die Überarbeitung und Überwachung.

Wählen Sie sinnvolle Messungen und Diagramme

Stellen Sie sich vor, Sie sind der Trainer während eines Fußballspiels, bei dem Sie sich nicht sicher sind, wie das Spiel steht oder wie viel Zeit noch zu spielen ist. Wie sollen Sie jetzt wissen, wie Sie die Mannschaft aufstellen, ob sie angreifen oder verteidigen soll? Nun gut, aufgrund Ihrer Erfahrung können Sie einige Vermutungen anstellen. Genau darauf vertrauen die meisten Manager.

Da Sie jetzt aber erfolgreich in Six Sigma-Projekte investiert haben, gefährden Sie Ihren Sieg, wenn Sie zum Management-Ratespiel zurückkehren. Sie vermeiden Mutmaßungen dadurch, dass Sie gut ausgewählte und gut eingeführte Messungen verwenden, um den Prozess und die Ergebnisse zu überwachen. Die zwei Fragen auf Stufe 5 lauten: „Welche Messung verwenden wir weiterhin?" und: „Wie können wir sie nutzbar machen?"

Auswahl kontinuierlicher Messungen

Sie können Messungen auf verschiedene Weise einstufen: Input, Prozess, Output; Effizienz und Effektivität; Vorhersager (Xs) und Ergebnisse (Ys). Eine erste Regel für fortlaufende Messungen lautet, einen Ausgleich zwischen diesen Kategorien zu finden, um ein Gesamtbild zu erhalten. Beispielsweise werden Messungen des Fehlerniveaus Ihnen sagen, wie gut Sie die Kundenanforderungen erfüllen, und Messungen während des Prozesses können Sie besser vor *drohenden* Problemen warnen. Finanzielle Maßstäbe sind nützlich, aber andere Daten könnten noch eindrucksvoller die Gewinn bringenden Aktivitäten anzeigen.

Eine weitere Überlegung gilt der Veränderungsrate. Dinge, die häufiger wechseln, vor allem Faktoren, die die Kunden, Produkte oder Servicequalität sowie Kosten/Gewinne betreffen, sollten auch häufiger gemessen werden.

Was Sie messsen, sollte auch dadurch bestimmt werden, was zu einem bestimmten Zeitpunkt wichtig ist. Einige Messungen werden langfristig sein: Fehler, Durchlaufzeiten, Kosten pro Einheit usw. Andere Messungen werden „situativ" sein. Beispielsweise werden Sie in den ersten paar Monaten, in denen der neue Prozess eingeführt wird, verschiedene Aspekte messen, um sicherzugehen, dass der Prozess funktioniert. Dann werden diese Messungen unterlassen, wenn der Erfolg der Verbesserung gesichert erscheint. Noch andere Messsungen werden „verbesserungsorientiert" sein. Beispiele dafür sind Messungen, die während eines DMAIC-Projekts eingeführt wurden, um Daten eines Problems oder einer Ursache zu sammeln, oder Messungen, die z. B. mit einer Neuprodukt-Einführung zusammenhängen.

Schließlich können Sie jede mögliche Messung mit unseren Lieblingskriterien prüfen: *sinnvoll* und *beherrschbar*. Werden die Daten aus der Messung tatsächlich dazu beitragen, das Ziel zu verfolgen, und Sie zu besseren Entscheidungen führen? Werden die Aufwendungen und logistischen Schwierigkeiten, die hinter der Datenbeschaffung stecken, erschwinglich sein?

Verwendung Ihrer kontinuierlichen Messungen

Da Daten an verschiedenen Stellen innerhalb der Organisation gesammelt werden, ist es notwendig, *viele* Messungen zusammenzufassen, damit das Top-Management eine Vorstellung davon gewinnen kann, was draußen vorgeht. Eines der gebräuchlichsten und nützlichsten Werkzeuge, um diese übergeordnete Sicht zu erreichen, ist die „Balanced Scorecard" von Robert Kaplan und David Norton. Eine Balanced Scorecar (BSC) ist eine flexibles Instrument, um „Schlüsselindikatoren" auszuwählen und darzustellen. Viele Organisationen, die *nicht* in Six Sigma engagiert sind, verwenden BSC, um allgemein geltende Leistungsmaßstäbe einzuführen und ihre Ziele bzw. den Unternehmenserfolg genau zu verfolgen.

Das BSC-Konzept misst den folgenden vier Kategorien besondere Bedeutung bei: Entwicklungs-, Prozess-, Kunden- und Finanzperspektive. Es kann also eine Hilfe sein, das auszuwählen, was gemessen werden soll. Ob Sie nun die BSC „nach dem Buch" durchführen oder Ihren eigenen Ansatz wählen – schon die Bildung eines einfach verständlichen Rasters von Maßstäben kann gewährleisten, dass die *Verwendung* von Messungen Teil der neuen Gewohnheiten Ihrer Six Sigma-Organisation wird.

Reaktionspläne

Wir können sicher sein, dass in jedem Prozess früher oder später irgendetwas falsch laufen wird, selbst in einen Prozess, der von einem erstklassigen Six Sigma-Team verbessert wurde. Vorab festgelegte Leitlinien dafür, wann agiert werden muss und was dann zu tun ist, gehören zum proaktiven Management jeder Six Sigma-Unternehmung. Ein Prozess-Reaktionsplan besteht aus drei Hauptelementen:

1. *Handlungsbedarf.* Auf der Grundlage von klaren Standards an bestimmten Punkten beim Input, Prozess und Output können „Auslöser" festlegt werden, die eine bestimmte Reaktion erfordern, um ein Problem oder eine Angelegenheit zu bereinigen.
2. *Kurzfristige oder Notfallmaßnahmen.* Auf gar keinen Fall kann jedes Problem warten, bis ein Team oder ein Black Belt beauftragt wird. Wenn bereits Anweisungen für Notfälle vorhanden sind, sollten sie durchgeführt werden, um zu verhindern, dass „Folgeschäden" eintreten, wie so oft bei wahllosen kurzfristigen Maßnahmen.
3. *Kontinuierliche Verbesserungspläne.* Der DMAIC-Prozess und andere hochrangige Aktivitäten wie strategische Planung und Budgetierung erfordern einen Prozess, der anhaltende oder ernsthafte Probleme identifiziert und einordnet, damit sie in Angriff genommen werden können. Es sollte Leitlinien geben, wie bedeutsam eine Problematik oder eine Möglichkeit sein muss, damit sie eine kontinuierliche Verbesserungsaktion rechtfertigt.

Die Vorwegnahme möglicher Probleme stellt zweifellos einen wichtigen Teil eines effektiven Reaktionsplans dar. Techniken wie die Problempotenzial-Analyse und die FMEA (Fehlermöglichkeits- und Einflussanalyse) können solche Bemühungen unterstützen. Eine Checkliste für die Kontrollphase von DMAIC befindet sich im Anhang.

Dos und Don'ts für kontinuierliche Messungen und Kontrollen

Do – Sorgen Sie für eine gute Dokumentation, um den neuen Prozess zu unterstützen.
   Sie sollte einfach, klar und leicht verständlich sein. Planen Sie die Aktualisierung der Dokumentation ein.

Do – Wählen Sie eine sinnvolle Mischung von Messungen aus, um die Prozessleistung zu überwachen.

> *Sehen Sie auf Ergebnisse, Prozessvariablen, Kundenanforderungen und Kosten. Vermeiden Sie rein finanzielle Maßstäbe.*

Do – Erstellen Sie Messberichte, die Informationen schnell und einfach übermitteln.

> *Diagramme und Grafiken sind gewöhnlich Texten und Zahlentabellen vorzuziehen.*

Do – Entwickeln Sie einen Aktionsplan für den Fall, dass im Prozess Probleme entstehen.

> *Es ist besser, mit vorgeplanten, wirksamen „Antworten" als mit hektischer Panik zu reagieren.*

Don't – Lassen Sie Dokumente nicht verstauben.

> *Sorgen Sie dafür, dass die Dokumentation regelmäßig überarbeitet wird und leicht zugänglich ist. So bleibt sie aktuell und verhindert, dass der Prozess zu „schlechten Gewohnheiten" zurückkehrt.*

Don't – Vergessen Sie nicht die Prozessabbildungen.

> *Sie sind die besten Instrumente für einen schnellen Hinweis und Überblick über Arbeitsabläufe, Kunden-/Lieferantenbeziehungen und Schlüsselpunkte für Messungen. Prozessabbildungen erleichtern außerdem die Veränderung des Prozesses.*

Stufe 5 b: Legen Sie die Verantwortlichkeiten für das Prozesseigentum und -management fest

Six Sigma und die Vision des Prozessmanagements

Während Ihr Unternehmen schrittweise dem Six Sigma-Wegweiser folgt, sollten Sie für eine optimale Lösung in Bezug auf bereichsübergreifende Hemmnisse und organisatorische „Silos" sorgen. Was bedeutet das im Hinblick auf die Arbeitsweise Ihres Unternehmens? Nun, hier folgen einige Elemente der „Prozessmanagement-Vision":

- Die Top-Manager werden sich darauf konzentrieren, die Arbeit effektiv und effizient über alle Funktionen hinweg zu organisieren – zum Nutzen der Kunden und damit letztlich zum Nutzen der Aktionäre.
- Die Mitarbeiter werden sich genauso stark mit dem Prozess identifizieren wie mit ihren eigenen Aufgaben/Abteilungen.
- Die Mitarbeiter auf allen Ebenen werden begreifen, wie ihre Arbeit in den Prozess hineinpasst und dem Kunden Werte bringt.
- Die Kundenanforderungen werden im gesamten Prozessverlauf bekannt sein.
- Die Prozesse werden kontinuierlichen Messungen, Verbesserungen und Umgestaltungen unterworfen sein.

- Mehr Energie und Ressourcen werden für die Schaffung von Werten für Kunden und Aktionäre verwendet, statt sie für Bürokratie und interne Kämpfe zu verschwenden.

Sie werden erkennen, dass diese Liste von „Visionen" stark mit den Six Sigma-Zielen übereinstimmt, die wir vorgestellt haben. In der Tat haben Firmen wie GE, AlliedSignal/Honeywell und andere bereits damit angefangen, das Prozessmanagement als Schlüsselelement in ihre Gesamtkonzeption einzubauen.

Der Prozess-Eigner

Der vielleicht wichtigste Schritt beim Übergang zum Prozessmanagement ist die Bestimmung eines „Prozess-Eigners".

Verantwortlichkeiten des Prozess-Eigners

Es gibt keine offizielle Stellenbeschreibung für einen Prozess-Eigner, aber die folgenden Verantwortlichkeiten sind für diese Rolle in einer Six Sigma-Organisation wesentlich:

- *Aufbewahrung der Prozessdokumentation.* Der Prozess-Eigner ist die Person, die Prozess-Design-Daten, Hintergrunddaten von Kundenanforderungen und andere maßgebliche Dokumente des Prozesses (d. h. Abbildungen, Flussdiagramme und Abläufe) ordnet, aufbewahrt und aktualisiert.
- *Messung/Überwachung der Prozessleistung.* Sie werden sich schon gefragt haben: „Wer soll denn diese Messungen und Verfolgung des Prozesses *durchführen*?" Prozess-Eigner achten darauf, dass die richtigen Messungen auf richtige Weise erfolgen.
- *Ermittlung von Problemen und Möglichkeiten.* Als Hauptbeobachter von Leistungsdaten ist der Prozess-Eigner die Person, die als Erste entstehende Probleme erkennt, oder von den Mitarbeitern gemeldet bekommt. Der Prozess-Eigner ist im Idealfall autorisiert, schnell oder auch auf längere Frist einzugreifen.
- *Einführung und Sponsoring von Verbesserungsaktivitäten.* Wenn Projekte zur Verbesserung, Gestaltung oder Umgestaltung eines Prozesses festgelegt wurden, übernimmt der Prozess-Eigner eine Schlüsselrolle bei der Unterstützung, wenn nicht sogar die *Führung* der Maßnahmen.
- *Koordination und Kommunikation mit anderen Prozessen und Funktionsträgern.* Der Prozess-Eigner hat die Verantwortung für Input und Output sowie für die Aktivitäten innerhalb des Prozesses. Er muss mit Lieferanten und Kunden verhandeln, um das Prozessziel optimal zu erreichen, und zwischen allen Prozessbeteiligten vermitteln, damit keine Reibungsverluste entstehen.

- *Maximierung der Prozessleistung.* Alle Verantwortlichkeiten, die bisher genannt wurden, führen zu diesem wichtigsten Ziel. Der Prozess-Eigner wird der entscheidende Promoter, um Six Sigma in Qualität, Effizienz und Flexibilität zu erreichen.

Prozess-Eigner in der Organisation

Jahrzehntelanges funktionales Management lässt nicht über Nacht eine Wende zum Prozessmanagement zu, noch ist sicher, ob es das *sollte.* Die Beibehaltung der Vorteile eines funktionalen Systems mit „Kommando und Kontrolle", eine hybride Organisation mit Prozessmanagement und hierarchischen Strukturen, könnte wirkungsvoller sein.

Was allerdings eindeutig für den Prozess-Eigner gilt: Das Schwergewicht auf Messung, Verbesserung und Koordination von Arbeitsabläufen erfordert etwas andere bzw. differenziertere Fähigkeiten als das funktionale Management. Das Anforderungsprofil für einen potenziellen Prozess-Eigner könnte diese Merkmale enthalten:

- Er ist ergebnisorientiert, bevorzugt „Win-Win"-Situationen und behält immer den Kunden im Auge.
- Er wird vom Top- und Mittelmanagement wie auch von den Mitarbeitern anerkannt.
- Er besitzt Wissen und Erfahrung und ist in der Lage, als „Generalist" zu denken und zu arbeiten.
- Er besitzt exzellente Führungseigenschaften, insbesondere auf den Gebieten Teamentwicklung, Konsensbildung und Verhandlung.
- Er ist ausgebildet in Six Sigma-Konzepten, Messungen, Prozessverbesserungen und Gestaltungsmethoden.
- Er ist fähig, die Ehre für einen Erfolg zu teilen und die Verantwortung für Rückschläge zu übernehmen.

Großes technisches Wissen und statistische Fachkenntnisse können ebenfalls hilfreich sein, jedoch dann nicht, wenn sie die viel wichtigere generalistische Sichtweise verstellen.

Wohin mit den Prozess-Eignern?

Wir haben die Grundlage für eine Beantwortung dieser Frage bereits in Kapitel 12 gelegt, wo wir Kern- und Stützprozesse erkundet haben. Während Ihr Unternehmen den Einsatz bei wichtigen oder strategischen Prozessen plant, bereiten Sie schon die Ernennung von *Eignern* dieser Prozesse vor. In großen Organisationen – wie jenen oben angeführten – ist es am besten, mehrere Prozess-Eigner zu benennen. Kein Einzelner kann einen „Mammutprozess" überblicken. Wenn die Verantwortung für einen größeren Prozess aufgeteilt wird, bilden die Eigner das Prozess-Management-Team (PMT).

Wichtig ist auch, dass die Prozess-Eigner auf der *operativen* Ebene eines Geschäfts aufgestellt werden. Wir haben Situationen erlebt, in denen ein Unternehmen mit verschiedenen Geschäftsbereichen ein „Makro"-Managementsystem auf der Konzernebene errichtete. Zwar gab es ähnliche Prozesse innerhalb der verschiedenen Bereiche, doch jeder war einzigartig und verlangte nach einem Prozess-Eigner auf Bereichsebene. Die Firma kämpfte eine Zeit lang, bevor sie den Fehler erkannte und korrigierte.

Stufe 5 c: Führen Sie ein „Regelkreis"-Management ein und streben Sie Six Sigma an

Der Aufbau eines Prozessmanagements ist sowohl das Ende unseres Six Sigma-Wegweisers als auch der Anfang einer wirklichen Six Sigma-Organisation. Jeder Geschäftsablauf oder Prozess, der dem Wegweiser zumindest in den Stufen 1, 2 und 3 gefolgt ist, wird die Schlüsselelemente des Prozessmanagement-Ansatzes herausbilden.

Während Ihre Bemühungen um Six Sigma greifen, werden Prozessverbesserungen und Prozessgestaltung/-umgestaltung (DMAIC) zu jenen Strategien, die den Arbeitsprozess auf ein immer höheres Sigma-Niveau heben und auf die Kundennachfrage nach neuen Produkten, Dienstleistungen oder Fähigkeiten reagieren.

Instrumente des Prozessmanagements

Jedes Instrument, das wir beschrieben oder erwähnt haben, spielt eine unterstützende Rolle bei der Durchführung von Prozessen. Ein paar andere Methoden können jedoch für den Prozess-Eigner von besonderem Nutzen sein, während er sich bemüht, einen Prozess am Laufen zu halten und kontinuierlich zu verbessern.

Process Scorecards oder Anzeigetafel

Die Process Scorecard liefert, ähnlich der früher erwähnten Balanced Scorecard, eine Zusammenfassung aktueller Schlüsselindikatoren der Prozessleistung. Während die Balanced Scorecard typischerweise Daten der Gesamtorganisation bietet, wurde die Process Scorecard für einen spezifischen Prozess entwickelt. Sie kann „Alarmsignale" enthalten, die anzeigen, ob und wann ein Schlüsselindikator sich einem Problemzustand nähert. Beispielsweise kann ein Prozess-Eigner über das Notieren spezieller Lieferfristen auf einem Durchlaufzeiten-Diagramm sehen, ob die Gefahr des Überschreitens der Termine besteht. Einige Unternehmen, darunter eine Anzahl von GE-Geschäftsbereiche, verteilen maßgeschneiderte Daten über Process Scorecards an *Kunden*, um ihnen zu sagen: „Hier sehen Sie, wie unser Prozess für *Sie* abläuft."

PROCESS SCORECARD für das Produkt X (Quartalsergebnisse)

| Maßstab | Ziel | Ergebnisse | | | Bemerkungen |
		Juli	August	Sept.	
Neue Produkte hinzugefügt	6 pro Monat	●	●	○	Quartalsziel erreicht
Defekte pro X-Einheit (DPU)	0,01 (99% Ertrag)	○	○	◐	Gesamte DPU von 0,031
Volumenwachstum für X	6% von Monat zu Monat	◐	○	◐	Quartalsziel erreicht
% von X verkauft	75%	◐	○	○	Durchschnittlich 68% pro Quartal
% Kundeneinschätzung „ausgezeichnet"	95%	◐	●	●	Stark positive Bemerkungen
Umsatzzuwachs aufgrund von X (Schätzung)	20%	●	●	●	25% Zuwachs, etwa 8 Mio. Dollar

● über dem Ziel   ◐ Ziel erreicht   ○ unter dem Ziel

Abb. 46: Beispiel für eine Process Scorecard

Kundenberichtsblätter

Ein zeitnahes Kunden-Feedback stellt ein wesentliches Element optimierter Prozessleistung dar. Ein darauf zugeschnittenes Werkzeug, Bestandteil jedes umfassenden Voice-of-the-Customer-Systems, ist das Kundenberichtsblatt. Idealerweise liefert es repräsentative Daten (d.h. eine akkurate Zufallsstichprobe) darüber, wie gut der Prozess die Kundenbedürfnisse erfüllt. Die besten Kundenberichtsblätter sind mehr als „Übersichten" oder „Reklamationsdaten". Sie liefern einen Input, der sowohl für Kunden als auch für das Unternehmen hinsichtlich Leistung, Schwierigkeiten etc. bedeutsam ist.

In Business-to-Business-Beziehungen können diese Berichtsblätter ganz speziell auf den Kunden zugeschnitten werden, d.h., dass die „Einstufungen" oder anderes Feedback auf Basis der besonderen Bedürfnisse und Prioritäten eines jeden Kunden ausgewählt wurden.

In Richtung Six Sigma

Wir begannen dieses Kapitel mit einer Analogie über die Gewichtszunahme nach einer zunächst erfolgreichen Diätkur. Wir wissen, dass manche Unternehmen, wie selbstzufriedene oder undisziplinierte Diät-Anwender, Rückschläge erleiden, wenn sie ihre Aufmerksamkeit anscheinend „dringenderen" Themen zuwenden. Wir haben auch bemerkt, dass die Erfolge von Six Sigma anfangs etwas leichter eintreten – wie die ersten abgespeckten Kilo bei der Diät –, die letzten paar „Sigma-Punkte" aber schwer errungen werden müssen, wenn man Six Sigma anstrebt.

Die Disziplin beim Prozessmanagement entsteht dort, wo die Motivation zum „Abnehmen" – oder zur Reduzierung von Fehlern – beginnt. Das ist ein Mechanismus, der sicherstellt, dass Ihr Unternehmen Messungen und Verbesserungen zur täglichen Verpflichtung macht, nicht nur zur gelegentlichen Aufgabe. Darüber hinaus werden Sie, wenn Ihr Geschäft dem Six Sigma-Weg folgt, mehr Gelegenheiten finden, noch subtilere Werkzeuge zu verwenden, um über vier und fünf Sigma hinauszukommen.

Dos und Don'ts bei der Erfüllung der Six Sigma-Leistung

Do – Dokumentieren Sie die Schritte und Erfahrungen bei Prozessverbesserungs- und Gestaltungs-/-umgestaltungsprojekten.

> *Ein Projekt-Storyboard kann den „Verkauf" der Lösung unterstützen und als Hilfe für zukünftige Verbesserungsteams dienen.*

Do – Entwickeln Sie einen vollständigen Plan zur Kontrolle des Prozesses und zur Aufrechterhaltung der Erfolge.

> *Verkaufen, Dokumentieren, Messen und Reagieren gehören wesentlich zur Untermauerung des Prozesses und stellen entscheidende Inputs für das Prozessmanagement-System dar.*

Do – Beschreiben Sie die Rolle und Verantwortung eines Prozess-Eigners in Ihrer Organisation sorgfältig.

> *Als neuer Mitspieler in der Geschäftslandschaft brauchen der Prozess-Eigner und jene, die mit ihm zusammenarbeiten, klare Vorstellungen von der Funktion und Zielsetzung.*

Don't – Beginnen Sie nicht mit Prozessmanagement ohne sorgfältige vorherige Überlegung.

> *So nützlich diese Disziplin und Ressource sein kann, so könnte doch die Einführung von Prozessmanagement im gesamten Unternehmen keinen Sinn machen. Wenn erforderlich, machen Sie erst einen Test und lernen Sie (d. h. ein Pilotkonzept), ehe Sie unnötige Umwälzungen inszenieren.*

Don't – Vermeiden Sie Berichte und Aufzeichnungen, die nicht benutzt werden. *Konzentrieren Sie sich zuerst auf Informationen, die Sie und andere mit Sicherheit benötigen, und dann fügen Sie weitere hinzu, falls erforderlich.*

Kapitel 18
Weiterentwickelte
Six Sigma-Werkzeuge

Während unserer Reise auf dem Six Sigma-Weg haben wir uns auf solche Werkzeuge konzentriert, die erheblich zur Verbesserung in den Organisationen und Prozessen beitragen. Was Motorola bei der Einführung von Six Sigma entdeckte, haben inzwischen auch andere Unternehmen gelernt: Viele Probleme und Chancen können mit Techniken angegangen werden, die jedermann anwenden kann. Andererseits war die Anwendung von subtileren Werkzeugen durch Teams und speziell ausgebildete Black Belts außerordentlich erfolgreich in Bezug auf die Lern- und Verbesserungsfähigkeit – ein Schlüssel zum Erfolg von Six Sigma.

Unser Ziel in diesem Kapitel ist, Sie zu einem Experten für diese Methoden zu machen. Wir werden Sie also mit den wichtigsten Six Sigma-Techniken vertraut machen und erklären, *warum* sie hilfreich sein können und *wie* sie auf das Prozess-Design, auf Management und Verbesserungsaktivitäten angewandt werden. Jedes dieser „Power-Tools" hat eine oder mehrere spezielle Funktionen und wie bei jedem Werkzeug können sie falsch ausgewählt, falsch eingesetzt oder ineffizient verwendet werden.

Wir haben die Methoden in diesem Kapitel nach ihrem häufigsten Einsatzgebiet bei den Six Sigma-Verbesserungsaktivitäten aufgelistet:

* Statistische Prozesskontrolle (Statistical Process Controll – SPC) und Qualitätsregelkarten – *Problemdarstellung*
* Tests für die statistische Signifikanz (Chi-Quadrat, T-Tests und ANOVA) – *Problemdefinition und Ursachenanalyse*
* Korrelation und Regression – *Ursachenanalyse und Ergebnisprognose*
* Entwicklung von Experimenten – *optimale Lösungsanalyse und Ergebnisbewertung*
* Fehlerzustände und Wirkungsanalyse – *Rangordnung und Vorbeugung bei Problemen*
* Fehlerüberprüfung – *Vorbeugung von Defekten und Prozessverbesserung*
* Einsatz von Qualitätsfunktionen – *Produkt-, Service- und Prozess-Design*

Statistische Prozesskontrolle und Qualitätsregelkarten

Die Statistische Prozesskontrolle oder SPC umfasst die Messung und Bewertung von Variationen im Prozess sowie die Aktivitäten, diese Variationen zu begrenzen oder zu „kontrollieren". Bei den gebräuchlichsten Anwendungen hilft SPC Organisationen oder Prozess-Eignern, mögliche Probleme oder ungewöhnliche Ereignisse zu erkennen, damit sofort eine Aktion zu deren Lösung bzw. eine Kontrolle der Prozessleistung erfolgen kann.

Wann und warum SPC/Qualitätsregelkarten eingesetzt werden

Die Verwendung von SPC und Qualitätsregelkarten ermöglicht auf ideale Weise eine Überwachung der laufenden Prozessleistung, eine Vorhersage zukünftiger Leistung und Vorschläge zu Korrekturmaßnahmen. Qualitätsregelkarten, die nach etwas Einweisung leicht zu verstehen sind, können höchst effektive Kommunikationswerkzeuge sein. Eine ganze Anzahl von Unternehmen, mit denen wir zusammengearbeitet haben, positionieren Qualitätsregelkarten an leicht zugänglichen Stellen, um die täglichen Aktivitäten, Trends und Strukturen sichtbar zu machen und vor möglichen Problemen zu warnen. Auf diese Weise kann jeder in die Problemlösung einbezogen werden.

Qualitätsregelkarten haben drei wesentliche Verwendungszwecke im Six Sigma-System:

1. Bei den frühen „Messaktivitäten" eines DMAIC-Projekts helfen sie dem Team, den Typus und die Häufigkeit von Problemen oder außer Kontrolle geratenen Abläufen zu erkennen. Sie können sogar einen Vorschlag enthalten, welche Nachforschung oder Korrekturmaßnahme am wirkungsvollsten sein könnte.
2. Bei der Pilot- oder Einführungsphase einer Prozesslösung oder -änderung (also in der Verbesserungs- oder Kontrollphase) unterstützen sie die Ergebnisdarstellung und zeigen, wie die Abweichungen und Leistungen beeinflusst worden sind. Und sie können weitere Gebiete aufzeigen, in denen gearbeitet oder nachgeforscht werden sollte.
3. Qualitätsregelkarten fungieren auch als stetiges Alarmsystem, indem sie den Beobachter auf ungewöhnliche Aktivitäten im Prozess hinweisen und den in Kapitel 17 erörterten „Reaktionsplan" in Gang bringen.

Sie können sich SPC/Qualitätsregelkarten in dieser dritten Anwendung wie einen Rauchmelder in Ihrem Haus vorstellen: Wenn dieser mit Batterien ausgestattet, richtig platziert und jemand in der Nähe ist, dann kann der Alarmton verhindern, dass der Raum in Flammen aufgeht.

Was bedeutet „Kontrolle" in SPC/Qualitätsregelkarten?

„Kontrolle" bedeutet, dass ein Prozess innerhalb der vorhersehbaren Variationsbreite abläuft. Das Ziel ist eine stabile, kontinuierlich gute Leistung eines Prozesses. Bei SPC kommt noch die Erkenntnis der *statistischen* Kontrolle in die Diskussion. Um dabei herauszustellen, ob ein Prozess statistisch gesehen „unter Kontrolle" oder „außer Kontrolle" geraten ist, müssen Sie einen Prozess eine Zeit lang messen und dann die Variation der von Ihnen gesammelten Daten überprüfen. Mit genug Daten können Sie „Toleranzgrenzen" berechnen und feststellen, wie gut der Prozess funktioniert.

Ein Beispiel: Stellen Sie sich vor, dass Sie für das E-Mail-System Ihres Unternehmens verantwortlich sind und wissen möchten, wie viele Variationen bei der Zahl der stündlich abgeschickten E-Mails vorkommen. Um darauf eine Antwort zu erhalten, müssen Sie natürlich einige Daten sammeln. Indem Sie das stündliche Volumen über einen Monat erfassen (ohne Zweifel unter Verwendung exzellenter Datensammelmethoden), geben Sie das Volumen des E-Mail-Verkehrs auf einer Verlaufs- oder Trendgrafik wieder (d. h. also in zeitlicher Reihenfolge). Danach verwenden Sie die Daten, um die Toleranzgrenzen – OTG für „Obere Toleranzgrenze" und UTG für „Untere Toleranzgrenze" – zu berechnen und diese in Ihrer Grafik gemeinsam mit einer Linie für den Durchschnitt oder Mittelwert einzuzeichnen. Voilà, jetzt haben Sie eine Qualitätsregelkarte (siehe Abb. 47).

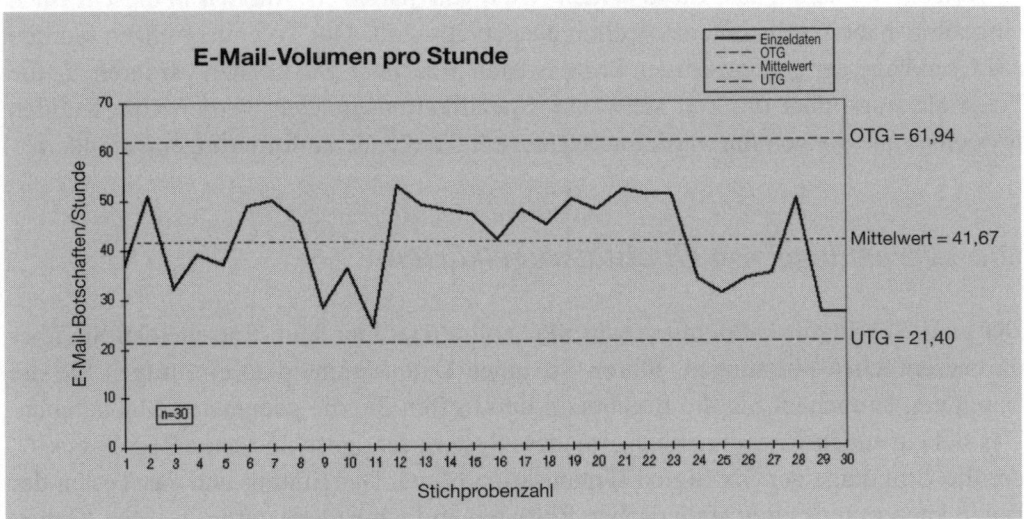

Abb. 47: Beispiel: Qualitätsregelkarte für E-Mail-Volumen

Die Qualitätsregelkarte alarmiert

Wir erwarten, dass die Variation in einem Prozess unter normalen Bedingungen „zufällig" sein wird. Es gibt mehrere Anzeichen für eine Situation, die außer Kontrolle geraten ist:

* *Ausreißer* – jeder Punkt außerhalb der Toleranzgrenzen
* *Trends* – eine Folge von Punkten, die kontinuierlich steigt oder fällt
* *Verschiebungen* oder *Verläufe* – eine anhaltende Folge von Punkten ober- oder unterhalb des Mittelwerts

- *Zyklen* oder *Periodizität* – eine Serie von Punkten, die wechselweise hoch- oder runtergehen oder in „Wellen" nach oben oder unten tendieren
- *Tendenzen* – Situationen, in denen die Punkte fortlaufend in der Nähe der Mittellinie oder einer der Kontrollgrenzen verlaufen

Qualitätsregelkarten und Kundenanforderungen

Eines der Missverständnisse bei Qualitätsregelkarten besteht darin, dass man meint, mit ihrer Hilfe alles unter Kontrolle, also im Griff zu haben. Wenn eine Computer-Reparaturwerkstatt sich entschließt, die Durchlaufzeit für eine Routinereparatur zu messen, dann könnte sie eine Grafik entwickeln, die einen Prozess mit perfekter Kontrolle zeigt. Das Problem besteht allerdings darin, dass deren durchschnittliche Durchlaufzeit fünf Tage beträgt, während der Kunde seinen Computer in zwei Tagen zurückhaben möchte!

Denken Sie daran, dass diese beiden Arten von „Grenzen", die wir in diesem Buch eingeführt haben, sehr unterschiedlich ausgeprägt sind: Die Toleranzgrenzen werden auf Grundlage der gegenwärtigen Prozessdaten berechnet. Sie können variieren, da die Prozessleistung über die Zeit schwankt. Spezifikationsgrenzen werden vom Kunden festgelegt. Sie können nur variieren, wenn sich die Kundenanforderungen verändern.

Die Verwendung von Qualitätsregelkarten

Der erste Schritt zur Einrichtung von SPC sollte jetzt klar sein: Entscheiden Sie über die wesentlichen Messungen, führen Sie einen Datensammelplan ein, tragen Sie die Daten ein, betrachten Sie die Ergebnisse und treffen Sie die geeigneten Maßnahmen. Das steht in engem Zusammenhang mit dem System des „geschlossenen Regelkreises", der die Grundlage der Six Sigma-Organisation bildet. Der Eintrag und das Testen der Daten kann mittels einer statistischen Software einfach bewerkstelligt werden. Geben Sie einfach die Daten ein oder kopieren Sie diese von einer Tabelle, wählen Sie den gewünschten Grafiktyp und die Tests aus der Programmauswahl und schon ist sie da – die Qualitätsregelkarte.

Die Auswahl der richtigen Art von Qualitätsregelkarte für die Verwendung ist wichtig. Es gibt verschiedene Entscheidungskriterien für die auf Ihre Situation passende Qualitätsregelkarte.

Kein Unternehmen sollte laufend neue Qualitätsregelkarten aufstellen, weil sie nur dann wirklichen Wert gewinnen, wenn sie die Änderungen der Prozessleistung kontrollieren.

Dos und Don'ts bei SPC und Qualitätsregelkarte

Do – Sammeln, verwerten und überprüfen Sie die Daten sofort.
> *Der Schlüssel zur wirklichen Nutzung der SPC liegt in dem frühen Anzeigen von Problemen oder Möglichkeiten. Wenn Sie mit Ihrem Datensammelverfahren und Berichtswesen Tage oder Wochen für einen Bericht benötigen oder wenn ihn niemand liest, warum dann diese Ressourcen vergeuden?*

Do – Wählen Sie Messungen sorgfältig aus und stellen Sie eine Rangfolge her.
> *Eine oder zwei effektive Qualitätsregelkarten können eine große Hilfe sein. Wenn Sie dagegen 10 oder 15 nur mäßig interessante haben, werden Sie bald nicht mehr hinsehen.*

Do – Setzen Sie Alarmstufen fest und verfeinern Sie diese.
> *Verwenden Sie das, was Sie über den Prozess gelernt haben, um Ihre Reaktionspläne zu verbessern. Je früher und effektiver Sie auf wichtige Prozesse reagieren, umso eher halten Sie Kunden und Aktionäre bei guter Laune!*

Don't – Berechnen Sie die Toleranzgrenzen nicht zu häufig.
> *Da die Toleranzgrenzen eine Funktion der Daten bilden, können sie nahezu kontinuierlich angepasst werden. Doch macht es das umso schwieriger, „Alarmbedingungen" aufzudecken. Es ist besser, diese Grenzen erst nach einem bekannten Prozesswechsel neu zu berechnen. (Bei Verwendung von Software bei der Präsentation und dem Testen der Qualitätsregelkarte sollten Sie Ihre Präferenzen so festlegen, dass die Toleranzgrenzen nicht ebenfalls neu berechnet werden müssen!)*

Don't – Gehen Sie nicht von perfekten Daten aus.
> *Regelmäßige Kontrollen der Qualität Ihrer Datensammlung sind erforderlich, um sicherzustellen, dass die Alarmzeichen nicht von den Problemen der Daten selbst verursacht werden.*

Denken Sie schließlich daran, dass SPC und Qualitätsregelkarten Methoden zur *Überwachung* und zum *Verständnis* Ihres Prozesses sind. Sie haben nichts mit der *Lösung* von Problemen oder der Verbesserung Ihrer Leistungsfähigkeit zu tun, solange Sie nicht Korrektivmaßnahmen ergreifen oder Six Sigma-Verbesserungsmethoden anwenden.

Tests zur statistischen Signifikanz (Chi-Quadrat, T-Test, ANOVA)

Wenn Sie einen Prozess oder ein Produkt messen und analysieren, ist es oft möglich, einfach aus der *Betrachtung* der Daten schon gültige Schlüsse zu ziehen. Es gibt allerdings Zeiten, in denen die Lehren aus den Daten nicht offensichtlich oder sicher sind.

Sie können dann auf Ihre Daten sehen und sagen: „Ich entdecke nichts, was mir hier helfen könnte!" Vielleicht haben Sie eine Vermutung, wollen aber *ganz* sichergehen, dass Ihre Schlüsse von den Daten gestützt werden. In diesen Fällen können wir eine noch eindeutigere *statistische* Analyse anwenden, um Trends oder Muster in Ihren Daten zu finden oder zu bestätigen.

Verwendung der Tests zur statistischen Signifikanz

Tests zur statistischen Signifikanz sind wichtige Techniken, die Statistiker verwenden, um nach Mustern zu forschen oder ihren Verdacht bei Daten abzuklären. Bei Six Sigma finden diese Werkzeuge verschiedene mögliche Anwendungen:

- Bestätigung eines Problems oder bedeutsamen Wandels in der Leistung
- Überprüfung der Gültigkeit von Daten
- Festlegung des Typs von Muster oder „Verteilung" in einer Gruppe von kontinuier-lichen Daten
- Entwicklung einer Verursachungshypothese auf Grundlage der Muster und Unter-schiede
- Validierung oder Verwerfung der Verursachungshypothese

Grundlagen der statistischen Analyse: Die Null-Hypothese

Eine zehntätige Hitzewelle überzieht unsere Stadt und schon sagen die Leute: „Das ist die globale Erwärmung!" Sie machen innerhalb von zwei Wochen zwei Holes-in-one beim Golfen und frohlocken: „Mein Spiel ist wirklich rund geworden!" Das Telefon im Büro scheint dauernd zu läuten und jeder sagt: „Das wird ein aufregendes Quartal." Sie beobachten eine Gruppe von Schulkindern, die im Lebensmittelladen eine Menge Lärm machen, und denken bei sich: „Heutzutage werden die Kinder einfach nicht mehr rich-tig erzogen!"

Wie gültig sind diese Schlüsse? Uns fällt es leicht, von einfachen Beobachtungen kluge Erklärungen abzuleiten. Tatsächlich sind aber in vielen Fällen diese so genannten „Muster", die wir zu erkennen meinen, einfach Zufallsabweichungen. Warten Sie lange genug und Sie werden etwas beobachten, das genau den *gegenteiligen* Schluss zulässt. Wenn die Kälteperiode ihre vierte Woche erreicht, wird mit Sicherheit jemand die kommende Eiszeit vorhersagen. Wenn Sie beim Golfen innerhalb eines Monats die vierte schlechte Runde machen, dann werden Sie glauben, dass Sie Ihren Leistungsgip-fel überschritten haben. Und so weiter.

In der Statistik schützen wir uns vor „falschen Mustern", die uns zu fehlerhaften Schlüssen verleiten, indem wir die so genannte „Null-Hypothese" anwenden. Die Null-

Hypothese besagt, dass jede Variation, Änderung oder Differenz, die in einer Population oder einem Prozess beobachtet werden kann, allein von der *Wahrscheinlichkeit* abhängt. Es ähnelt stark jener Haltung des extremen Skeptikers, der Ihnen nichts glaubt, was Sie nicht „bewiesen" haben. Und häufig gelingt die Überzeugung eines Skeptikers nicht dadurch, dass Sie Ihre Theorie *beweisen*, sondern eher darin, dass Sie jede andere Erklärung *widerlegen*. Das ist der Lösungsweg, den wir bei Tests der statistischen Signifikanz einschlagen.

Statistische Signifikanz – Methoden und Beispiele

Genauso wie bei Qualitätsregelkarten haben Sie mehrere Methoden zur Auswahl, wenn Sie eine Hypothese statistisch testen wollen:

*   *Chi-Quadrat (χ^2)-Test.* Das ist die Technik, die bei differierenden Daten und in einigen Fällen bei kontinuierlichen Daten verwendet wird. Als Beispiel für die Anwendung des Chi-Quadrat-Tests seien genannt:
    – Vergleich von Defekt-Raten an zwei Standorten, um zu sehen, ob sie signifikant verschieden sind
    – Prüfung, ob die wöchentlichen Änderungen in der Konsumenten-Produktwahl einen bedeutsamen Grad an Variation aufweisen
    – Test der Wirkung von unterschiedlicher Personalausstattung auf die Kundenzufriedenheit
*   *T-Test.* Man benutzt diese Methode, um die Signifikanz zu testen, wenn Sie zwei Gruppen oder Stichproben mit *kontinuierlichen* Daten haben. (Wie wir in Kapitel 14 festgestellt haben, weisen kontinuierliche Datenmessungen mehr Aussagekraft auf als Einzeldaten, aber Sie müssen vorsichtig sein, denn diese Tests funktionieren nur, wenn bei den Daten bestimmte Bedingungen erfüllt werden). Angenommen, Ihre Daten qualifizieren sich dafür, dann könnten Sie T-Tests anwenden auf
    – einen Vergleich der Zykluszeit für eine wesentliche Stufe in Ihrem Prozess während zweier Wochen im Quartal, um zu sehen, ob irgendein bedeutsamer Wandel erfolgte;
    – eine Prüfung der Kundeneinkommensniveaus in zwei Regionen, um zu sehen, ob dort Kunden mit signifikant höherem oder niedrigerem Einkommen leben.
*   *Analysis of Variance (ANOVA).* ANOVA ist ein weiterer Test der Signifikanz für kontinuierliche Daten. Anders als der T-Test kann er jedoch verwendet werden, um *mehr* als zwei Gruppen oder Stichproben zu vergleichen. (Wenn Sie herausfinden, dass es einen signifikanten Unterschied zwischen drei oder mehr Gruppen von Daten gibt, müssen Sie noch mehr Analyse betreiben, um herauszufinden, *welche* Gruppen verschieden sind.) Die folgenden Beispiele sind dieselben wie beim T-Test, aber mit den in Kursivschrift gezeigten Unterschieden:
    – Vergleich der Zykluszeit für eine wesentlichen Stufe in Ihrem Prozess für *jede*

Woche während eines Quartals, um zu sehen, ob es irgendeinen bedeutsamen Wandel gegeben hat.

- Prüfung der Kundeneinkommensniveaus in *vier* Regionen, um zu sehen, ob eine *oder mehrere* signifikant höhere oder niedrigere Kundeneinkommensniveaus enthalten.

• *Multivarianz-Analyse.* In den ersten drei von uns beschriebenen Methoden basiert der Vergleich auf einem einzelnen Faktor und einer einzigen Variablen: Zeit, Einkommen, Geschwindigkeit usw. Natürlich können *andere* Faktoren vorhanden sein, die zwischen einer Gruppe oder Stichprobe variieren. Die Multivarianz-Analyse (manchmal MANOVA genannt) wird angewandt, um die Signifikanz von mehreren Faktoren zu bestimmen. (Es ist gewöhnlich besser, mit ANOVA zu testen, ehe eine Multivarianz-Analyse durchgeführt wird.)

Grundschritte bei statistischen Tests

Die gute Nachricht für die Anwendung der Statistik auf Unternehmensprobleme lautet in diesen Tagen, dass ein großer Teil der Knochenarbeit dank der statistischen Software entfällt. Die wesentlichen Schritte bei der Anwendung bleiben jedoch noch bestehen, gleichgültig, wie schnell die Berechnungen durchgeführt werden:

1. *Identifizieren Sie das zu analysierende Thema.* Welches ist die Schlüsselfrage oder das Hauptanliegen, auf das Sie den statistischen Test anwenden wollen? Prüfen Sie, ob eine statistische Validierung wirklich notwendig ist; ist die Antwort schon ziemlich offenkundig?

2. *Formulieren Sie Ihre Hyothese und die Null-Hypothese.* Beschreiben Sie in Ihrer Hypothese (technisch auch als „alternative Hypothese" bekannt), was nach Ihrer Meinung geschieht, und negieren Sie dies dann durch die Feststellung: „Es ist wahrscheinlich nur eine Zufall, dass wir das sehen, was wir sehen" (die Null-Hypothese).

3. *Wählen Sie den richtigen statistischen Test aus.* Ehe Sie eine endgültige Wahl für eine Technik auf kontinuierlicher Datenbasis treffen, müssen Sie die Daten betrachten, um zu sehen, ob das funktioniert.

4. *Überwachen Sie die Berechnung und betrachten Sie die Ergebnisse.* Grundsätzlich gibt es hier drei mögliche Anworten: a) Die Null-Hypothese ist gesichert, was bedeutet, dass die Daten keine unterstützende Evidenz für Ihre Hypothese liefern. b) Die Null-Hypothese ist auf Basis dieser Daten *nicht* richtig, was bedeutet, dass ein signifikanter Faktor die Daten beeinflusst, so dass Ihre Hypothese korrekt sein könnte. c) Es liegt ein *Fehler* vor, was anzeigt, dass etwas mit Ihren Daten oder mit dem gewählten Werkzeug nicht stimmt.

Dos und Don'ts bei Tests der statistischen Signifikanz

Do – Stellen Sie sicher, dass die verwendeten Daten gültig sind.

> *Ein Test mit falschen Daten ist wertlos und sogar gefährlich. Wenn beispielsweise Ihre Stichprobengröße nicht ausreicht, dann kann das glauben machen, es bestünden „signifikante" Unterschiede, obwohl sie gar nicht existieren.*

Do – Wählen die richtige Art von Test aus.

> *Beispielsweise ist bei differierenden Daten der Chi-Quadrat-Test angebracht.*

Don't – Verwenden Sie Ihr Fachwissen nicht als „Bauchtest" für die statistische Analyse.

> *Statistik und Erfahrung sollten zusammenwirken.*

Don't – Betrachten Sie sich nicht zu schnell als „Experte".

> *Es gibt eine Fülle von Komplexitäten und Nuancen bei diesen Werkzeugen. „Ungewöhnliche" Situationen sind in der wirklichen Welt ziemlich häufig und deshalb braucht man mehr als nur ein bisschen Erfahrung, um die Besonderheiten der statistischen Analyse zu erfassen.*

Korrelations- und Regressionsanalyse

Korrelations- und Regressionsanalyse umfassen eine Familie von Werkzeugen, welche die Beziehung zwischen zwei oder mehr Faktoren analysieren. Die Grundlagen der Korrelation wurden mit den Streudiagrammen in Kapitel 15 erläutert (siehe den Überblick auf S. 188 und das Beispiel auf S. 246). Wenn zwei Faktoren „korreliert" sind, dann bedeutet das, dass eine Änderung des einen von einer Änderung des anderen Faktors begleitet wird. Durch die Anwendung der statistischen Berechnungen auf diese Daten können wir die *Stärke* der möglichen Beziehung zwischen den Faktoren messen und daneben eine Reihe weiterer hilfreicher Schlüsse ziehen.

Anwendungen der Korrelations- und Regressionsanalyse

Bei allen Arten von Korrelation und Regression können Sie Werkzeuge finden, die helfen,

- Hypothesen über die Ursachen zu testen, indem betrachtet wird, ob es eine Verbindung zwischen dem vermuteten Grund (dem X) und der Reaktion oder dem Output (dem Y) gibt,
- den Einfluss von *verschiedenen* Faktoren (Xs) auf die Ergebnisse zu messen und zu vergleichen,
- die Leistung eines Prozesses, eines Produkts oder einer Dienstleistung unter verschiedenen Bedingungen vorherzusagen.

Tabelle 10: Beispiel für einen Korrelationstest

Einheit oder Einzelstück	Faktor 1 (X oder unabhängige Variable)	Faktor 2 (Y oder abhängige Variable)
Kopierer	Zeit zwischen Wartungsarbeiten	fehlerhafte Kopien

Korrelation und Regression können *nur* verwendet werden, wenn Sie über Daten von zwei oder mehr Faktoren verfügen, die bei individuellen Einzelposten zusammenpassen. (Das steht im Gegensatz zu den statistischen Tests, die wir gerade angesehen haben, in denen *Gruppen* von Daten verglichen werden). Tabelle 10 zeigt einen Fall, in dem Sie eine Korrelation prüfen könnten.

Wenn Sie dort eine Korrelationsanalyse machen wollen, dann benötigten Sie *sowohl* Daten für die Zeit zwischen den Wartungsarbeiten *als auch* für die fehlerhaften Kopien bei den Kopierern A, B, C usw.

Speziell bei der Ursachenanalyse und abhängig von der Art Ihrer Daten können Korrelations- und Regressionsanalysen einige wesentliche Vorteile gegenüber Chi-Quadrat und ANOVA bieten. Sie ermöglichen Ihnen das Erkennen von feineren Mustern in kleineren Datenmengen und Sie können feststellen, wie die Veränderung bei verschiedenen Variablen direkt auf eine „Einheit" wirkt.

Arten von Korrelations- und Regressionsanalyse

Computer, Spreadsheets und statistische Software haben diese Werkzeuge vielen Menschen zugänglich gemacht. Im Folgenden die gebräuchlichen Anwendungsformen und einige Schlüsselkonzepte:

* *Korrelationskoeffizient.* Dieselben Daten, die für die Zeichnung eines Streudiagramms verwendet werden, lassen sich auch in einer Zahl „feinmahlen" – als r bezeichnet –, die darüber Auskunft gibt, ob und wie stark die Faktoren korreliert sind. Der Korrelationskoeffizient r reicht von -1 bis 1. Generell wird eine r-Zahl unter $-0,7$ und über 0,7 einer weiteren Nachforschung wert sein. (Negative r-Werte zeigen eine negative Korrelation an.)
* *Prozentuale Korrelation.* Eine andere Zahl, r^2, wird von vielen bevorzugt, weil sie den Betrag oder Prozentsatz der Variation beim Y oder abhängigen Faktor wiedergibt, der vom X-Faktor verursacht worden zu sein scheint. (Sie erhalten r^2 einfach durch die „Quadrierung" von r.) Nehmen wir an, Sie hätten eine offensichtlich positive Korrelation der Zeit zwischen den Wartungsarbeiten und den fehlerhaften Kopien gefunden, mit einem r-Wert von 0,72. Dann erhalten Sie einen r^2-Wert von 0,52, was bedeutet, dass grob 50 Prozent des Anstiegs von Fehlern mit der Zeit zwi-

schen den Wartungsarbeiten korrelieren. Es hängt jetzt vom Zweck Ihrer Analyse und von der Art Ihrer Daten ab, wie Sie r oder r^2 interpretieren und darauf reagieren.

- *Regression.* Die verschiedenen Formen der Regressionsanalyse konzentrieren sich darauf, die bestehenden Daten zu verwenden, um zukünftige Ergebnisse vorauszusagen. Die gebräuchlichste ist eine „lineare Regression" (oder „einfache" Regression), die bei zwei Variablen angewendet wird. Wir können das an unserem Kopierer-Beispiel zeigen.

Percys Kopierer-Werkstatt

Percy möchte seinen Kunden den Wert seiner Wartungsverträge beweisen. Nachdem Daten über die Beziehung zwischen den Wartungsintervallen und den fehlerhaften Kopien gesammelt worden waren, fand man heraus, dass die Fehlerraten gegen 15 Prozent je Woche höher waren, wenn keine Wartung erfolgte. Mithilfe der linearen Regression konnte Percy einem zukünftigen Kunden vorhersagen, dass er im dritten Monat nach seinem letzten „Notfallservice" etwa 25 Prozent defekte Kopien haben würde. Die Vorhersage erwies sich als ziemlich genau und der Kunde hat einen neuen Wartungsvertrag mit Percy abgeschlossen.

- *Multiple Regression.* Die multiple Regressionsanalyse überprüft, wie die Multivarianz-Analyse, die Beziehung zwischen *mehreren* Faktoren und den Ergebnissen. Im Umfeld eines Prozesses könnten es jene sein, die in Tabelle 11 gezeigt werden.

Mit Anwendung der multiplen Regression ist es möglich, die Wirkung von allen Xs auf die Ys zu quantifizieren und zu sehen, ob sie interagieren. Bei komplexeren Anwendungen wird die multiple Regressionsanalyse verwendet, um *Modelle* zu schaffen, mit denen vorhergesagt werden kann, was passiert, wenn Kombinationen von Faktoren unter verschiedenen Bedingungen verknüpft werden.

Tabelle 11: Beispiele für die multiple Regressionsanalyse

Prozess	Einheit oder Einzelstück	X_1 (Input-Variable)	X_2 (Prozessvariable)	X_3 (Prozessvariable)	Y (Output oder Ergebnisvariable)
Softwareeinführung	Softwarepaket	Umfang der Software (MB)	Anzahl der Nutzer im Netzwerk	Geschwindigkeit des Servers (MHz)	Systemausfallzeit während der Installation (Minuten)
Hotelreservierung und Anmeldung	Reservierung	Wartezeit bis zum Gespräch mit einem Mitarbeiter in der Reservierungszentrale (Sek.)	Anzahl der reservierten Tage	Anzahl der Beschäftigten im Call Center	Zeit zum Anmelden für einen Gast (Minuten)

Dos und Don'ts bei Korrelations und Regressionsanalyse

Do – Stellen Sie sicher, dass Sie paarweise vorhandene Daten haben.

> *Die Fähigkeit zur Korrelation und Regression hängt davon ab, wie Sie die Daten sammeln und zusammenfassen. Wenn die Werte für die Faktoren, die analysiert werden sollen, nicht zusammenpassen, dann können Sie keine Korrelationsanalyse machen.*

Do – Verwenden Sie den Korrelationskoeffizienten und -prozentsatz (r und r^2), um die Streudiagrammdaten besser zu verstehen.

> *Das ist einer der einfachsten statistischen Indikatoren und er kann eine große Hilfe sein, wenn Sie die Menge von Punkten auf einem Streudiagramm interpretieren wollen.*

Do – Wenden sie noch feinere Methoden an, wenn Sie mehr über Ihre Prozesse und Produkte erfahren wollen.

> *Richtig angewendet, können Korrelation und Regression erheblich zum Verständnis beitragen, wie und warum Variationen in Ihrem Geschäft ablaufen, und wie sie kontrollierbar sind.*

Don't – Nehmen Sie die Vorhersagen aus den Daten nicht als „Tatsache" hin.

> *Die Vorhersagen, die aus der Regressionsanalyse gewonnen wurden, beruhen in den meisten Fällen auf Tendenzen. Das bedeutet, dass es immer noch eine Menge Variationen geben kann, die Sie nicht verstehen und die zu Ergebnissen führen können, die Sie nicht erwartet haben.*

Don't – Betrachten Sie die Daten nicht nur auf eine Weise.

> *Wenn eine stark vermutete Korrelation nicht auftaucht, dann könnte sie „verborgen" sein. Sie könnten Ihre Daten dann schichten oder auf längere Sicht sammeln, ehe Sie mit absoluter Sicherheit wissen, dass es keine Beziehung gibt.*

Don't – Unterstellen Sie nicht, dass Korrelation schon Verursachung bedeutet.

> *Wie wir in Kapitel 15 diskutiert haben, müssen sich zwei Einzeldinge, die miteinander korrelieren, überhaupt nicht verursachen. Irgendetwas anderes kann beide beeinflussen.*

Design of Experiments (DOE) – Statistische Versuchsplanung

DOE ist eine Methode zum Testen und Optimieren der Leistung eines Prozesses, eines Produkts, einer Dienstleistung oder einer Lösung. Sie bezieht sich stark auf die Techniken, die gerade betrachtet wurden, um etwas über das Verhalten eines Produkts oder eines Prozesses unter verschiedenen Bedingungen zu erfahren. Einzigartig ist bei DOE die Möglichkeit, unter Verwendung eines *Experiments* die Variablen zu planen und zu kontrollieren, im Gegensatz zur reinen Sammlung und Beobachtung von wirklichen Ereignissen nach der Art der „empirischen Betrachtung".

Verwendungsarten von DOE

DOE ermöglicht eine Vielzahl von denkbaren Anwendungen in einer Six Sigma-Organisation:

- Bewertung eines Voice-of-the-Customer-Systems, um die beste Kombination von Methoden zu ermitteln, Feedback von Kunden einzuholen, ohne sie zu verärgern
- Bewertung von Faktoren, um die „vitalen" Ursachen eines Problems oder eines Fehlers zu isolieren
- Pilot- oder Testverfahren für Kombinationen von möglichen Lösungen, um die optimale Verbesserungsstrategie zu finden
- Bewertung von Produkt- oder Service-Designs, um mögliche Probleme zu identifizieren und Fehler bereits vom ersten Tag an zu reduzieren.

Wenn DOE auch einfacher auf *Dinge* als auf Menschen angewendet werden kann, lassen sich doch ohne weiteres auch Experimente im Dienstleistungsbereich durchführen. Diese werden jedoch „reale" Tests sein, in denen die Variablen im aktuellen Prozess kontrolliert und die Ergebnisse dann verglichen werden. Eine große Verkaufsorganisation beispielsweise testete 14 Variablen über einen Zeitraum von vier Monaten, um die beste Promotion-Strategie für ein Produkt herauszufinden. Auf der Grundlage von Lösungen, die im „Feld-Experiment" herausgefiltert wurden, wuchs das Verkaufsvolumen um über 50 Prozent, selbst in Regionen, die zu den Spitzenverkaufsgebieten des Unternehmens zählten.

Grundschritte beim DOE

1. *Identifizieren Sie die Faktoren, die bewertet werden sollen.* Was wollen Sie aus dem Experiment lernen? Welches sind die wahrscheinlichen Einflüsse auf den Prozess oder das Produkt? Wenn Sie Faktoren auswählen, überlegen Sie, ob der Nutzen zusätzlicher Daten beim Testen von noch mehr Faktoren die steigenden Kosten und die zusätzliche Komplexität rechtfertigt.
2. *Definieren Sie den „Zustand" der zu testenden Faktoren.* Im Falle von variablen Faktoren wie Geschwindigkeit, Zeit, Gewicht usw. können Sie diese auf eine unendliche Zahl von Zuständen testen. Bei diesem Schritt wählen Sie also nicht nur aus,

welche Werte, sondern auch wie viele verschiedene Zustände Sie testen wollen. Im Fall von differierenden Daten werden die Zustände „entweder/oder" sein. Beim Testen eines Formulars zum Beispiel können wir unsere E-Mail-Adresse a) aufnehmen oder b) nicht aufnehmen.

3. *Schaffen Sie eine Gruppierung von experimentellen Kombinationen.* Bei DOE möchten Sie gewöhnlich den „One-factor-at-a-time"-Ansatz (jeweils ein Faktor zu einer Zeit – OFAT) vermeiden, bei dem jede Variable isoliert getestet wird. Besser sollten Gruppen von Bedingungen geprüft werden, um repräsentative Daten für alle Faktoren zu gewinnen. Mögliche Kombinationen oder Gruppierungen können mit statistischer Software generiert oder in Tabellen gefunden werden. Und ihre Verwendung hilft Ihnen zu vermeiden, dass Sie jede mögliche Permutation testen müssen.

4. *Führen Sie das Experiment unter vorgeschriebenen Bedingungen durch.* Wesentlich ist hierbei, dass Ihre Ergebnisse nicht durch andere, ungetestete Faktoren beeinflusst werden.

5. *Bewerten Sie die Ergebnisse und Schlussfolgerungen.* Wenn Sie Muster erkennen und Schlüsse aus den DOE-Daten zu ziehen möchten, dann sind Werkzeuge wie ANOVA und multiple Regressionsanalyse unabdingbar. Aus den experimentellen Daten können Sie sehr klare Antworten erhalten oder es können weitere Fragen entstehen, die Sie in zusätzlichen Experimenten testen wollen.

Dos und Don'ts beim Design of Experiments

Do – Wenden Sie DOE-Konzepte auf „reale" Prozesse an.

> *Außerhalb der Produktentwicklung, des Engineering und der Herstellung werden die meisten anderen Geschäftsprozesse nicht in ein „Laboratorium" hineinpassen. Sie werden Ihre Experimente mit wirklichen Menschen durchführen müssen, z. B. in der Pilotphase einer neuen Lösung.*

Do – Nutzen Sie den Vorteil aus experimentellen „Gruppierungen."

> *Die DOE-Technik kann große Zeit- und Ressourceneinsparungen bringen, indem sie nämlich mehr Daten aus weniger Tests produziert. Richtig durchgeführt, können Sie Zeit für Experimente gewinnen, die Sie sonst gar nicht in Betracht gezogen hätten.*

Do – Schließen Sie „Problemprävention" in Ihre DOE-Pläne mit ein.

> *Wenn etwas bei Ihren Experimenten schief läuft, würde das zu ernsthaften Konsequenzen führen? Wenn ja, dann müssen Sie Präventivmaßnahmen und eventuelle Folgen einplanen, um zu vermeiden, dass ein Experiment ein „Querschläger" wird. Pilotphasen mit Kunden sind z. B. in Ordnung, solange Sie Ihr Geschäft mit ihnen nicht einem unverhältnismäßig hohen Risiko aussetzen.*

Don't – Versäumen Sie nicht, eine Vielzahl von Faktoren und Einflüssen in Betracht zu ziehen.

Es sind die unerwarteten Variablen, die viele Experimente durcheinanderbringen.

Don't – Lassen Sie sich nicht in die experimentelle Tretmühle einspannen.

Wie in der Analysephase von DMAIC können Sie immer noch mehr Tests machen und mehr Daten sammeln. Nutzen Sie DOE als Werkzeug, nicht als Selbstzweck.

Failure Mode and Effects Analysis (FMEA) – Fehlermöglichkeits- und Einflussanalyse oder Ausfalleffektanalyse

Die Ausfalleffektanalyse dient dazu, mögliche Probleme vor ihrer Entstehung systematisch zu untersuchen. Wer seine Aktivitäten auf die Grundlage einer FMEA stellt, kann als Manager, Verbesserungssteam oder Prozess-Eigner seine Energie und seine Ressourcen auf Prävention, Überwachung und Reaktionspläne konzentrieren, wo sie wahrscheinlich am meisten einbringen. Branchen wie Luftfahrt und Verteidigung wenden die FMEA als „Potenzial-Problem-Analyse" an.

Anwendung von FMEA

Die FMEA findet viele Anwendungen im Six Sigma-Umfeld, vor allem bei der Suche nach Problemen im Arbeitsprozess, bei Verbesserungen, bei den Datensammelaktivitäten, bei Voice-of-the-Customer-Bemühungen, bei Abläufen und selbst beim Start von Six Sigma-Initiativen. Die einzige Voraussetzung dafür ist das Vorhandensein einer komplexen oder risikoreichen Situation, bei der Sie besonderes Gewicht darauf legen, die Probleme unter Kontrolle zu halten.

So funktioniert FMEA

1. *Identifizieren Sie den Prozess oder das Produkt/die Dienstleistung.*
2. *Listen Sie potenzielle Probleme auf, die entstehen könnten (Ausfalleffekte).* Die Grundfrage lautet: „Was kann falsch laufen?" Hinweise auf mögliche Probleme können aus verschiedenen Quellen kommen, inklusive Brainstorming, Prozessanalyse, Benchmarking usw. Sie können nach der Prozessstufe oder nach Produkt-/Dienstleistungskomponenten gruppiert werden. Vermeiden Sie triviale Probleme.

3. *Ordnen Sie das Problem hinsichtlich (A), Wahrscheinlichkeit des Auftretens, (B) Folgen und (E) Wahrscheinlichkeit für das Entdecken des Fehlers auf einer Skala von 1–10 ein.* Ernsthaftere Probleme erhalten eine höhere Bewertung, ebenso schwieriger zu ermittlende Probleme. Das können wiederum Urteile sein oder sie können auf historischen oder Testdaten beruhen.

4. *Berechnen Sie die „Risiko-Prioritätszahl" (RPZ).* Die Multiplikation aller drei Bewertungen miteinander ergibt die generelle Risikorate (RPZ = A x B x E). Durch Addition der RPZ aller Probleme erhalten Sie eine gesamte Risikozahl für den Prozess oder das Produkt/die Dienstleistung.

5. *Vermindern Sie das Risiko.* Nachdem Sie sich zuerst auf potenzielle Probleme mit der höchsten Priorität konzentriert haben, können Sie jetzt darangehen, Aktionen zu entwickeln, um einen oder alle Faktoren zu reduzieren: Bedrohlichkeit (B), Eintrittswahrscheinlichkeit (A) und Aufdeckbarkeit (E). Ein wesentlicher Nutzen dieses Werkzeugs besteht darin, dass Ihre Problemmanagement-Ressourcen – die immer begrenzt sind – optimal verwendet werden.

Ein FMEA-Beispiel

Manager und Ingenieure bei der E-Commerce-Gesellschaft Nitwit.com wollten sicherstellen, dass beim Prozess zur Aktualisierung des Online-Katalogs nichts schief laufen würde. Hier sind zwei Probleme, die sie identifizierten, und die Analyse, die sie durchführten:

1. Das falsche Bildmaterial wird für ein neues Produkt verwendet.
   Bedrohlichkeit = 5
   Eintrittswahrscheinlichkeit = 5
   Aufdeckbarkeit = 3
   RPZ = 5 x 5 x 3 = 75
2. Die Käufer können keinen Auftrag für ein Produkt platzieren.
   Bedrohlichkeit = 8
   Eintrittswahrscheinlichkeit = 5
   Aufdeckbarkeit = 6
   RPZ = 8 x 5 x 6 = 240

Auf diese Bewertung gestützt, konzentrierten sie sich auf die Besorgnis, dass keine Aufträge platziert werden können, und entwickelten präventive Maßnahmen, um sicherzustellen, dass alle neuen Produktnummern im Bestellsystem niedergelegt sind.

Mistake-Proofing (Fehlernachweis oder Poka-Yoke)

Poka-Yoke kann als Ausweitung der FMEA bezeichnet werden oder als besonders disziplinierte Art, die letzten Pfunde (d. h. Fehler) bei unserer Six Sigma-Diät zu verlieren. Während die FMEA bei der Vorhersage und Prävention von Problemen hilft, betont Poka-Yoke die Aufdeckung und Korrektur von Fehlern, ehe sie zu Defekten werden, die den Kunden betreffen. Poka-Yoke konzentriert sich besonders auf eine dauernde Bedrohung eines jeden Prozesses: *menschliche* Fehler.

Die Grundidee hinter Poka-Yoke wurde von einem Managementberater in Japan, Shigeo Shingo, entwickelt. Das Wesentliche bei Poka-Yoke ist, jede einzelne Aktivität im Prozess sorgfältig zu betrachten, dann Kontrollen und Problemprävention auf jeder Stufe einzuführen. Es ist also eine Sache der konstanten, unmittelbaren Rückkopplung, so ähnlich wie die Balance- und Richtungsdaten, die von den Ohren des Fahrradfahrers zu seinem Gehirn übermittelt werden, damit er sein Fahrrad aufrecht und auf dem Weg halten kann.

Die Anwendung von Poka-Yoke

*   Verfeinerung der Verbesserungen und des Prozess-Designs aus den DMAIC-Projekten. Wie können solche seltenen, stark herausfordernden Fehler vermieden oder gehandhabt werden?
*   Datensammlung aus Prozessen bei Annäherung an die Six Sigma-Leistung. (Je „perfekter" ein Prozess abläuft, umso schwerer kann es werden, zu messen.)
*   Ausschaltung aller Arten von Prozessproblemen und -fehlern, damit ein Prozess von 4,5 auf 6 Sigma gesteigert werden kann.

Grundschritte beim Poka-Yoke

1. *Betrachten Sie jeden Schritt* beim bestehenden Prozess und stellen Sie die Frage: „Welche möglichen menschlichen Fehler oder Fehlfunktionen der Ausstattung können während dieses Schritts passieren?"
2. *Legen Sie eine Vorgehensweise fest, um zu ermitteln, ob ein Fehler oder eine Fehlfunktion vorkommt oder sich gerade entwickelt.* Ein elektrischer Stromkreis in Ihrem Auto kann Ihnen z. B. mitteilen, ob Sie Ihren Sicherheitsgurt geschlossen haben. E-Commerce-Software ist darauf programmiert mitzuteilen, ob irgendein Datenbestandteil aus einem Feld fehlt. In einer Montagefabrik helfen Tabletts mit Einbauteilen den Arbeitern zu erkennen, welche Einzelstücke noch fehlen.
3. *Definieren und bestimmen Sie, was unternommen wird, wenn ein Irrtum aufgedeckt wurde.* Die Grundelemente von Poka-Yoke-Reaktionen sind:

- *Kontrolle.* Eine Aktion, die den Prozess selbstständig korrigiert – wie ein automatisches Rechtschreibprogramm.
- *Abschaltung.* Ein Verfahren oder Gerät, das den Prozess blockiert oder abschaltet, wenn ein Fehler auftritt. Die Abschaltautomatik eines Bügeleisens ist ein Beispiel dafür, ein anderes die hoch entwickelte Investitionssoftware, die den Eingang bestimmter Investitionen auf Konten verhindert, die für solche Investitionen gesperrt sind.
- *Warnung.* Wie der Name schon sagt, alarmiert es eine in die Arbeit eingebundene Person darüber, dass etwas falsch läuft. Der Summer für den Sicherheitsgurt ist ein Beispiel. Genauso das Kontrolldiagramm, das zeigt, dass ein Prozess „außer Kontrolle" sein könnte. Warnungen werden oft ignoriert, so dass Kontrollen und Abschaltungen gewöhnlich vorzuziehen sind.

Die Entwicklung von Methoden zur Aufdeckung, Selbstkorrektur, Blockade/Abschaltung oder Warnung vor einem Problem erfordert Vorstellungskraft und Kreativität. Einige Poka-Yoke-Maßnahmen:

- Farb- und Form-Kodierung von Material und Dokumenten
- Unterschiedliche Formate für wesentliche Dinge wie Gesetzesdokumente
- Symbole und Sinnbilder, um leicht austauschbare Einzelstücke zu identifizieren
- Computer-Checklisten, klare Formulare, erstklassige, aktuelle Verfahrensweisen und einfache Arbeitsabläufe können dazu beitragen, Fehler zu verhindern, die in der Hand von Kunden zu Defekten werden.

Dave Boenitz von dem Halbleiterhersteller Applied Materials sagt, dass Poka-Yoke im Mittelpunkt ihrer Verbesserungs- und Verschlankungsaktivitäten stand. „Wir haben nach Möglichkeiten Ausschau gehalten, die Montage so idiotensicher zu machen, dass es unmöglich ist, etwas falsch zusammenzubauen. Also haben wir z. B. stärker visualisierte Displays geschaffen; wir haben farbige Schemata, wie das Teil eingefügt werden muss." Ebenso ist eine Vielzahl von Spannvorrichtungen und Installationsvorgaben vorhanden, die es schwer machen, Einzelstücke falsch zu montieren, ähnlich wie ein Schlüssel, der nur in ein bestimmtes Schloss passt.

Besonderer Wert wird darauf gelegt, die Arbeit bei jedem einzelen Schritt zu überprüfen: „Jene Mitarbeiter, die daran tätig sind, überprüfen ihr Produkt, ehe sie es weitergeben; dann überprüfen die Mitarbeiter, die es *erhalten*, das Produkt. Durch diesen Ablauf sind sie in der Lage, die meisten Montagefehler auszuschalten, die vorkommen können."

Dos und Don'ts des Poka-Yoke

Do – Versuchen Sie, sich alle Fehler vorzustellen, die gemacht werden können.

> *Das ist der Punkt, an dem alle wirklich negativen und paranoiden Mitarbeiter in Ihrer Organisation schließlich eine echte Hilfe sein können.*

Do – Nutzen Sie Ihre gesamte kreative Kraft, um clevere Wege auszudenken, wie Fehler als Teil des Arbeitsprozesses selbst entdeckt und ausgemerzt werden können.

> *Wenn Sie die Aufdeckung von Fehlern den nachgelagerten Prüfern überlassen oder dem Kunden, dann beschwören Sie Unheil herauf.*

Don't – Fallen Sie nicht in die Verhaltensweise des „Irren ist menschlich".

> *„Die Dinge fast immer richtig zu machen" ist auch ein menschlicher Zug. Finden Sie heraus, wie Ihre Mitarbeiter Probleme selbstständig korrigieren können, die im vorgelagerten Bereich nicht verhindert werden konnten, und wenden Sie die besten Methoden an.*

Don't – Vertrauen Sie nicht darauf, dass Mitarbeiter ihre eigenen Fehler immer erkennen.

> *Wenn Ihr Prozess gerade nur mit 2 Sigma dahintuckert, dann besteht noch keine Möglichkeit, das „Sicherheitsnetz" der nachgelagerten Überprüfung abzubauen.*

Quality Function Deployment (QFD) – Entwicklung von Qualitätsfunktionen

QDF ist eine Methode zur Rangfolgendarstellung und Übertragung von Kunden-Inputs auf das Design und die Spezifikation von Produkten, Dienstleistungen und/oder Prozessen. Während die Details der *Arbeit* mit QFD kompliziert sind, beruht das Wesen der QFD-Methode auf gesundem Menschenverstand und Werkzeugen, die wir schon betrachtet haben.

Einsatz des QFD

QFD ist eine robuste Methode mit vielen Variationen, so dass sie recht breit eingesetzt werden kann. Sie kann angewendet werden auf:

- die Rangfolgendarstellung und Auswahl von Verbesserungsprojekten, die auf Kundenbedürfnissen und laufenden Leistungen beruhen
- die Bewertung eines Prozesses oder einer Produktleistung im Vergleich zum Wettbewerb

- die Übertragung der Kundenanforderungen auf die Leistungsmaßstäbe
- die Entwicklung, Prüfung und Verfeinerung von neuen Prozessen, Produkten und Dienstleistungen

QFD ist ganz und gar kein allein stehendes Werkzeug. Es hängt von einer Vielzahl anderer Methoden ab – vom Voice-of-the-Customer-Input bis zum Design of Experiments – um gut funktionieren zu können.

Grundlagen des QFD

Eine mehrdimensionale Matrix, „House of Quality" genannt, ist das bekannteste Element der QFD-Methode. Ein vollständiges QFD-Produktdesign-Projekt wird eine ganze Reihe solcher Matrizen beinhalten, die die Kunden- und Wettbewerbsanforderungen bis herunter zu detaillierten Prozessspezifikationen übertragen. Inmitten aller Details, die in der QFD-Dokumentation enthalten sind, ruhen jedoch zwei Kernkonzepte:

1. *Der QFD-Zyklus.* Das ist ein iterativer Weg, um operationale Entwürfe und Pläne für vier umfassende Phasen zu entwickeln:
   - Übertragung des Kunden-Input und der Wettbewerbsanalyse in Produkt- und Dienstleistungsmerkmale (grundlegende Entwicklungselemente)
   - Übertragung der Produkt-/Dienstleistungsmerkmale in Produkt-/Dienstleistungsspezifikationen und -maßstäbe
   - Übertragung der Produkt-/Dienstleistungsspezifikationen und -maßstäbe in *Prozess*-Design-Merkmale (Wie kann der Prozess die Merkmale per Spezifikation erfüllen?)
   - Übertragung der Prozess-Design-Merkmale in die Prozess-Leistungsspezifikationen und -maßstäbe.
2. *Prioritäten und Korrelationen.* Detaillierte Analyse der Beziehungen zwischen spezifischen Bedürfnissen, Merkmalen, Anforderungen und Maßstäben. Matrizen wie das House of Quality oder die einfache L-Matrix (siehe Abb. 48) fassen diese Analyse zusammen und dokumentieren die Begründung hinter der Design-Aktivität.

Im Kern entwickelt QFD die Verbindungen zwischen den nachgelagerten Ys (Kundenanforderungen und Produktspezifikationen) zu den vorgelagerten Xs (Prozessspezifikationen) *genau im Design-Prozess.* Bei einem vorhandenen Prozess oder Produkt kann das dazu verwendet werden, die Beziehungen abzuklären und zu dokumentieren, wenn sie vorher niemals erforscht wurden. Ein weiterer Nutzen des House of Quality ist ein „diagonaler" Beziehungstest über die Matrix, der Kombinationen testet, die mit unserer normalen menschlichen „linearen" Gedankenarbeit nicht betrachtet werden.

Kundenanforderungen	Produkt-/Dienstleistungsmerkmale							
	Auswahl an Punktgrößen	Vielzahl von Tintenfarben	Auswahl an Lackierungen (Gold, Marmor etc.)	Drei Preiskategorien (12, 40, 75 $)	Umhängeband vorhanden	Ungiftige Tinte	In Schmuck- und Spezialgeschäften erhältlich	Verkauf direkt über WEB
modisch			●	▽	▽		●	▽
mehrfach verwendbar	●	●	●	●	○		○	○
sicher			▽		▽	●		
preiswert	▽		▽	●			▽	●
schwer zu verlieren			▽		●			
BEITRAG	● STARK		○ MITTEL		▽ SCHWACH			

Abbildung 48: Beispiel einer vereinfachten L-Matrix für den Entwurf eines Füllers

Dos und Don'ts bei Quality Function Deployment

Do – Passen Sie die Komplexität der Methode Ihrer Situation an.

Die Entwicklung eines komplexen Produkts kann viele Schichten und viele Details erfordern. Einfach Maßstäbe für einen bestehenden Prozess zu schaffen sollte viel leichter sein. (Für einfache oder detaillierte House-of-Quality-Matrizen gibt es Softwarepakete.)

Do – Konzentrieren Sie sich darauf, guten Input und gute Daten zu erhalten und nicht einfach „Kästchen auszufüllen".

Eine QFD-Matrix wird u.U. viele weiße Stellen enthalten. Oft können Sie diese am besten ausfüllen, wenn Sie wohl überlegte Beurteilungen abgeben. Wenn Sie jedoch nur etwas in ein Kästchen eintragen möchten, um den Platz auszufüllen, dann lassen Sie es.

Do – Verwenden Sie das Merkmal der „Wettbewerbsanalyse" von QFD, um weitere externe Daten in Ihre Entwürfe und Spezifikationen einzubringen.

Entwerfen Sie für den Kunden und behalten Sie dabei den Wettbewerb im Auge.

Don't – Vergessen Sie nicht, andere Werkzeuge auf die Methode anzuwenden.

Design of Experiments, zum Beispiel, kann wichtig sein, um die Leistung bei verschiedenen anderen Merkmalen zu maximieren. Sie können auch Werkzeuge wie die Projekt-Charta verwenden, um eine Grundlage für die Design-Arbeit zu schaffen.

Zusammenfassung: Zwölf Schlüssel zum Erfolg

Wir nähern uns dem Ende unserer Reise auf dem Six Sigma-Weg und hoffen, dass es einen *Anfang* für Sie bedeutet. In gewisser Weise hat dieses Buch nur die Oberfläche angeritzt, unter der sich die Vorstellungen, Instrumente und Fachbereiche verbergen, die dieses Management*system* ausmachen. (Einige Punkte haben wir wahrscheinlich so oft wiederholt, dass der fleißige Leser jetzt sagen wird „*Genug!* Ich hab's!") Zum Abschluss fassen wir einige wesentliche Punkte dieses Buches und die Erfahrungen verschiedener Organisationen, die versucht haben, „Six Sigma-Organisationen" zu werden, in einer Liste von *Schlüsseln zum Erfolg* zusammen. Vielleicht wird diese Liste Ihnen helfen, jene Kernpunkte herauszulesen, die wir im Detail besprochen haben.

Schlüssel zum Erfolg

1. Verbinden Sie Six Sigma-Aktivitäten mit Geschäftsstrategie und -prioritäten

Selbst wenn Ihre ersten Schritte sich auf eng begrenzte Probleme konzentrieren, sollte ihre Wirkung auf organisatorische Kernbedürfnisse bekannt sein. Zeigen Sie, wann immer möglich, wie Projekte und andere Aktivitäten an Kunden, Kernprozesse und Wettbewerbsfähigkeit geknüpft sind.

2. Positionieren Sie Six Sigma als verbesserte Methode des Managements von heute

Die Methoden und Instrumente von Six Sigma machen für erfolgreiche Organisationen im 21. Jahrhundert Sinn. Sie sind das Ergebnis der Erfahrungen von aufgeklärten Unternehmen und Managern, die sich den Herausforderungen des raschen Wandels, intensiven Wettbewerbs und stets anspruchsvolleren Kunden gestellt haben.

3. Halten Sie Ihre Botschaft einfach und klar

Hüten Sie sich davor, Mitarbeiter mit seltsamen Ausdrücken und Fachbegriffen zu verprellen und dadurch „Klassenunterschiede" im Six Sigma-Umfeld zu schaffen. Wenn auch neue Begriffe und Fähigkeiten sicher ein Teil der Six Sigma-Fachwelt darstellen, so sollten der Kern des Systems und die Vision Ihres Unternehmens für Six Sigma jedem zugänglich und wichtig sein.

4. Entwickeln Sie Ihren eigenen Zugang zu Six Sigma

Ihre Themen, Prioritäten, Projekte, Ausbildung, Struktur – alles sollte davon abhängen, wie es am besten für Sie funktioniert. Denken Sie darüber nach: Warum sollte es eine strikte Vorgehensweise für einen Lösungsansatz geben, der zu einer flexibleren, anpassungsfähigeren Organisation führen soll?

5. Konzentrieren Sie sich auf kurzfristige Ergebnisse

Die Beweiskraft liegt darin, was Six Sigma bewirken kann, um Ihre Organisation wettbewerbsfähiger und profitabler, Ihre Kunden loyaler und begeisterter zu machen. Entwickeln und fördern Sie einen Plan, der konkrete Ergebnisse in den ersten vier bis sechs Monaten ermöglicht.

6. Konzentrieren Sie sich auf langfristige Steigerung und Entwicklung

Bringen Sie den Drang nach frühen Ergebnissen mit der Erkenntnis in Einklang, dass diese Erfolge die Basis für die wirkliche Kraft von Six Sigma legen: die Erschaffung einer anpassungsfähigeren, kundenorientierten, beweglichen und erfolgreichen Unternehmung auf *lange* Sicht.

7. Veröffentlichen Sie Ergebnisse, geben Sie Rückschläge zu und lernen Sie aus beidem

Erwarten oder fordern Sie nicht, dass Six Sigma in Ihrem Unternehmen perfekt funktioniert. Erkennen Sie Erfolge an und feiern Sie sie, aber beachten Sie auch Schwierigkeiten und Enttäuschungen. Seien Sie bereit, Ihre Six Sigma-Prozesse laufend zu verbessern und selbst umzugestalten.

8. Investieren Sie, um etwas in Bewegung zu bringen

Ohne Zeit, Unterstützung und – ja auch – Geld werden sich die Gewohnheiten und bestehenden Prozesse in Ihrem Unternehmen nicht viel ändern. Die Ergebnisse werden wahrscheinlich einen schnellen Return on Investment bringen, aber zuerst müssen Sie eine Investition *tätigen*.

9. Nutzen Sie die Six Sigma-Werkzeuge klug

Nicht ein Instrument oder eine Methode allein kann im Six Sigma-System glücklichere Kunden und höhere Gewinne bringen. Statistiken können Fragen beantworten, aber keinen außergewöhnlichen Service bieten. Kreative Ideen können Potenzial beinhalten, aber ohne einen Prozess zu ihrer Entwicklung und Umsetzung bleiben sie nur Träume. Ihr Erfolg mit Six Sigma wird davon abhängen, wie Sie alle jene Methoden im richtigen Maß anwenden, um Ihre Ergebnisse zu maximieren.

10. Verbinden Sie Kunden, Prozess, Daten und Innovation, um das Six Sigma-System aufzubauen

Diese sind die Kernelemente des Six Sigma-Ansatzes. Wenn Sie Ihre Märkte verstehen und Ihre Betriebsabläufe und gleichzeitig Messungen und Kreativität nutzen, um Werte und Leistungen zu maximieren, dann ist das die *starke Kombination, die Ihren Wettbewerbern das Leben schwer machen wird.*

11. Erklären Sie Top-Manager für zuständig und verantwortlich

Solange die führenden Manager – einer Unternehmung, Geschäftseinheit oder selbst Abteilung – Six Sigma nicht als Teil ihrer Aufgabe sehen (oder es zum Teil ihrer Aufgabe *gemacht* haben), wird die wahre Bedeutung der Initiative bezweifelt und das Engagement geschwächt werden.

12. Machen Sie Erkenntnisgewinn zur laufenden Aktivität

Nur ein paar Monate Training werden all jene Kenntnisse und Fähigkeiten, die zur Erhaltung von Six Sigma notwendig sind, nicht festigen. Mit der Zeit sollten Sie nach anderen Methoden und Ideen außerhalb des Six Sigma-Bereichs suchen, die jene Instrumente ergänzen können, die wir in diesem Buch schilderten.

BONUS – machen Sie Six Sigma zu einem Spaß!

Ja, dieser Stoff aus geschäftlichem Überleben, Wettbewerb und Messungen ist schwer verdaulich, manchmal verwirrend, sogar ein wenig erschreckend. Doch der Six Sigma-Weg öffnet die Tür zu neuen Ideen, neuen Arten des Denkens und zu einem neuen Erfolgserlebnis. Wenn Sie das mit Humor verbinden und eine gute Zeit mit Six Sigma haben, wird das Ihre Chancen auf Erfolg nur noch *erhöhen*: Jedes Mal, wenn Menschen eine Sache freudig angehen, sind sie fast automatisch mit mehr Energie und Begeisterung dabei.

Ein letztes Wort

In der Geschäftssprache sind wir dazu gezwungen, kurze Ausdrücke zu verwenden, um komplizierte Gedanken zu beschreiben. „Six Sigma" ist genauso wenig eine *Sache* wie „Wirtschaftspolitik" oder „hervorragende organisatorische Leistung" oder andere Kurzbegriffe, die wir jeden Tag verwenden. Wie wir von Beginn an in diesem Buch festgestellt haben, ist Six Sigma ein *System* mit umfassenden Konzepten, Werkzeugen und Prinzipien, also keine feststehende *Sache*.

Wir glauben und hoffen auf Ihre Zustimmung, dass es genug wesentliche, wirksame und wertvolle Elemente gibt, die das Six Sigma-System in gewisser Weise zu einem Teil eines *jeden erfolgreichen Geschäfts* machen. Gleichzeitig ermutigen wir Sie, sich die Methoden von Six Sigma so anzueignen, dass sie die beste Wirkung auf Ihre einzigartige Kultur, Branche, Marktposition, Mitarbeiterschaft und Strategie entfalten. Unsere größte Angst ist, dass Mitarbeiter Six Sigma „annehmen" oder „zurückweisen" werden, als ob es eine *Sache* wäre, statt es als flexibles System zu nutzen.

Schließlich sind wir, nachdem wir mit diesem großen Thema und einigen Unternehmen eine ganze Reihe von Jahren gearbeitet haben, immer noch überrascht, wie viel wir noch lernen können und wie viele neue Perspektiven es noch geben kann. Wir wären sehr gespannt, Ihre Kommentare und neuen Gedanken zu hören und Ihre Erkenntnisse, ob und wie dieses Buch Ihnen geholfen hat. Sie können uns über E-Mail unter ssw@pivotalresource.com erreichen.

Wir hoffen, etwas von Ihrer erfolgreichen Reise auf dem Weg zu Six Sigma zu hören.

Anhang: Checklisten

Eine Six Sigma-Checkliste für den Start

Teil eins: Ist Six Sigma jetzt für uns geeignet?

Bewerten Sie den gegenwärtigen strategischen und leistungsmäßigen Zustand Ihrer Organisation (Unternehmung, Geschäftseinheit, Abteilung) und beantworten Sie folgende Fragen:

	Ja	Nein
1. Ist eine Veränderung aus finanziellen, wettbewerblichen oder kulturellen Gründen jetzt eine entscheidende organisatorische Notwendigkeit oder Möglichkeit?	☐	☐
2. Können wir eine starke strategische Begründung für die Anwendung von Six Sigma (in irgendeiner Form) auf unser Unternehmen formulieren?	☐	☐
4. Reichen unser bestehendes Managementsystem und der laufende Verbesserungsprozess aus, um jenen Grad von Verbesserung zu erreichen, der für einen weiteren Erfolg notwendig ist?	☐	☐

Wenn Ihre Antworten Ja, Ja und Nein lauten, dann sollten Sie weiter nachforschen, wie Sie Six Sigma in Ihrer Organisation einsetzen können.

Teil zwei: Wie und wo sollten wir unsere Arbeit beginnen?

Betrachten Sie den gegenwärtigen Mix von Aktivitäten und Prioritäten im Unternehmen und prüfen Sie, ob eine der folgenden Feststellungen am besten auf Ihre Organisation passt:

	Ja	Nein
1. Das Unternehmen ist willens und fähig, sich auf eine einmalige starke Aktion zur Schaffung einer „Six Sigma-Organisation" zu konzentrieren.	☐	☐
2. Es gibt in unserem Unternehmen strategische Themen oder Prozesse von höchster Priorität, die den konzentrierten Einsatz von Verbesserungsmaßnahmen erfordern.	☐	☐
3. Nach unserem Gefühl müssen wir zunächst kurzfristig bedeutsame Probleme und Projekte angehen, ehe wir den Six Sigma-Prozess ausweiten.	☐	☐

Was haben Sie angekreuzt?
1.: Sie könnten eine vollständige Geschäftsumwandlung angehen. 2.:
Ihre beste Vorgehensweise wird die Konzentration auf eine strategi-
sche Verbesserung sein. 3.: Sofortige Prozessverbesserungen könn-
ten möglicherweise Ihren besten Ausgangspunkt bilden.

Arbeitsblatt zur Definition der Anforderungen

1. Bestimmen Sie den Zeitpunkt des Leistungsangebots (Augenblick der Wahrheit).

   _____

2. Definieren Sie die den Kunden oder das Kundensegment betreffende Anforderung.

   _____

3. Listen Sie die Datenquellen für die „Voice of the Customer"-Eingaben auf (und fügen Sie die betreffenden Daten bei, soweit erforderlich).

   _____

4. Erstellen Sie eine Anforderungsaussage (die beobachtbare, objektive Faktoren dafür enthalten sollte, dass die Anforderung erfüllt wurde).

   _____
   _____
   _____

   Überprüfen Sie die Anforderungsaussage hinsichtlich Klarheit, spezifischen Angaben etc.

5. Listen Sie Methoden zur Erhärtung der Anforderungsaussage auf (und fügen Sie Ergebnisse dieser Validierung bei, soweit erforderlich).

   _____
   _____

6. Abschließende Anforderungsaussage:

   _____
   _____

Definitions-Checkliste

Anleitung:
Wenn Sie jede der unten stehenden Feststellungen mit „Ja" beantworten können, dann befinden Sie sich mit Ihrem Projekt auf einem guten Weg und sind bereit, in die „Messphase" von DMAIC einzutreten.

Für unser Projekt haben wir...   Ja   Nein

1. bestätigt, dass es eine erstrangige Verbesserung für unsere Organisation darstellt und von unserem Top-Management unterstützt wird. ☐ ☐
2. eine kurze Projektbegründung abgegeben (oder geschrieben), die potenzielle Wirkungen unseres Projekts auf Kunden, Gewinne und seine Beziehung zu den Geschäftsstrategien des Unternehmens erklärt. ☐ ☐
3. eine zwei bis drei Sätze umfassende Beschreibung erarbeitet und verabschiedet, die das Problem so darstellt, wie wir es sehen – die Problemaussage. Wir haben uns dabei rein auf die Symptome beschränkt (nicht auf Ursachen oder Lösungen). ☐ ☐
4. eine Zielaussage vorbereitet, welche die Ergebnisse definiert, die wir von unserem Projekt erwarten, mit messbaren Zielen (oder Platzhaltern dafür). In der Zielaussage werden keine Lösungen vorgeschlagen. ☐ ☐
5. andere Schlüsselelemente der DMAIC-Charta vorbereitet, einschließlich einer Liste von Begrenzungen und Annahmen, eine Übersicht der Mitspieler und Rollen, einen vorläufigen Plan und Zeitablauf und eine Beschreibung des Projektumfangs. ☐ ☐
6. unsere Charta mit dem Sponsor für dieses Projekt überprüft und seine Unterstützung bestätigt bekommen. ☐ ☐
7. die primären Kunden und Kernanforderungen des zu verbessernden Prozesses ermittelt und ein SIPOC-Diagramm der Problembereiche erstellt. ☐ ☐
8. eine detaillierte Prozessabbildung mit jenen Bereichen vorbereitet, in denen wir die ersten Messergebnisse erwarten. ☐ ☐

Messungs-Checkliste

Anleitung:

Wenn Sie jede der unten stehenden Aussagen mit „Ja" beantworten können, dann kommen Sie mit der Messung gut voran und sind für die „Analyse-Phase" von DMAIC vorbereitet.

Für unser Projekt haben wir…   Ja   Nein

1. festgelegt, was wir über unser Problem und unseren Prozess wissen wollen und wo wir suchen müssen, um eine Antwort zu erhalten. ☐ ☐

2. die Arten von Messungen ermittelt, die wir vornehmen möchten, und einen Ausgleich zwischen Effektivität/Effizienz und Input/Prozess/Output erreicht. ☐ ☐

3. klare, unzweideutige operationale Definitionen aller Dinge oder Merkmale entwickelt, die wir messen wollen. ☐ ☐

4. unsere operationalen Definitionen überprüft, so dass wir ihre Klarheit und konsistente Interpretation garantieren können. ☐ ☐

5. eine eindeutige, vernünftige Wahl zwischen der Sammlung neuer Daten oder der Nutzung vorhandener Daten aus der Organisation getroffen. ☐ ☐

6. die benötigten Schichtungsfaktoren abgeklärt, die wir zur Erleichterung der Datenanalyse benötigen. ☐ ☐

7. Datensammel-Formulare oder Prüflisten entwickelt und getestet, die leicht zu benutzen sind und konsistente, vollständige Daten bereitstellen. ☐ ☐

8. eine angemessene Größe der Stichprobe, der Untergruppe und Häufigkeit der Stichprobe festgelegt, um die Repräsentativität des von uns gemessenen Prozesses zu gewährleisten. ☐ ☐

9. unser Messsystem vorbereitet und getestet, einschließlich Training der Datensammler und Bewertung der Datensammlung. ☐ ☐

10. Daten verwendet, um die grundlegenden Prozessergebnis-Messungen vorzubereiten, einschließlich Anteil der Fehler und Erträge. ☐ ☐

Analyse-Checkliste

Anleitung:
Wenn Sie die Aussagen 5 oder 7 unten mit „Ja" beantworten können und viele der in den anderen Aussagen beschriebenen Aufgaben erfüllt haben, dann stehen die Chancen gut, dass Sie mit der Entwicklung von Lösungen in der „Verbesserungsphase" beginnen können.

Für unser Projekt haben wir…	Ja	Nein
1. unseren Prozess überprüft und potenzielle Engpässe, Unterbrechungen und Redundanzen ermittelt, die zu den Wurzeln des Problems führen könnten, auf das wir uns konzentrieren.	☐	☐
2. eine Wert- und Durchlaufzeit-Analyse durchgeführt, die solche Bereiche lokalisiert hat, die Zeit und Mittel für Aufgaben erfordern, die für den Kunden nicht wesentlich sind.	☐	☐
3. Daten des Prozesses und seiner Ergebnisse analysiert, mit deren Hilfe das Problem zerlegt und potenzielle maßgebliche Ursachen ermittelt werden können.	☐	☐
4. überlegt, ob sich unser Projekt auf Prozessgestaltung oder -umgestaltung, im Gegensatz zur Prozessverbesserung, konzentrieren sollte, und unsere Entscheidung mit dem Projekt-Sponsor abgestimmt.	☐	☐

Bei der Prozessgestaltung/-umgestaltung:

	Ja	Nein
5. sichergestellt, dass wir die wesentlichen Abläufe des Prozesses verstanden haben, so dass wir mit der Schaffung eines neuen Prozesses beginnen können, um die Bedürfnisse der Kunden effizient und effektiv zu erfüllen.	☐	☐

Bei der Prozessverbesserung:

	Ja	Nein
6. Hypothesen über die maßgeblichen Ursachen aufgestellt, um das zu lösende Problem zu erklären.	☐	☐
7. unsere Ursachenhypothesen erforscht und verifiziert, so dass wir sicher sein können, eine oder mehrere der wirklichen wesentlichen Ursachen aufgedeckt zu haben, die unser Problem hervorbringen.	☐	☐

Verbesserungs-Checkliste

Anleitung:
Wenn Sie alle Aussagen mit „Ja" beantworten können, dann haben Sie einen Fortschritt in Ihrer Verbesserung erreicht und sind in der Lage, die „Kontrolle" Ihres Prozesses bzw. Ihre Lösung zu planen.

Für unser Projekt haben wir…

	Ja	Nein
1. eine Liste innovativer Ideen für mögliche Lösungen aufgestellt.	☐	☐
2. Verfeinerungs- und Überprüfungstechniken zur weiteren Entwicklung und Qualifizierung von möglichen Lösungen angewendet.	☐	☐
3. für wenigstens zwei mögliche Verbessserungsvorschläge eine „Lösungsaussage" entwickelt.	☐	☐
4. eine endgültige Lösung auf der Basis von Erfolgskriterien gefunden.	☐	☐
5. unsere Lösung mit unserem Sponsor abgestimmt und grünes Licht erhalten.	☐	☐
6. einen Plan für die Pilot- und Testphase der Lösung entwickelt, der eine Pilotstrategie, einen Aktionsplan, eine Prüfung der Ergebnisse, einen Zeitplan usw. umfasst.	☐	☐
7. die Ergebnisse der Pilotphase bewertet und bestätigt, dass wir jene Ergebnisse erzielen können, die wir in unserer Zielaussage festgelegt haben.	☐	☐
8. Verfeinerungen der Lösung ermittelt und eingeführt, die auf den Erfahrungen aus der Pilotphase beruhen.	☐	☐
9. einen Plan aufgestellt, um die Lösung – mit den Verfeinerungen – auf die gesamte Anwendung zu übertragen.	☐	☐
10. potenzielle Probleme und unbeabsichtigte Folgen der Lösung berücksichtigt sowie präventive und eventuelle Aktionen zu deren Behandlung entwickelt.	☐	☐

Kontroll-Checkliste

Anleitung:
Wenn Sie alle Aussage mit „Ja" beantworten können, dann haben Sie alle Schritte in Ihrem DMAIC-Projekt abgeschlossen und können jetzt feiern und Ihre Verbesserungen fortsetzen.

Für unser Projekt haben wir ...   Ja   Nein

1. alle Ergebnisdaten gesammelt, die bestätigen, dass das in unserer Team-Charta festgelegte Ziel erreicht wurde. □ □
2. weiterführende Maßnahmen ausgewählt, um unsere Leistung zu überwachen und die zukünftige Effektivität unserer Lösung zu gewährleisten. □ □
3. Karten und Grafiken entworfen, die eine „Process Scorecard" unseres Prozesses aufzeigen □ □
4. die Dokumentation des veränderten Prozesses vorbereitet, einschließlich der Kernvorgänge und Prozessübersichten. □ □
5. den „Eigner" des Prozesses ausgesucht, der die Verantwortung für unsere Lösung übernehmen und für die weitere Durchführung der Maßnahmen sorgen wird. □ □
6. zusammen mit dem Prozess-Eigner Prozessmanagement-Übersichten erstellt, die Anforderungen, Messungen und Reaktionen auf Probleme im Prozess aufzeigen. □ □
7. eine Storyboard-Darstellung vorbereitet, die die Arbeit des Teams und die während des Projekts gesammelten Daten dokumentiert. □ □
8. weitere Themen und Möglichkeiten bekannt gegeben, die bisher dem Top-Management *nicht* vorgelegt werden konnten. □ □
9. die harte Arbeit und erfolgreiche Aktivität unseres Teams gefeiert. □ □

Six Sigma-Umrechnungstabelle

Ausbeute	DPMO	SIGMA
6,68	933200	0
8,455	915450	0,125
10,56	894400	0,25
13,03	869700	0,375
15,87	841300	0,5
19,08	809200	0,625
22,66	773400	0,75
26,595	734050	0,875
30,85	**691500**	**1**
35,435	645650	1,125
40,13	598700	1,25
45,025	549750	1,375
50	500000	1,5
54,975	450250	1,625
59,87	401300	1,75
64,565	354350	1,875
69,15	**308500**	**2**
73,405	265950	2,125
77,34	226600	2,25
80,92	190800	2,375
84,13	158700	2,5
86,97	130300	2,625
89,44	105600	2,75
91,545	84550	2,875
93,32	**66800**	**3**
94,79	52100	3,125
95,99	40100	3,25
96,96	30400	3,375
97,73	22700	3,5
98,32	16800	3,625
98,78	12200	3,75
99,12	8800	3,875
99,38	**6200**	**4**
99,565	4350	4,125
99,7	3000	4,25
99,795	2050	4,375
99,87	1300	4,5
99,91	900	4,625
99,94	600	4,75
99,96	400	4,875
99,977	**230**	**5**
99,982	180	5,125
99,987	130	5,25
99,992	80	5,375
99,997	30	5,5
99,99767	23,35	5,625
99,99833	16,7	5,75
99,999	10,05	5,875
99,99966	**3,4**	**6**

Glossar

Affinitäts-Chart (Diagramm)
Brainstorming-Werkzeug zur Sammlung großer Mengen an Informationen von vielen Menschen; Ideen werden auf Haftzettel geschrieben, dann werden Kolumnen mit ähnlichen Inhalten gebildet; die Kolumnen erhalten eine Bezeichnung, um eine Gesamtgruppierung der Ideen vorzunehmen.

Analyse
DMAIC-Phase, in welcher ein Prozessdetail genau auf Verbesserungsmöglichkeiten geprüft wird. Denken Sie daran, dass
1. die Daten erforscht und verifiziert werden, um vermutete Grundursachen zu bestätigen und die Problemaussage zu untermauern (siehe auch Fehlerbaumanalyse),
2. die Prozessanalyse die Überprüfung des Flussdiagramms auf wertschöpfende/nicht wertschöpfende Aktivitäten umfasst. Siehe auch *Flussdiagramm; wertschöpfende Aktivitäten; nicht wertschöpfende Aktivitäten.*

Augenblick der Wahrheit
Ein Ereignis oder Zeitpunkt in einem Prozess, zu dem der externe Kunde die Möglichkeit besitzt, eine (positive, neutrale oder negative) Meinung über den Prozess oder die Organisation zu äußern.

Ausbeute
Gesamtzahl der Einheiten, die über alle Prozessstufen hinweg korrekt bearbeitet wurden.

Balanced Scorecard
Ordnet laufende Maßnahmen in vier signifikante Gebiete ein: Finanzen, Prozess, Kunden und Entwicklung. Wird als Präsentationsinstrument verwendet, um Sponsoren, Top-Manager oder andere über den Fortschritt eines Prozesses auf dem Laufenden zu halten; auch für Prozess-Eigner nützlich.

Black Belt
Ein Teamleiter, der in DMAIC-Abläufen und Arbeitstechniken geschult ist, verantwortlich für die Leitung eines Verbesserungsprojekts bis zur Vollendung.

Charta
Dokument eines Teams, das den Kontext, die Spezifika und Pläne eines Verbesserungsprojekts festlegt; umfasst Geschäftsvorgang, Problem- und Zielaussagen, Beschränkungen und Annahmen, Rollen, vorläufigen Plan und Umfang. Wiederkehrende

Überprüfungen mit dem Sponsor stellen die Übereinstimmung mit den Geschäftsstrategien sicher; Überprüfung, Revision, Verfeinerung erfolgen periodisch während des gesamten DMAIC-Prozesses auf Grundlage der Daten.

Defekt
Jeder Einzelfall oder jedes Ereignis, bei dem das Produkt oder die Dienstleistung nicht den Kundenanforderungen entspricht.

Defektanteil
Fraktion von Einheiten mit Defekten; Zahl der fehlerhaften Einheiten geteilt durch die Gesamtzahl der Einheiten; überträgt die Dezimalzahlen in Prozentsätze.

Definition
Erste DMAIC-Phase, welche das Problem/die Möglichkeit, den Prozess und die Kundenanforderungen definiert. Da der DMAIC-Zyklus iterativ ist, sollten das Prozessproblem, der Prozessfluss und die Anforderungen verifiziert und wegen der Klarheit auch während der anderen Phasen aktualisiert werden. Siehe auch *Charta, Kundenanforderungen, Prozessübersicht, Voice of the Customer*.

DFSS
Akronym für „Design for Six Sigma". Beschreibt die Anwendung von Six Sigma-Werkzeugen auf Produktentwicklung und Prozessdesign-Arbeiten mit dem Ziel, die Leistungsfähigkeit von Six Sigma auszuweiten.

Diskrete Daten
Alle *nicht* über eine unendliche Skala quantifizierbaren Daten. Umfassen Abzählungen, Proportionen oder Prozentsätze einer Charakteristik oder einer Kategorie (z. B. Gechlecht, Darlehenstyp, Abteilung, Standort etc.); auch „zusätzliche Daten" genannt.

DMAIC
Akronym für ein Prozessverbesserungs-/Managementsystem, das für Definition, Messung, Analyse, Improve (Verbesserung) und Control (Kontrolle) steht. Gibt der Prozessverbesserung sowie Design- oder Redesignanwendungen Struktur.

DPMO (Defects per million opportunities – Fehler pro 1 Mio. Möglichkeiten)
Berechnung, die in Six Sigma-Prozessverbesserungsinitiativen angestellt wird, um die Zahl von Fehlern in einem Prozess pro 1 Mio. Möglichkeiten anzuzeigen.

DPO oder Defekte pro Möglichkeit
Berechnung, die bei Prozessverbesserungen verwendet wird, um die Zahl von Fehlern pro Möglichkeit zu bestimmen.

Effektivität
Messung, die sich darauf bezieht, wie gut (ein) Prozess-Output(s) die Erfordernisse des Kunden trifft (treffen) (z. B. pünktliche Lieferung, Einhalten der Spezifikationen, Serviceerfahrungen, Genauigkeit, wertschöpfende Merkmale, Kundenzufriedenheitsgrad); vornehmlich mit der Kundenzufriedenheit verknüpft.

Effizienz
Messung, die sich auf die Menge an Ressourcen bezieht, die für die Produktion des Output eines Prozesses benötigt wurde (z. B. Kosten des Prozesses, gesamte Durchlaufzeit, verwendete Ressourcen, Fehlerkosten, Abfall und/oder Überschuss); vorwiegend mit dem Unternehmensgewinn verknüpft.

Externe Fehler
Wenn fehlerhafte Einheiten durch einen Prozess hindurchlaufen und zum Kunden gelangen.

Fehlerbaumanalyse
Auch als „Fischgräten-" oder „Ishikawa-Diagramm" bekannt; klar strukturiertes Brainstorming-Instrument, das für die Bestimmung von Grundursachen-Hypothesen und potenziellen Ursachen (die Gräten des Fisches) mit spezifischer Wirkung verwendet wird.

Fehlermöglichkeit
Eine Art von potenziellem Defekt einer durchlaufenden Einheit (Output), welche für den Kunden wichtig ist; Beispiel: spezifische Felder auf einem Formular, die Möglichkeiten für einen Fehler schaffen, der für den Kunden bedeutsam ist.

Fehlerhaft
Jede Einheit mit einem oder mehreren Fehlern.

Flussdiagramm
Grafische Darstellung des Prozessablaufs, die alle Aktivitäten, Entscheidungspunkte, Nacharbeitsrückläufe und Übergaben zeigt.

Geschichtete Stichprobe
Aufteilung einer größeren Population in Untergruppen, dann Stichprobe aus jeder Untergruppe.

Gewöhnliche Ursachen
Normale, tägliche Einflüsse auf einen Prozess; meistens schwieriger auszuschalten und mit Änderungen des Prozesses verbunden. Probleme, die von gewöhnlichen Ursachen herrühren, werden auch als „chronische Schmerzen" bezeichnet.

Grundlegende Maßstäbe
Daten, die den Grad der Prozessleistung anzeigen, wie er beim Beginn eines Verbesserungsprojekts ist/war (vor Einführung der Lösungen).

Histogramm oder Häufigkeitsdarstellung
Übersicht, die grafisch die Häufigkeit, Verteilung und „Zentrierung" einer Population wiedergibt.

Hypothesen-Aussage
Eine vollständige Beschreibung (einer) vermuteter/n Ursache(n) eines Prozessproblems.

Input
Jedes Produkt, jede Dienstleistung oder Informationseinheit, die von einem Lieferanten in den Prozess eingebracht wird.

Input-Messungen
Messungen, die sich auf den Input in einem Prozess beziehen und ihn beschreiben; Vorhersager von Output-Messungen.

Institutionalisierung
Grundlegende Wandlungen in täglichen Verhaltensweisen, Einstellungen und Praktiken, die Änderungen zu „permanenten" Erscheinungen machen; kulturelle Anpassung an Änderungen, die durch Prozessverbesserung, -gestaltung oder -umgestaltung bewirkt werden, einschließlich komplexer Geschäftsbereiche wie Personal, MIS, Training usw.

ISO 9000
Standard und Richtlinie zur Zertifizierung von Organisationen hinsichtlich ihrer Kompetenz, dokumentierte Prozesse zu definieren und einzuhalten; meistens mit Qualitätssicherungssystemen verbunden, nicht mit Qualitätsverbesserungen.

Kontinuierliche Daten
Jede Variable, die an einem Kontinuum oder einer Skala gemessen wird, die unendlich teilbar ist; grundlegende Arten sind Zeit, Geld, Umfang, Gewicht, Temperatur und Geschwindigkeit; auch als „variable Daten" bezeichnet.

Kontrolle
- DMAIC-Phase C; wenn einmal Lösungen eingeführt wurden, verfolgen und verifizieren weiter gehende Messungen die Stabilität der Verbesserungen und die Vorhersagbarkeit des Prozesses. Umfasst oft Prozessmanagement-Techniken und Systeme mit Prozess-Eigentum, Cockpit Charts und/oder Prozessmanagement-Übersichten. Siehe auch *Prozessmanagement*.

- Ein statistisches Konzept, das zeigt, dass ein Prozess, der innerhalb einer erwarteten Bandbreite von Variationen abläuft, hauptsächlich durch „gewöhnliche Ursachen" beeinflusst wird; Prozesse, die in dieser Art ablaufen, werden als „unter Kontrolle" bezeichnet. Siehe auch *Qualitätsregelkarte; Prozessfähigkeit; Variation.*

Kosten geringer Qualität (Cost of Poor Quality – COPQ)
Monetäre Maßstäbe, welche die Wirkung von Problemen (interne und externe Fehler) in dem existierenden Prozess veranschaulichen, inklusive Arbeits- und Materialkosten für Übergaben, Nacharbeit, Inspektion und andere nicht wertschöpfende Aktivitäten.

Kriterien-Matrix
Entscheidungsfindungsinstrument, das angewendet wird, wenn potenzielle Wahlmöglichkeiten gegen verschiedene Schlüsselfaktoren (z. B. Kosten, Schwierigkeit der Einführung, Wirkung auf Kunden) abgewogen werden müssen. Unterstützt die Verwendung von Fakten, Daten und klaren Geschäftszielen bei der Entscheidungsfindung.

Kunde
Eine interne oder externe Person/Organisation, die den Output (Produkt oder Dienstleistung) eines Prozesses erhält; das Verständnis der Wirkung eines Prozesses sowohl auf interne wie externe Kunden ist wesentliche Voraussetzung für Prozessmanagement und Verbesserungen.

Kundenanforderungen
Definieren die Bedürfnisse und Erwartungen des Kunden; werden in messbare Angaben übertragen und im Prozess verwendet, um Übereinstimmung mit den Kundenbedürfnissen sicherzustellen.

Lieferant
Jede Person oder Organisation, die Input (Produkte, Dienstleistungen oder Informationen) in einen Prozess oder eine Dienstleistungsorganisation hineingibt; sehr oft ist auch der Kunde Lieferant.

Lösungsaussage
Eine klare Beschreibung der vorgeschlagenen Lösung(en); wird angewendet, um die beste Lösung zu bewerten und auszuwählen, die dann umgesetzt werden soll.

Mehrfachabstimmung
Eingrenzungs- und Rangfolgen-Werkzeug. Jedes Mitglied einer Gruppe bekommt eine feste Zahl von „Stimmen" und bewertet eine Liste von Ideen, Problemen, Ursachen. Jene mit den meisten Stimmen werden weiterhin betrachtet.

Messung
1. DMAIC-Phase M, in der wesentliche Messungen identifiziert und Daten gesammelt, zusammengefasst und dargestellt werden.
2. Eine quantifizierte Bewertung spezifischer Charakteristiken und/oder des Leistungsgrades auf der Grundlage von beobachtbaren Daten.

Nachbearbeitungsrücklauf
Ein Moment im Prozess, in dem das durch den Prozess laufende Bestandteil korrigiert werden muss, indem es auf eine vorgelagerte Stufe oder Person im Prozess zurückgegeben wird; führt zu zusätzlichem Aufwand an Zeit, Kosten und stellt Potenzial für Verwirrung und noch mehr Fehler dar. Siehe auch *nicht wertschöpfende Aktivitäten*.

Nachgelagert
Prozesse (Aktivitäten), die nach der in Frage stehenden Aufgabe oder Aktivität folgen.

Nicht wertschöpfende Aktivitäten
Schritte/Aufgaben in einem Prozess, die dem externen Kunden keinen Zusatznutzen bieten und nicht alle drei Kriterien für Wertschöpfung erfüllen; umfasst Nachbearbeitung, Übergaben, Inspektion/Kontrolle, Wartezeiten/Verzögerungen usw. Siehe auch *wertschöpfende Aktivitäten*.

Operationale Definition
Eine klare, genaue Beschreibung eines Faktors, der gemessen, oder eines Ausdrucks, der verwendet wird; stellt ein eindeutiges Verständnis der Terminologie und die Möglichkeit sicher, einen Prozess oder eine Datensammlung konsistent durchzuführen.

Output
Jedes Produkt, jede Dienstleistung oder Informationseinheit, die aus einem Prozess herauskommt oder das Ergebnis der Aktivitäten eines Prozesses darstellt.

Output-Messungen
Messungen, die sich auf den Output eines Prozesses beziehen oder ihn beschreiben; Gesamtzahlen/Gesamtmessungen.

Pareto-Diagramm
Qualitätswerkzeug auf Grundlage des Pareto-Prinzips; verwendet zusätzliche Daten mit Säulen in abfallender Ordnung, wobei die höchsten Ereigniswahrscheinlichkeiten zuerst gezeigt werden (höchste Säule); verwendet eine kumulative Folge, um Prozentsätze für jede Kategorie/Säule zu ermitteln, welche 20 Prozent der Fälle herausarbeitet, die 80 Prozent der Probleme verursachen.

Pilotprojekt
Versuchsweise Einführung einer Lösung – mit begrenztem Umfang –, um ihre Effektivität sicherzustellen und ihre Wirkung zu testen; ein Experiment zur Verifizierung einer Ursachenhypothese.

Plan-Do-Check-Act – PDCA
Basismodell oder Arrangement von Stufen zur kontinuierlichen Verbesserung; auch als „Deming-Zyklus" bekannt.

Präzision
Die Genauigkeit einer Messung, die Sie vorhaben. Das hängt mit der Art der Skalierung oder dem Detail Ihrer Arbeitsdefinition zusammen, aber es kann auch einen Einfluss auf Ihre Stichprobengröße haben.

Projektbegründung („Business Case")
Umfassende Aussage, die den Bereich der Sorgen oder Möglichkeiten definiert, einschließlich Wirkung/Nutzen der möglichen Verbesserungen oder der Risiken, einen Prozess nicht zu verbessern; verknüpft mit der Geschäftsstrategie, dem Kunden und/oder den Unternehmenswerten. Wird vom Top-Management an ein Verbesserungsteam vergeben und dazu verwendet, eine Problemaussage und eine Projekt-Charta zu entwickeln.

Prozessdesign
Schaffung eines innovativen Prozesses, der für neu eingeführte Aktivitäten, Systeme, Produkte oder Dienstleistungen benötigt wird.

Prozessfähigkeit
Festlegung, ob ein Prozess in der Lage ist, die Kundenanforderungen zu erfüllen.

Prozessmanagement
Definierte und dokumentierte Prozesse, die laufend überwacht werden, womit sichergestellt ist, dass Messungen ein Feedback über den Ablauf/die Funktion eines Prozesses geben; die wesentlichen Messungen beziehen Finanzen, Prozesse, Mitarbeiter und Innovationen mit ein.

Prozessumgestaltung
Methode der Restrukturierung der Prozessflusselemente, um Übergaben, Nacharbeitsrückläufe, Kontrollen und andere nicht wertschöpfende Aktivitäten zu vermeiden; bedeutet typischerweise das Design der „reinen Weste" eines Geschäftssegments und enthält größere Änderungen oder bringt exponentielle Verbesserungen (ähnlich dem Reengineering). *Siehe auch Prozessverbesserung, Reengineering.*

Prozessverbesserung
Verbesserungsansatz, der sich auf zusätzliche Veränderungen/Lösungen konzentriert, um Fehler, Kosten oder Zykluszeiten einzuschränken oder auszuschalten; lässt die Grundgestaltung und -annahmen eines Prozesses unverändert. Siehe auch *Prozessumgestaltung.*

Prüfbogen
Formulare, Tabellen oder Arbeitsblätter, welche die Sammlung und Verdichtung der Daten erleichtern; ermöglicht die Sammlung von geschichteten Daten. Siehe auch *Schichtung.*

Qualität
Ein umfassendes Konzept und/oder ein Fachbereich, mit dem Grad der höchsten Leistung befasst; ein hervorgehobenes Kennzeichen oder Wesensmerkmal; Übereinstimmung mit den Vorgaben; messbare Vergleichsstandards, so dass die Anwendungen gradlinig auf das Geschäftsziel ausgerichtet werden können.

Qualitätsrat
Gruppe von Führungskräften, welche die Einführung der Qualität oder von Six Sigma innerhalb der Organisation anleitet, begründet, überprüft; unterstützt den Fortschritt der Qualitätsverbesserungsteams.

Qualitätsregelkarte
Spezielle Zeitübersicht oder Verlaufskarte, die Prozessleistungen, Durchschnittswerte und Toleranzgrenzen aufzeigt; hilft bei der Bestimmung von Prozesseinflüssen auf gewöhnliche (normale) oder spezielle (ungewöhnliche, einzigartige) Ursachen.

Qualitätssicherung oder QS
Fachbereich (oder Abteilung), der Produkte oder Dienstleistungen auf dem Stand der Kundenvorgaben hält; wichtigste Instrumente sind Inspektion und SPC.

Reengineering
Gestaltung oder Umgestaltung von Geschäftsabläufen; ähnlich wie die Prozessumgestaltung, wenn auch in praxi in viel größerem Umfang oder Maßstab.

Reichweite
Definiert die Grenzen eines Prozesses oder Prozessverbesserungsprojekts; klärt speziell, wo Möglichkeiten für Verbesserungen angesiedelt sind (Anfangs- und Endpunkte); definiert, wo und was gemessen und analysiert werden soll; muss innerhalb des Einflussbereichs und der Kontrolle des Teams bleiben, das am Projekt arbeitet – je umfassender die Reichweite, umso komplexer und zeitintensiver werden die Prozessverbesserungsbemühungen sein.

Reproduzierbarkeit
Messstabilitätskonzept, nach dem verschiedene Leute dasselbe Ergebnis erhalten, wenn sie für die Messung und Datensammlung dieselben Methoden benutzen; notwendig zur Sicherstellung der Konsistenz und Stabilität der Daten.

Revisionspläne
Ein Mechanismus (Prozess) zur Aktualisierung von Prozessen, Prozeduren und Dokumentationen.

Schichtung
Betrachtung der Daten nach verschiedenen Informationsebenen: Was (Typen, Beschwerden etc.), wann (Monat, Tag, Jahr etc.), wo (Region, Stadt, Staat etc.) und wer (Abteilung, Individuum).

Six Sigma
1. Grad der Prozessleistung, die äquivalent ist mit nur 3,4 Fehlern pro 1 Million Möglichkeiten oder Arbeitsschritten.
2. Ausdruck, um die Prozessverbesserungsinitiativen zu beschreiben, die auf Sigma beruhende Prozessmessungen verwenden und/oder das Six Sigma-Leistungsniveau anstreben.

Soll-Prozess-Darstellung
Prozessdarstellungsansatz, der das Design eines Prozesses zeigt, wie er sein *sollte* (d. h. ohne nicht wertschöpfende Aktivitäten; mit stromlinienförmigem Arbeitsfluss und eingebauten neuen Lösungen). Steht der „Ist-Darstellung" gegenüber. Siehe auch *Prozessumgestaltung; wertschöpfende Aktivitäten; nicht wertschöpfende Aktivitäten.*

Sonderursache
Moment, der Prozesse nur unter „speziellen" Umständen beeinflusst, d. h. nicht Teil des normalen täglichen Ablaufs eines Prozesses ist. *Siehe gewöhnliche Ursache, Variation.*

SPC
Statistical Process Control (statistische Prozessregelung/-kontrolle); Verwendung von Datensammlung und -analyse, um Prozesse zu überwachen, Leistungsfragen herauszustellen und Variabilität/Fähigkeit festzulegen. Siehe auch *Verlaufsdiagramm, Qualitätsregelkarte.*

Sponsor (oder Champion)
Person, welche die Teamfragen dem Top-Management vorlegt; gibt das letzte Einverständnis für die Teamempfehlungen und unterstützt diese Bemühungen zusammen mit dem Qualitätsrat; erleichtert die Bereitstellung von Teamressourcen soweit nötig; hilft

dem Black Belt und dem Team beim Überwinden von Hindernissen; wirkt als Mentor für den Black Belt.

Stichprobe
Verwendung einer kleineren Gruppe, um die Gesamtheit zu repräsentieren; Grundlage der Statistik, die Zeit, Geld und Aufwand sparen kann; ermöglicht bedeutungsvollere Daten; kann die Genauigkeit des Messverfahrens verbessern.

Stichprobenvorurteil
Wenn Daten in der einen oder anderen Weise Vorurteilen unterliegen und nicht die Gesamtheit widerspiegeln.

Storyboard
Bildhafte Darstellung aller Komponenten im DMAIC-Prozess, von einem Team verwendet, um zu einer Lösung zu kommen; wird in Präsentationen vor dem Sponsor, Top-Management oder anderen verwendet.

Streudiagramm
Grafik, welche die Beziehung – oder Korrelation – zwischen zwei Faktoren oder Variablen aufzeigen soll.

Subjektiv ausgewählte Stichprobe
Verfahren, das aus Erfahrung darüber urteilt, welche Einzelheiten oder Menschen repräsentativ für das Ganze sind; sollte generell vermieden werden.

Systematische Stichprobenauswahl
Stichprobenmethode, in der die Elemente im stets gleichen Intervall (z. B. jede halbe Stunde, jedes 20. Stück) aus der Population ausgewählt werden; das wird für viele Six Sigma-Messaktivitäten empfohlen.

Übergabe
Jeder Vorgang in einem Prozess, wo eine Person (oder eine Stelle) das sich im Prozess befindliche Einzelstück an eine andere Person weitergibt; Potenzial für zusätzliche Fehler, Zeit und Kosten.

Ursachenanalyse
Identifiziert Ursachen/Faktoren, die eine Idee unterstützen oder dagegen arbeiten; „behindernde" Faktoren werden auf einer Seite aufgelistet, „vorantreibende Kräfte" auf der anderen; wird verwendet, um Stärken (positive Ideen) wieder zu beleben und Schwächen oder Hindernisse zu überwinden.

Variationen
Änderungen eines bestimmten Merkmals, die bestimmen, wie stabil oder voraussagbar

ein Prozess sein wird; beeinflusst vom Umfeld, von Menschen, Maschinen/Ausrüstung und Material; jede Prozessverbesserung sollte Variationen reduzieren oder ausschalten. Siehe auch *gewöhnliche Ursache, Sonderursache.*

Verbesserung

* DMAIC-Phase, in der Lösungen und Ideen kreativ gefunden und beschlossen werden.
* Wenn ein Problem einmal vollständig identifiziert, gemessen und analysiert wurde, können mögliche Lösungen in einer Problemaussage bestimmt werden und die Zielaussage unterstützen. Siehe auch *Charta.*

Verlaufsdiagramm oder Zeitpunktdarstellung

Messdarstellungsinstrument, das die Variationen eines Faktors im Zeitverlauf angibt; weist auf Trends, Strukturen und Momente mit speziellen Ursachen von Variationen hin; siehe auch *Qualitätsregelkarte; Sonderursache; Variation.*

Voice of the Customer (Stimme des Kunden) oder VOC

Daten (Beschwerden, Studien, Kommentare, Marktforschung usw.), welche die Sichtweise/Bedürfnisse der Kunden eines Unternehmens wiedergeben; sollten in messbare Anforderungen für Prozesse transponiert werden.

Vorgelagert

Prozesse (Aufgaben, Aktivitäten), die vor der in Frage stehenden Aufgabe oder Aktivität abgelaufen sind.

Vorläufiger Plan

Wird eingesetzt, wenn Meilensteine für die Teamarbeit entwickelt werden, die mit der Prozessverbesserung verbunden sind; umfasst Schlüsselaufgaben, Zielerreichungsdaten, Verantwortlichkeiten, mögliche Probleme, Hindernisse und Notfallpläne sowie Kommunikationsstrategien.

Wert ermöglichende Aktivitäten

Schritte/Aufgaben in einem Prozess, welche die Arbeit voranbringen und Werte für den Kunden schaffen, aber nicht alle drei wertschöpfenden Kriterien erfüllen; sollten noch auf Zeitersparnis und Best Practices hin überprüft werden – können sie noch besser ausgeführt werden?

Wertschöpfende Aktivitäten

Schritte/Aufgaben in einem Prozess, die alle drei wertschöpfenden Kriterien erfüllen:
1. Der Kunde interessiert sich dafür.
2. Das Produkt ändert sich im Laufe des Prozesses.
3. Der Schritt wurde beim ersten Mal richtig getan.

X

Variable, um die Faktoren oder Messungen im Input oder in Prozesssegementen eines Geschäftsprozesses oder -systems zu kennzeichnen.

Y

Variable, um die Faktoren oder Messungen im Output eines Geschäftsprozesses oder -systems zu bezeichnen. Gleichwertig mit „Ergebnissen". Ein Grundprinzip von Six Sigma besteht darin, dass Y eine Funktion von vorgelagerten Faktoren ist, oder $Y = f(x)$.

Zielaussage

Beschreibung des beabsichtigten Ziels oder gewünschten Ergebnisses einer Prozessverbesserung oder -gestaltung/umgestaltung; üblicherweise in der Team-Charta enthalten und unterstützt von aktuellen Zahlen und Details, wenn die Daten hereingekommen sind.

Zufallsstichprobenverfahren

Methode, nach der jedes Einzelstück oder jede Person vollkommen nach Zufall ausgewählt wird.

Zykluszeit

Die gesamte in einem Prozess verwendete Zeit; umfasst die tatsächliche Arbeits- und die Wartezeit.

Stichwortverzeichnis